1.001 Problemas de Matemática Básica & Pré-Álgebra Para Leigos

Folha de Cola

Para dominar com sucesso a matemática básica, você precisa
subtração, multiplicação e divisão. Também precisa compreend
frações, os números decimais, as porcentagens, as proporções,
um pouco de geometria. Após se tornar apto nisso e em outros c
poderá começar a solucionar a pré-álgebra que envolve as variá
as equações.

Dicas de Matemática Básica: Frações

As frações são uma forma comum de representar a parte do todo. São muito usadas para as unidades inglesas de pesos e medidas, especialmente para pequenas medições na culinária e na carpintaria. Se você deseja ser um conhecedor da matemática básica e se quiser se preparar para a pré-álgebra, precisará conhecer os prós e os contras das frações.

- Lembre-se que o *numerador* da fração é o número de cima e o *denominador* é o número de baixo.
- A *recíproca* da fração é aquela fração invertida.
- Para aumentar os termos da fração, multiplique o numerador e o denominador pelo mesmo número.
- Para diminuir os termos da fração para os menores termos, divida ambos, o numerador e o denominador, pelo maior número possível.
- Para simplificar as frações complexas, primeiro simplifique o numerador e o denominador em duas frações separadas e então altere o problema para uma divisão.

Dicas de Matemática Básica: Números Decimais

Os números decimais são geralmente usados quando se trata de dinheiro, assim como para pesos e medidas, especialmente quando utilizamos o sistema métrico. Conforme você for estudando os problemas da matemática básica e da pré-álgebra, descobrirá que os números decimais são mais fáceis que as frações.

- Para converter um número decimal em uma fração, use o número decimal como o numerador da fração com o número 1 como denominador. Assim, continue a multiplicar ambos por 10 até que o numerador se torne um número inteiro. Se necessário, reduza a fração.
- Para converter uma fração em número decimal, divida o numerador pelo denominador até que não haja mais divisões ou até que elas se repitam.
- Para converter um número decimal periódico em fração, use a parte que se repete do número decimal (sem a vírgula decimal) como o numerador da fração. Utilize como denominador um número composto apenas por noves com o mesmo número de dígitos do numerador. Se necessário, reduza a fração.

Para Leigos®: A série de livros para iniciantes que mais vende no mundo.

1.001 Problemas de Matemática Básica & Pré-Álgebra Para Leigos

Folha de Cola

- Para adicionar ou subtrair números decimais, alinhe os pontos decimais.
- Para multiplicá-los, comece sem se preocupar com os pontos decimais. Quando terminar, conte a quantidade de dígitos à direita da vírgula decimal em cada fator e adicione ao resultado. Posicione a vírgula decimal no resultado para que este possua a mesma quantidade de dígitos após a vírgula decimal.
- Para dividi-los, transforme o *divisor* (o número pelo qual será dividido) em um número inteiro, movendo a vírgula decimal até o final à direita. Ao mesmo tempo, mova a vírgula decimal do *dividendo* (o número que você está dividindo) até a mesma quantidade de dígitos à direita. Então, posicione um ponto decimal no *quociente* (o resultado) diretamente acima do local onde a vírgula decimal, neste momento, aparece sobre o dividendo.
- Quando dividir os números decimais, continue até que o resultado seja concluído ou se repita.

Dicas de Matemática Básica: Porcentagem

As porcentagens são frequentemente usadas nos negócios para representar quantias parciais de dinheiro. Também são usadas em estatística para indicar uma parte de um conjunto de dados. Conforme for estudando os problemas de matemática básica, descobrirá que as porcentagens se encontram relacionadas aos números decimais. O que significa que são mais fáceis que as frações.

- Para converter uma porcentagem em um número decimal, mova a vírgula decimal duas casas para a esquerda e dispense o sinal da porcentagem.
- Para converter um número decimal em porcentagem, mova a vírgula decimal duas casas para a direita e acrescente o sinal da porcentagem.
- Para converter uma porcentagem em fração, exclua o sinal de porcentagem e coloque a sua quantidade no numerador da fração com o denominador 100. Se necessário, reduza a fração.
- Para converter uma fração em porcentagem, primeiro altere a fração para um número decimal usando a divisão. Então, converta o número decimal em porcentagem movendo a vírgula decimal duas casas para a direita acrescentando o sinal da porcentagem.
- Calcule porcentagens simples dividindo-as. Por exemplo, para calcular 50% de um número, divida-o por 2. Para calcular 25%, divida-o por 4. Para calcular 20%, divida-o por 5 e assim por diante.
- Você pode calcular algumas porcentagens por meio dos números reversos. Por exemplo, 14% de 50 é o mesmo que 50% de 14 que é igual a 7.

1.001 Problemas de Matemática Básica & Pré-Álgebra

PARA

LEIGOS®

1.001 Problemas de Matemática Básica & Pré-Álgebra PARA LEIGOS®

por Mark Zegarelli

Rio de Janeiro, 2016

1001 Problemas de Matemática Básica e Pré-Álgebra Para Leigos®
Copyright © 2016 da Starlin Alta Editora e Consultoria Eireli. ISBN: 978-85-508-0001-1

Impresso no Brasil — 1ª Edição, 2016 - Edição revisada conforme o Acordo Ortográfico da Língua Portuguesa de 2009.

Obra disponível para venda corporativa e/ou personalizada. Para mais informações, fale com projetos@altabooks.com.br

Produção Editorial
Editora Alta Books

Produtor Editorial
Claudia Braga
Thiê Alves

Produtor Editorial (Design)
Aurélio Corrêa

Gerência Editorial
Anderson Vieira

Supervisão de Qualidade Editorial
Sergio de Souza

Assistente Editorial
Carolina Giannini

Marketing Editorial
Silas Amaro
marketing@altabooks.com.br

Gerência de Captação e Contratação de Obras
J. A. Rugeri
autoria@altabooks.com.br

Vendas Atacado e Varejo
Daniele Fonseca
Viviane Paiva
comercial@altabooks.com.br

Ouvidoria
ouvidoria@altabooks.com.br

Equipe Editorial
Bianca Teodoro
Christian Danniel
Izabelli Carvalho
Jessica Carvalho
Juliana de Oliveira
Renan Castro

Tradução
Paula Rigaud

Copidesque
Samantha Batista

Revisão Gramatical
Vivian Sbravatti

Revisão Técnica
Paulo Mendes
Bacharel em Química e Mestre em Físico-Química pela Universidade Federal de São Carlos (UFSCar)

Diagramação
Claudio Frota

Erratas e arquivos de apoio: No site da editora relatamos, com a devida correção, qualquer erro encontrado em nossos livros, bem como disponibilizamos arquivos de apoio se aplicáveis à obra em questão.

Acesse o site www.altabooks.com.br e procure pelo título do livro desejado para ter acesso às erratas, aos arquivos de apoio e/ou a outros conteúdos aplicáveis à obra.

Suporte Técnico: A obra é comercializada na forma em que está, sem direito a suporte técnico ou orientação pessoal/exclusiva ao leitor.

Dados Internacionais de Catalogação na Publicação (CIP)
Vagner Rodolfo CRB-8/9410

Z44m Zegarelli, Mark

1001 problemas de matemática básica e pré-álgebra para leigos / Mark Zegarelli ; traduzido por Paula Rigaud. - Rio de Janeiro : Alta Books, 2016.
456 p. : il. ; 17cm x 24cm. - (Para Leigos)

Tradução de: Basic Math & Pre-Algebra: 1,001 Practice Problems For Dummies

ISBN: 978-85-508-0001-1

1. Matemática. 2. Álgebra. I. Rigaud, Paula. II. Título. III. Série.

CDD 512
CDU 512

Rua Viúva Cláudio, 291 — Bairro Industrial do Jacaré
CEP: 20.970-031 — Rio de Janeiro (RJ)
Tels.: (21) 3278-8069 / 3278-8419
www.altabooks.com.br — altabooks@altabooks.com.br
www.facebook.com/altabooks — www.instagram.com/altabooks

Sobre o Autor

Mark Zegarelli é o autor de *Matemática Básica e Pré-Álgebra Para Leigos*, *Cálculo II Para Leigos* e cinco outros livros sobre matemática, raciocínio lógico e como elaborar provas. Graduou-se em Inglês e Matemática pela Rutgers University e atua como tutor de matemática e professor acadêmico.

Mark mora em São Francisco, Califórnia e em Long Branch, Nova Jersey.

Dedicatória

Dedico este livro a Suleiman.

Agradecimentos do Autor

Este é o meu oitavo livro da série Para Leigos e a experiência de escrevê-los sempre foi produtiva e divertida. Agradeço muito aos meus editores Tim Gallan, Christy Pingleton, Lindsay Lefevere, Shira Fass e Suzanne Langebartels por me aconselharem quando necessário.

E obrigado ao pessoal da Borderlands Café da Rua Valência em São Francisco pelo ambiente amigável, tranquilo e com cafeína acessível que praticamente todo autor (incluindo a minha pessoa) acharia propício para colocar as palavras certas no papel.

Sumário Resumido

Sumário

Introdução

Está brincando... 1.001 problemas de matemática, sério?

Sim, são mil perguntas e mais uma para você dar continuidade, aqui em suas mãos. Coloquei-as em ordem, começando pelo início da aritmética e terminando com a álgebra básica. Os tópicos incluem tudo desde as quatro operações mais importantes (adição, subtração, multiplicação e divisão), até os números negativos e as frações, e ainda, a geometria, a probabilidade e finalmente a álgebra — e tem muito mais!

Cada capítulo fornece dicas para resolver os problemas dentro do próprio capítulo. E, é claro, o fim do livro inclui explicações detalhadas sobre a resposta de cada pergunta.

Está tudo aqui, então vamos começar!

O que Encontrará Neste Livro

Este livro inclui 1.001 problemas de matemática básica e pré-álgebra divididos em 22 capítulos. Cada capítulo contém problemas focados em apenas um tópico da matemática, como os números negativos, as frações ou a geometria.

Dentro de cada capítulo, os tópicos se encontram divididos em subtópicos, assim você poderá estudar um tipo específico de conhecimento matemático até se sentir confiante com ele. De um modo geral, cada seção começa com problemas fáceis, passa pelos intermediários e finaliza com os difíceis.

Você pode pular para qualquer parte que desejar e resolver os problemas em qualquer ordem. Também pode ler um capítulo ou seção de cada vez, estudando os problemas mais fáceis, passando pelos intermediários até os mais difíceis. Ou, se quiser, pode iniciar a leitura com a Pergunta nº1 e depois ir até a Pergunta nº1.001.

Além disso, cada capítulo inicia com uma lista de dicas para responder as perguntas naquele capítulo.

Cada pergunta da Parte I é respondida na Parte II com uma explicação completa que o orienta a compreender, elaborar e resolver o problema.

Como Este Livro Está Organizado

Este livro inclui 1.001 problemas na Parte I e responde a todos eles na Parte II.

Parte I: As Perguntas

Aqui se encontram os tópicos referentes aos 1.001 problemas do livro:

- **Aritmética básica**: Do Capítulo 1 ao 5, você encontra diversos problemas de aritmética básica. O Capítulo 1 começa com o arredondamento de números e vai até os cálculos básicos como a adição, a subtração, a multiplicação e a divisão. Então, no Capítulo 2, você estuda os números negativos e, no Capítulo 3, você segue para os estudos dos expoentes e da raiz quadrada. O Capítulo 4 fornece uma grande quantidade de problemas para você aprender sobre a aritmética usando a ordem das operações. Você talvez queira se lembrar desses detalhes usando o mnemônico PEMDAS — **P**arênteses, **E**xpoentes, **M**ultiplicação, **D**ivisão, **A**dição e **S**ubtração.

  Finalmente, no Capítulo 5, você utiliza todas essas informações em conjunto para solucionar os problemas do dia a dia da aritmética, do mais fácil ao mais desafiador.

- **Critérios de divisibilidade, fatoração e múltiplos**: Os Capítulos 6, 7 e 8 cobrem alguns tópicos relacionados à divisibilidade. No Capítulo 6, você descobre a variedade de truques da divisibilidade que o auxiliam a descobrir se um número é divisível por outro sem efetivamente realizar a divisão. Você ainda estuda a divisão do resto e a distinção entre os números primos e os compostos.

  O Capítulo 7 foca na fatoração e na multiplicação. Você compreende como determinar todos os fatores, incluindo os dos números primos e a calcular o máximo divisor comum (MDC) para um conjunto de dois ou mais números. Complementarmente, você organiza uma lista parcial de múltiplos e calcula o mínimo múltiplo comum (MMC) de dois ou mais números.

  O Capítulo 8 apresenta uma seção com os problemas do dia a dia que despertam e ampliam o entendimento do estudo da fatoração, da multiplicação, do resto e dos números primos.

- **Frações, decimais, porcentagem e razões**: Do Capítulo 9 ao 13 são abordadas quatro maneiras distintas de representar a parte do todo — as frações, os números decimais, a porcentagem e as razões. No Capítulo 9, você estuda as frações, incluindo o aumento e a redução da sua numeração. Você converte as frações impróprias em números mistos e vice-versa. Também utiliza a adição, a subtração, a multiplicação e a divisão das frações, abrangendo os números mistos. E, ainda, simplifica frações complexas.

  No Capítulo 10, você as converte em números decimais e realiza o inverso. Usa a adição, a subtração e a divisão de números decimais e ainda descobre como estudar decimais periódicos. Já o Capítulo 11 aborda a porcentagem. Você converte as frações e seus múltiplos em porcentagem e faz a operação oposta. Entende alguns truques para o cálculo de porcentagens simples e, então, resolve problemas cotidianos com um maior grau de dificuldade, os quais podem ser convertidos em equações e resolvidos.

  O Capítulo 12 apresenta uma variedade de problemas incluindo os do cotidiano que utilizam as razões e as proporções. E, no Capítulo 13, você soluciona ainda mais problemas como esses nos quais utiliza seu conhecimento do estudo das frações, dos decimais e da porcentagem.

- **Notação científica, pesos e medidas, geometria, gráficos, estatística e probabilidade, e conjuntos**: Nos Capítulos 14 a 19, você dá um passo à frente nos estudos de uma grande variedade de conhecimento, do básico ao intermediário. O Capítulo 14 aborda o tópico notação científica, que é usado para representar números muito grandes ou muito pequenos. O Capítulo 15 introduz os conceitos dos pesos e das medidas, focando nas unidades de medida inglesa e métrica e na conversão entre ambas. O Capítulo 16 fornece um vasto número de problemas geométricos de cada descrição, incluindo a geometria plana e a sólida. No Capítulo 17, você estuda os diversos gráficos como o gráfico de barras, o gráfico de pizza, o gráfico linear, os pictogramas e o gráfico *xy*, que é bastante usado na álgebra e também na matemática.

  O Capítulo 18 proporciona uma introdução básica sobre estatística, abordando as médias e os métodos. Este capítulo também discute os problemas de probabilidade e oferece uma introdução sobre o cálculo de ambos em situações particulares. O Capítulo 19 traz alguns problemas básicos sobre a teoria dos conjuntos e ainda sobre a união, a interseção, o complemento relativo e o complemento. Além disso, você utiliza os diagramas de Venn para resolver problemas cotidianos.

- **Expressões algébricas e equações**: Para finalizar, os Capítulos 20, 21 e 22 dão o gostinho do estudo da sua primeira aula de álgebra. O Capítulo 20 mostra os estudos básicos das expressões algébricas que englobam a avaliação, a simplificação e a fatoração. No Capítulo 21, você resolve as equações básicas de álgebra e, no Capítulo 22, coloca em uso suas habilidades para resolver uma série de problemas de álgebra básica.

Parte II: As Respostas

Nesta parte, você encontra respostas para todas as 1.001 perguntas que aparecem na Parte I. Cada uma delas contém um completo passo a passo explicando como resolver o problema do começo ao fim.

Onde Encontrar Ajuda

Cada capítulo deste livro inicia com algumas dicas para resolver os problemas dele próprio. E, claro, se você ficar preso em alguma pergunta, poderá pular para a seção das respostas e tentar estudá-la pela solução fornecida. Contudo, se você sentir que precisa de mais informações sobre a matemática básica do que este livro fornece, fortemente recomendo que leia o meu livro *Matemática Básica e Pré-Álgebra Para Leigos*. Esse livro apresenta muitas informações úteis para solucionar todos os tipos de problema incluídos aqui.

Adicionalmente, você ainda pode ler o *Matemática Básica e Pré-Álgebra Para Leigos, 2ª Edição*. Ele possui uma ótima mistura de pequenas explicações sobre como solucionar diversos tipos de problemas na prática. E, para uma rápida espiada nos conceitos mais importantes da matemática básica, leia o livro *Exercícios de Matemática Básica & Pré-Álgebra Para Leigos*. Sim, também escrevi esse livro — como não escrever todos esses livros?

Parte I

As Perguntas

Parte I
As Perguntas

Nesta parte...

Mil e um problemas de matemática. É um problema para cada noite das histórias das *Mil e Uma Noites.* São quase dez problemas para cada andar do prédio do Empire State. Resumindo, são *muitos* problemas — diversos exercícios para ajudá-lo a atingir o conhecimento matemático que necessita para ser bem-sucedido em suas aulas de matemática atuais. Esta é uma visão geral dos modelos de problemas fornecidos:

- Aritmética básica, incluindo valores absolutos, números negativos, potenciação e raiz quadrada (Capítulos 1–5)
- Divisibilidade, fatoração e múltiplos (Capítulos 6–8)
- Frações, números decimais, porcentagem e razões (Capítulos 9–13)
- Notação científica, medidas, geometria, gráficos, estatísticas, probabilidade e conjuntos (Capítulos 14–19)
- Expressões algébricas e equações (Capítulos 20–22)

Capítulo 1

As Quatro Grandes Operações

As quatro grandes operações (adição, subtração, multiplicação e divisão) são a base para todas as operações aritméticas. Neste capítulo, há bastante trabalho prático com essas importantes operações.

Os Problemas que Encontrará pela Frente

Estes são os tipos de problemas que você encontra neste capítulo:

- Arredondando números para o mais próximo de dez, cem, mil ou um milhão
- Somando uma base de números, incluindo a adição comutativa
- Subtraindo um número de outro, incluindo a subtração com empréstimo
- Multiplicando um número por outro
- Divisão, incluindo divisão com resto

Com o que Tomar Cuidado

Aqui vão algumas dicas rápidas sobre como arredondar os números para ajudá-lo neste capítulo: quando for arredondar um número, verifique o número à direita da posição par a qual você pretende arredondar. Se ele estiver entre 0 e 4, arredonde para baixo alterando o número para 0. Se estiver entre 5 e 9, arredonde para cima alterando o número para 0 e somando 1 ao número que se encontra à sua esquerda.

Por exemplo, para arredondar o número 7.654 para a centena mais próxima, verifique o número à direita da localização da centena. Este número é 5, então altere para 0 e some 1 ao 6, que se encontra à esquerda. Portanto, a numeração 7.654 se transforma em 7.700.

Arredondando os Números

1–6

1. Arredonde o número 136 para a dezena mais próxima.

2. Arredonde o número 224 para a dezena mais próxima.

3. Arredonde o número 2.492 para a centena mais próxima.

4. Arredonde o número 909.090 para a centena mais próxima.

5. Arredonde o número 9.099 para o milhar mais próximo.

6. Arredonde o número 234.567.890 para o milhão mais próximo.

Somando, Subtraindo, Multiplicando e Dividindo

7–30

7. Some 47 + 21 = ?

8. Some 136 + 53 + 77 = ?

9. Some 735 + 246 + 1.329 = ?

10. Some 904 + 1.024 + 6.532 + 883 = ?

11. Some 56.702 + 821 + 5.332 + 89 + 343.111 = ?

12. Some 1.609.432 + 657.936 + 82.844 + 2.579 + 459 = ?

13. Subtraia 89 – 54 = ?

14. Subtraia $373 - 52 = ?$

15. Subtraia $539 - 367 = ?$

16. Subtraia $2.468 - 291 = ?$

17. Subtraia $34.825 - 26.492 = ?$

18. Subtraia $71.002 - 56.234 = ?$

19. Multiplique $458 \times 4 = ?$

20. Multiplique $74 \times 35 = ?$

21. Multiplique $129 \times 86 = ?$

22. Multiplique $382 \times 67 = ?$

23. Multiplique $9.876 \times 34 = ?$

24. Multiplique $23.834 \times 1.597 = ?$

25. Divida $861 \div 3 = ?$

26. Divida $1.876 \div 7 = ?$

27. Divida $6.184 \div 15 = ?$

28. Divida $25.246 \div 22 = ?$

29. Divida $60.000 \div 53 = ?$

30. Divida $262.145 \div 256 = ?$

Capítulo 2

Abaixo de Zero: Trabalhando com Números Negativos

Os números negativos podem ser a causa de uma certa negatividade para alguns estudantes. As regras para utilizá-los podem ser um pouco complicadas. Neste capítulo, você realiza os exercícios usando as quatro grandes operações com os números negativos. E, ainda, aumenta seu conhecimento sobre o cálculo dos valores absolutos.

Os Problemas que Encontrará pela Frente

Este capítulo mostra como trabalhar com os problemas a seguir:

- Subtraindo um número menor menos um número maior
- Somando e subtraindo com números negativos
- Multiplicando e dividindo com números negativos
- Calculando os valores absolutos

Com o que Tomar Cuidado

Veja algumas dicas para você ficar de olho quando estiver estudando os números negativos:

- Para subtrair um número menor menos um número maior, inverta e torne negativo: *inverta a* subtração de um número maior por um número menor, e então, torne o número *negativo* inserindo o símbolo de menos (–) na frente do resultado. Por exemplo, $4 - 7 = -3$.
- Para subtrair um número negativo menos um número positivo, some e torne negativo: *some* os dois números como se ambos fossem positivos, e então torne o número *negativo* inserindo o sinal de menos na frente do resultado. Por exemplo, $-5 - 4 = -9$.
- Para somar um número positivo e um número negativo (em qualquer ordem), subtraia o maior número pelo menor. Então, insira o mesmo sinal do número que está mais longe de 0 ao resultado. Por exemplo, $-3 + 5 = 2$ e $4 + (-6) = -2$.

Somando e Subtraindo Números Negativos

31–41

31. Calcule os problemas a seguir:

i. $3 - 6 =$

ii. $7 - 12 =$

iii. $14 - 15 =$

iv. $2 - 16 =$

v. $20 - 31 =$

32. Calcule os problemas a seguir:

i. $-7 - 4 =$

ii. $-1 - 9 =$

iii. $-9 - 6 =$

iv. $-11 - 6 =$

v. $-1 - 13 =$

33. Calcule os problemas a seguir.

i. $-5+8=$

ii. $-8+5=$

iii. $-14+1=$

iv. $-1+14=$

v. $-20+6=$

34. Calcule os problemas a seguir.

i. $-2+(-8)=$

ii. $6+(-3)=$

iii. $-9+(-3)=$

iv. $15+(-5)=$

v. $-19+(-1)=$

35. Calcule os problemas a seguir.

i. $4-(-2)=$

ii. $-9-(-1)=$

iii. $-10-(-3)=$

iv. $8-(-11)=$

v. $-3-(-16)=$

36. $-29+(-35)=$

37. $46-(-89)=$

38. $81+(-137)=$

39. $-212-942=$

40. $1.024-2.543=$

41. $-10.654-(-289)=$

Multiplicando e Dividindo Números Negativos

42–53

42. Calcule os problemas a seguir.

i. $-6\times 9=$

ii. $-8\times(-7)=$

iii. $-9\times(-7)=$

iv. $7\times(-8)=$

v. $-9\times(-6)=$

43. $-15 \times 9 =$

44. $-32 \times (-11) =$

45. $91 \times (-18) =$

46. $-7 \times (-6) \times 5 =$

47. $2 \times (-4) \times (-10) \times (-5) =$

48. $-1 \times (-2) \times 3 \times (-4) \times (-5) \times (-1) =$

49. Calcule os problemas a seguir.

i. $35 \div (-5) =$

ii. $-28 \div (-4) =$

iii. $32 \div (-4) =$

iv. $-48 \div -6 =$

v. $-36 \div 6 =$

50. $176 \div (-8) =$

51. $-403 \div 13 =$

52. $-275 \div (-11) =$

53. $-1.054 \div (-17) =$

55. $|38 - 99| =$

56. $|206 - 88| =$

57. $|543 - 629| =$

Trabalhando com Valores Absolutos

54–57

54. Calcule os problemas a seguir.

i. $|4 - 4| =$

ii. $|6 - 2| =$

iii. $|7 - 9| =$

iv. $|9 - 1| =$

v. $|1 - 8| =$

Capítulo 3

Você Tem Potencial: Potenciação e Raiz Quadrada

A potenciação fornece uma notação abreviada da multiplicação usando um número como base e um expoente. As raízes — também conhecidas como radicais — invertem o processo da potenciação. Neste capítulo, você exercita a potenciação e a raiz quadrada dos números inteiros positivos, assim como das frações e dos números inteiros negativos.

Os Problemas que Encontrará pela Frente

Este capítulo aborda os seguintes problemas:

- Usando a potenciação para multiplicar um número por ele mesmo
- Calculando os expoentes dos números negativos e das frações
- Entendendo a raiz quadrada
- Descobrindo como calcular os expoentes negativos e os expoentes fracionários

Com o que Tomar Cuidado

Veja a seguir algumas dicas para estudar a potenciação e a raiz quadrada:

- Quando encontrar a potência de um número, multiplique a base por ele mesmo de acordo com a quantidade de vezes indicada pelo seu expoente. Por exemplo, $4^3 = 4 \times 4 \times 4 = 64$.
- Quando a base for um número negativo, use o padrão das regras da multiplicação para números negativos (veja o Capítulo 2). Por exemplo, $-7^2 = -7 \times (-7) = 49$.
- Quando a base for uma fração, utilize o padrão das regras da multiplicação para as frações (veja o Capítulo 9). Por exemplo, $\left(\frac{2}{5}\right)^3 = \frac{2}{5} \times \frac{2}{5} \times \frac{2}{5} = \frac{8}{125}$.
- Para descobrir a raiz quadrada de um número quadrado, encontre o número que, quando multiplicado por ele mesmo, resulte no número com o qual você começou. Por exemplo, $\sqrt{36} = 6$, porque $6 \times 6 = 36$.
- Para simplificar a raiz quadrada de um número que não é quadrado, se possível, fatore um número quadrado e, então, calcule-o. Por exemplo, $\sqrt{12} = \sqrt{4}\sqrt{3} = 2\sqrt{3}$.
- Calcule o expoente de $\frac{1}{2}$ como a raiz quadrada da sua base. Por exemplo, $25^{\frac{1}{2}} = \sqrt{25} = 5$.
- Calcule o expoente de -1 como o inverso da base. Por exemplo, $7^{-1} = \frac{1}{7}$.
- Para calcular o expoente de um número negativo, obtenha seu expoente positivo e calcule seu inverso. Por exemplo, $3^{-2} = \frac{1}{3^2} = \frac{1}{9}$.

Multiplicando um Número por Ele Mesmo

58–72

58. Calcule os problemas a seguir.

i. 6^2

ii. 12^2

iii. 2^6

iv. 3^4

v. 71^0

59. $26^2 =$

60. $12^3 =$

61. $10^6 =$

62. $20^5 =$

63. $100^4 =$

64. $101^3 =$

65. Calcule os problemas a seguir.

i. $(-5)^2$

ii. $(-4)^3$

iii. $(-10)^5$

iv. $(-1)^{12}$

v. $(-1)^{27}$

66. $(-11)^4 =$

67. $(-15)^3 =$

68. $(-40)^5 =$

69. Calcule os problemas a seguir.

i. $\left(\frac{1}{6}\right)^2$

ii. $\left(\frac{1}{3}\right)^3$

iii. $\left(\frac{7}{11}\right)^2$

iv. $\left(\frac{2}{5}\right)^4$

v. $\left(\frac{1}{10}\right)^5$

70. $\left(\frac{9}{22}\right)^2 =$

71. $\left(\frac{7}{30}\right)^3 =$

72. $\left(\frac{2}{3}\right)^7 =$

Encontrando a Raiz Quadrada

73–79

73. Simplifique os números dos problemas a seguir como números inteiros encontrando sua raiz quadrada.

i. $\sqrt{9}$

ii. $\sqrt{36}$

iii. $\sqrt{64}$

iv. $\sqrt{144}$

v. $\sqrt{289}$

74. Simplifique os números dos problemas a seguir como números inteiros encontrando sua raiz quadrada e depois multiplicando-os.

i. $2\sqrt{16}$

ii. $3\sqrt{25}$

iii. $6\sqrt{100}$

iv. $9\sqrt{121}$

v. $20\sqrt{225}$

75. $\sqrt{8} =$

76. $\sqrt{32} =$

77. $\sqrt{54} =$

78. $\sqrt{80} =$

79. $\sqrt{300} =$

Expoente Negativo e Expoente Fracionário

80–90

80. Apresente os números dos problemas a seguir como uma raiz quadrada e depois simplifique-os como números positivos inteiros.

i. $4^{\frac{1}{2}}$

ii. $49^{\frac{1}{2}}$

iii. $81^{\frac{1}{2}}$

iv. $169^{\frac{1}{2}}$

v. $400^{\frac{1}{2}}$

81. $27^{\frac{1}{2}} =$

82. $52^{\frac{1}{2}} =$

83. $72^{\frac{1}{2}} =$

84. $99^{\frac{1}{2}} =$

85. Simplifique os números dos problemas a seguir como uma fração.

i. 3^{-1}

ii. 4^{-1}

iii. 10^{-1}

iv. 16^{-1}

v. 100^{-1}

86. $7^{-2} =$

87. $2^{-6} =$

88. $5^{-4} =$

89. $13^{-2} =$

90. $10^{-6} =$

Capítulo 4

Seguindo Ordens: A Ordem das Operações

A ordem das operações (também chamada de ordem de precedência) proporciona uma maneira correta de calcular as expressões complexas para que você sempre consiga obter a resposta certa. O mnemônico PEMDAS o ajuda a lembrar de calcular os parênteses primeiro, então passar para os expoentes, depois para a multiplicação e divisão e, finalmente, para a adição e subtração.

Os Problemas que Encontrará pela Frente

Este capítulo inclui estes tipos de problemas:

- Calculando as expressões que contêm as quatro grandes operações (adição, subtração, multiplicação e divisão)
- Calculando as expressões que incluem os expoentes
- Calculando as expressões que contêm parênteses, incluindo os parênteses aninhados
- Calculando as expressões que englobam parênteses como a raiz quadrada e os valores absolutos
- Calculando as expressões que compreendem frações com expressões no numerador e/ou no denominador

Com o que Tomar Cuidado

Lembre-se sempre das dicas a seguir durante seu estudo dos problemas deste capítulo:

- Quando uma expressão possuir apenas adição ou subtração, calcule-a da esquerda para a direita. Por exemplo, $8 - 5 + 6 = 3 + 6 = 9$.
- Quando uma expressão possuir apenas multiplicação ou divisão, calcule-a da esquerda para a direita. Por exemplo, $10 \div 2 \times 7 = 5 \times 7 = 35$.
- Quando uma expressão possuir qualquer combinação das quatro grandes operações, primeiro calcule todas as multiplicações e divisões da esquerda para a direita e depois calcule as adições e subtrações da esquerda para a direita. Por exemplo, $8 + 12 \div 4 = 8 + 3 = 11$.
- Quando uma expressão incluir potenciações, calcule-as *primeiro* e, *então*, passe para as quatro grandes operações. Por exemplo, $4 - 3^2 = 4 - 9 = -5$.

As Quatro Grandes Operações

91–102

91. $8 + 9 - 3 =$

92. $-5 - 10 + 3 - 4 =$

93. $4 \times 6 \div 8 =$

94. $28 \div 7 \times 4 \div 2 =$

95. $-35 \div 7 \times (-6) =$

96. $72 \div (-9) \times (-4) \div 2 =$

97. $56 \div 7 + 1 =$

98. $15 - 8 \times 2 =$

99. $12 + 10 \div 2 - 1 =$

100. $18 + 36 \div 9 \times 2 =$

101. $75 \div (-5) \times 3 + 4 =$

102. $-6 \times 7 + (-36) \div 3 =$

Cálculos Usando Expoentes

103–112

103. $4 \times 10^2 =$

104. $56 \div 2^3 \times 20 =$

105. $1 + 5^2 - 4 =$

106. $3^3 + 2^3 - 10 =$

107. $-2^5 + 3^2 =$

108. $7^2 - 6^0 \times 3 =$

109. $10^5 \div 10^4 - 10 =$

110. $-20 \times 25 + 2^3 \times 5^3 =$

111. $(-8)^2 \div 2^3 \times 40 + (-200) =$

112. $-1^3 \times (-2) + 9^2 \div 3^3 =$

Cálculos Usando Parênteses

113–124

113. $7^2 \times (6 - 3) =$

114. $5 \times (3 - 9 \times 2) =$

115. $(-9 \div 3) \div \left((-6)^2 \div 12\right) =$

116. $(5 \times 3 - 1) \times \left(50 \div 5^2\right) =$

117. $(11 - 3)^2 \div \left(6^2 - 4\right) =$

118. $\left[12 \div (-4)\right] \times \left(10 \times 2^2 + 1\right) =$

119. $\left(-1^3-5\right)^2-(6-4\div 2)^2=$

120. $\left[(5-2)\times 4\right]+1=$

121. $50-\left[(-6+2)\times 3^2\right]=$

122. $3\times\left[4\times(-3+8)^2\right]=$

123. $-24\div\left[(-2-10)\times\left(7-2^3\right)\right]=$

124. $4+\left\{\left[(5-1)\times 7\right]\div 14\right\}=$

Cálculos Usando Raiz Quadrada

125–134

125. $\sqrt{64}\div 4=$

126. $\sqrt{100}-\sqrt{36}=$

127. $-1+\sqrt{81}\div 9=$

128. $\sqrt{4\times 9}\div 2+4=$

129. $-8-\sqrt{24+3\div 3}=$

130. $\sqrt{-20\div(-7+2)}+5=$

131. $\sqrt{79-5\times 2^4+2}=$

132. $\sqrt{5^2\times 3^2}+\sqrt{5^2-3^2}=$

133. $\left[\sqrt{(13+5)\times 2}-4^2\right]^2=$

134. $\left(\sqrt{4+\sqrt{4^2\times 2^4}\times 2}-3^2\right)^3=$

Cálculos Usando Frações

135–140

135. $\frac{8-2}{16\div 8}=$

136. $\frac{4\times\sqrt{25}}{-7-(-2)}=$

137. $\frac{2^5-2^4+2^3}{2^4+2^3}=$

138. $\frac{3^3+17}{-6+(-8\times 2)}=$

139. $\frac{\sqrt{2^5-(-4)}}{[12-(1-7)]\div 6}=$

140. $\sqrt{\frac{[22\div(7+2^2)]+(7^2-15)}{\sqrt{4^3+2^4-(-1^3)}}}=$

Cálculos Usando Valores Absolutos

141–144

141. $|-8+2\times(-5)|\div(-3)=$

142. $|(7-11)\div 2|\times(3-13)=$

143. $|4-9|\times(17-5)-|8\div(-2)|=$

144. $\frac{\sqrt{|44-85|+|(5-70)\div 13|-(-3)}}{[7\div(10-3)]+(-8)}=$

Capítulo 5

Os Problemas do Dia a Dia com as Quatro Grandes

Os problemas do dia a dia oferecem uma oportunidade de utilizar seu conhecimento matemático nas situações reais. Neste capítulo, todos os problemas podem ser resolvidos usando as quatro grandes operações (adição, subtração, multiplicação e divisão).

Os Problemas que Encontrará pela Frente

Os problemas deste capítulo caem em três categorias básicas, referentes ao seu grau de dificuldade:

- Os problemas básicos do dia a dia em que é necessário utilizar uma única operação
- Os problemas intermediários do dia a dia em que é necessário utilizar duas operações diferentes
- Os problemas complicados do dia a dia que requerem diversas operações diferentes e cálculos mais difíceis

Com o que Tomar Cuidado

Estas são algumas dicas para obter a resposta correta nos problemas do dia a dia:

- Leia cada problema atentamente para ter certeza que entendeu o que está sendo pedido.
- Utilize um papel de rascunho para reunir e organizar as informações referentes ao problema.
- Reflita sobre qual das quatro grandes operações (adição, subtração, multiplicação e divisão) será a mais útil para resolver os problemas.
- Calcule cuidadosamente para evitar erros.
- Pergunte a si mesmo se a resposta faz sentido.
- Confira seu cálculo para ter certeza que está correto.

Problemas Básicos

145–154

145. A trilogia de um filme de terror inclui os filmes *Zumbis Duram para Sempre*, que dura 80 minutos, *Um Lobisomen Americano em Bermudas*, que possui 95 minutos e *O Lanchinho da Noite do Vampiro*, com 115 minutos do início ao fim. Qual é a duração total dos três filmes?

146. Com uma altura de 2.717 pés, o prédio mais alto do mundo é o Burj Khalifa, em Dubai. Ele é 1.263 pés mais alto que o Empire State Building, em Nova York. Qual é a altura do Empire State Building?

147. Os seis filhos de Janey estão colorindo ovos para a Páscoa. Ela comprou um total de 5 dúzias de ovos para todas as crianças colorirem. Supondo que cada criança receba a mesma quantidade de ovos, quantos ovos cada criança receberá?

148. Arturo trabalhou 40 horas por semana recebendo R$12 por hora. Ele, então, recebeu um aumento de R$1 por hora e trabalhou 30 horas semanais. Qual foi a quantia a mais de dinheiro que ele recebeu referente à primeira semana de trabalho em relação à segunda?

149. Um restaurante possui 5 mesas que comportam 8 pessoas cada, 16 mesas que comportam 6 pessoas cada e 11 que comportam 4 cada. Qual é a capacidade total de todas as mesas do restaurante?

150. A palavra *pinta* (semilitro) originalmente vem da palavra *pound* (libra, 453 gramas) porque uma pinta de água pesa 1 libra. Se um galão contém 8 pintas, quantas libras pesam 40 galões de água?

151. Antonia comprou um suéter que normalmente custa R$86, incluindo as taxas. Quando ela foi até o caixa, descobriu que o suéter estava sendo vendido pela metade do preço. Além disso, ela usou um cartão presente de R$20 para ajudar no pagamento. Quanto ela gastou para comprar o suéter?

152. Um caderno grande custa R$1,50 a mais que um pequeno. Karan comprou dois grandes e quatro pequenos, enquanto Almonte comprou cinco grandes e um pequeno. Quanto Almonte gastou a mais que Karan?

153. Uma empresa investe R$7.000.000 no desenvolvimento de um produto. Assim que este produto chegar às lojas, cada venda retornará R$35 do investimento. Se o produto for vendido a uma taxa constante de 25.000 por mês, quanto tempo levará para a empresa recuperar o investimento inicial?

154. Jéssica deseja comprar 40 canetas. Um pacote com 8 canetas custa R$7, porém um pacote com 10 custa R$8. Quanto ela economizará comprando os pacotes com 10 canetas em vez dos pacotes com 8?

Problemas Intermediários

155–171

155. Jim comprou quatro caixas de cereal na promoção. Uma das caixas pesa 10 onças e as restantes pesam 16 onças cada. Quantas onças de cereal ele comprou no total?

156. Mina realizou uma longa caminhada na praia em cada um dos seus oito dias de férias. Na metade dos dias, ela caminhou 3 milhas e na outra metade 5 milhas por dia. Quantas milhas ela caminhou no total?

157. Uma maratona de bicicleta de três dias exige atletas que percorram 100 milhas no primeiro dia e 20 milhas a menos no segundo. Se o total da viagem for de 250 milhas, quantas milhas os atletas percorreram no terceiro dia?

158. Se seis camisetas são vendidas a R$42, qual é o custo de nove camisetas com o mesmo preço?

159. Kenny fez 25 flexões. Seu irmão mais velho, Sal, fez o dobro da quantidade de flexões de Kenny. E a irmã mais velha deles, Natalie, fez 10 a mais que Sal. Quantas flexões os três fizeram ao todo?

160. Duas barras de chocolate geralmente são vendidas por 90 centavos. Esta semana, há uma promoção de três barras por R$1,05. Quanto você poderá economizar em uma única barra comprando a promoção das três barras em vez de comprar duas?

161. Simon observou dois números quadrados que somam 130. Ele, então, percebeu que, ao subtrair um destes números quadrados por outro, o resultado é 32. Qual é o menor número desses dois números quadrados?

162. Se Donna levou 20 minutos para ler 60 páginas de uma história em quadrinhos de 288 páginas, quanto tempo ela levou para ler todo o livro, supondo que ela tenha lido todas as páginas na mesma velocidade?

163. Kendra vendeu 50 caixas de biscoito em 20 dias. Sua irmã mais velha, Alicia, vendeu o dobro das caixas na metade do tempo. Se as meninas continuassem com a meta de vendas, quantas caixas elas poderiam ter vendido no total se ambas tivessem trabalhado por 40 dias?

164. Um grupo de 70 alunos do terceiro ano possui exatamente a proporção de três meninas para cada quatro meninos. Quando a professora pede para os alunos se dividirem em pares para um exercício, seis casais compostos por um menino e uma menina são formados e o restante das crianças será dividido em pares com crianças do mesmo sexo. Quantos pares de meninos a mais existem em relação aos pares de meninas?

165. Juntos, um livro e um jornal custam R$11. O livro custa R$10 a mais que o jornal. Quantos jornais você poderia comprar pelo mesmo preço do livro?

166. Yianni acabou de comprar uma casa financiada pelo preço de R$385. O valor mensal do financiamento para cobrir o capital e os juros será de R$1.800 por mês por 30 anos. Quando ele terminar de pagar tudo, quanto Yianni pagará a mais em juros, acima do valor da casa?

167. A distância entre Nova York (leste) e San Diego (oeste) é de aproximadamente 2.700 milhas. Por conta da predominância dos ventos, ao voar de leste a oeste, o voo normalmente dura uma hora a mais do que quando é de oeste a leste. Se o avião de San Diego para Nova York percorrer uma velocidade de 540 milhas por hora, qual será a velocidade do avião que viaja de Nova York a San Diego sob as mesmas condições?

168. Arlo participou de um jogo noturno de pôquer organizado pelos seus amigos. Às 23 horas, ele já havia perdido R$65 desde o início. Entre 23 horas e 2 horas, ele ganhou R$120. Então, nas próximas três horas, ele perdeu mais R$45. Nas quatro horas finais do jogo, ele ganhou R$30. Quanto Arlo ganhou ou perdeu durante o jogo?

169. Clarissa comprou um diamante por R$1.000 e o vendeu para André por R$1.100. Um mês depois, André precisou de dinheiro, então, vendeu o diamante para Clarissa por R$900. No entanto, alguns meses depois, ele recebeu uma herança inesperada e comprou o diamante de novo por R$1.200. Qual foi o lucro total de Clarissa nessas negociações?

170. Angela e Basil trabalham em uma lanchonete fazendo sanduíches. Em alta velocidade, Angela consegue fazer quatro sanduíches em três minutos e Basil três sanduíches em quatro minutos. Trabalhando juntos, quanto tempo eles levarão para fazer 200 sanduíches?

171. Todas as 16 crianças da escola primária da Sra. Morrow possuem dois ou três irmãos. De modo geral, as crianças possuem um total 41 irmãos. Quantas das crianças possuem três irmãos?

Problemas Avançados

172–180

172. Qual é a soma de todos os números de 1 a 100?

173. Louise trabalha no varejo e possui uma meta de vendas de R$1.200 por dia. Na segunda-feira, ela excedeu a meta em R$450. Na terça-feira, ela excedeu a meta em R$650. Na quarta e na quinta-feira, ela atingiu exatamente a meta. Como a sexta-feira foi um dia nebuloso, Louise vendeu R$250 a menos que sua meta. Qual foi seu total de vendas ao longo dos cinco dias?

174. Uma placa fixada acima de uma grande piscina lembra os nadadores que 40 extensões da piscina é igual a 1 milha. Jordy nadou 1 extensão da piscina com a velocidade de 3 milhas por hora. Quanto tempo ele levou para nadar 1 extensão da piscina?

175. Em um grupo de duas pessoas, apenas um par pode apertar as mãos. No entanto, em um grupo de três pessoas, três diferentes pares de pessoas podem apertar as mãos. Quantos diferentes pares de pessoas podem apertar as mãos em um grupo de dez pessoas?

176. Marion descobriu que três tijolos vermelhos e um branco pesam 23 libras. Então, ela trocou um tijolo vermelho por dois brancos e percebeu que o peso aumentou para 27 libras. Supondo que todos os tijolos vermelhos tenham o mesmo peso e que isto seja válido para todos os brancos também, qual será o peso de um tijolo vermelho?

177. Ângela contou todas as moedas do cofrinho de sua tia. Ela contou 891 moedas de um centavo, 342 moedas de cinco centavos, 176 moedas de dez centavos e 67 moedas de vinte e cinco centavos. Quanto dinheiro tinha no cofrinho?

178. Em uma longa viagem de carro, Joel dirigiu as primeiras duas horas em uma rodovia a 70 milhas por hora. Ele fez uma parada de 15 minutos e, então, dirigiu mais uma hora a 60 milhas por hora. Depois, ele dirigiu em uma sinuosa estrada de uma montanha por duas horas a 35 milhas por hora. Ele, então, fez outra parada de 45 minutos para jantar e terminou a viagem com três horas de direção a 75 milhas por hora. Qual a velocidade média de Joel ao longo da viagem, incluindo as paradas?

179. Duas barras de chocolate geralmente são vendidas por 90 centavos. Esta semana, há uma promoção de três barras por R$1,05. Heidi comprou tantas barras que acabou economizando R$5,40 em comparação ao preço normal. Quantas barras de chocolate ela comprou?

180. Supondo que você decida economizar um real no primeiro dia do mês, dois reais no segundo, quatro reais no terceiro e que continue a duplicar a quantidade a cada dia. Quantos dias serão necessários para que você economize um total de mais de R$30.000?

Capítulo 6

Nós Estamos Divididos

A divisão é a mais interessante e complexa das quatro grandes operações (adição, subtração, multiplicação e divisão). Ao dividir dois números, divida o *dividendo* pelo *divisor* e o resultado será o *quociente*. Por exemplo:

Dividendo		Divisor		Quociente
24	÷	8	=	3

A divisão inteira — ou seja, aquela que realiza a divisão de apenas números inteiros — sempre resulta em um resto (que pode ser 0).

Dividendo		Divisor		Quociente	Resto
26	÷	8	=	3	*r*2

O resto é um número inteiro, de 0 a um número menor do que aquele pelo qual está sendo dividido. Por exemplo, quando você divide qualquer número por 8, o resto deve ser um número inteiro entre 0 e 7.

Os Problemas que Encontrará pela Frente

Este capítulo foca nos conceitos e conhecimentos a seguir:

- Entendendo a divisão inteira — ou seja, divisão com resto
- Conhecendo algumas dicas rápidas sobre a divisão
- Encontrando o resto para um problema de divisão sem dividi-lo
- Distinguindo os números primos dos números compostos

Com o que Tomar Cuidado

A seguir estão algumas regras e dicas para serem utilizadas quando você for estudar os problemas de divisão:

- Um inteiro é *divisível* por outro quando o resultado da divisão tem resto 0. Por exemplo, $54 \div 3 = 18r0$, então, 54 é divisível por 3.
- Um número *primo* é divisível exatamente por dois números: 1 e ele mesmo. Por exemplo, 17 é um número primo pois é divisível apenas por 1 e 17.
- Um número *composto* é divisível por 3 ou mais números. Por exemplo, 25 é um número composto porque é divisível por 1, 5 e 25.
- O número 1 é o único que não é considerado nem número primo e nem número composto.

Critérios de Divisibilidade

181–200

181. Quais dos números a seguir são divisíveis por 2?

i. 32

ii. 70

iii. 109

iv. 8.645

v. 231.996

182. Quais dos números a seguir são divisíveis por 3?

i. 51

ii. 77

iii. 138

iv. 1.998

v. 100.111

183. Quais dos números a seguir são divisíveis por 4?

i. 57

ii. 552

iii. 904

iv. 12.332

v. 7.435.830

184. Quais dos números a seguir são divisíveis por 5?

i. 190

ii. 723

iii. 1.005

iv. 252.525

v. 505.009

185. Quais dos números a seguir são divisíveis por 6?

i. 61

ii. 88

iii. 372

iv. 8.004

v. 1.001.010

186. Quais dos números a seguir são divisíveis por 8?

i. 881

ii. 1.914

iii. 39.888

iv. 711.124

v. 43.729.408

187. Quais dos números a seguir são divisíveis por 9?

i. 98

ii. 324

iii. 6.009

iv. 54.321

v. 993.996

188. Quais dos números a seguir são divisíveis por 10?

i. 340

ii. 8.245

iii. 54.002

iv. 600.010

v. 1.010.100

189. Quais dos números a seguir são divisíveis por 11?

i. 134

ii. 209

iii. 681

iv. 1.925

v. 81.928

190. Quais dos números a seguir são divisíveis por 12?

i. 81

ii. 132

iii. 616

iv. 123.456

v. 12.345.678

191. Qual é a maior potência de 10 que é um fator de 87.000?

192. Qual é a maior potência de 10 que é um fator de 9.200.000?

193. Qual é a maior potência de 10 que é um fator de 30.940.050?

194. O número 78 é divisível por quais números entre 2 e 6, incluindo o 2 e o 6? (***Nota***: É possível haver mais de uma resposta).

195. O número 128 é divisível por quais números entre 2 e 6, incluindo o 2 e o 6? (***Nota***: É possível haver mais de uma resposta).

196. O número 380 é divisível por quais números entre 2 e 6, incluindo o 2 e o 6? (***Nota***: É possível haver mais de uma resposta).

197. O número 6.915 é divisível por quais números entre 2 e 6, incluindo o 2 e o 6? (***Nota***: É possível haver mais de uma resposta).

198. Você sabe que o número 56 é divisível por 7 (porque $56 \div 7 = 8$). Usando essa informação, qual é o resto da divisão $59 \div 7$?

199. Você sabe que o número 612 é divisível por 9 (porque $6 + 1 + 2 = 9$). Usando essa informação, qual é o resto da divisão $611 \div 9$?

200. Você sabe que o número 9.000 é divisível por 6 (porque é um número par cujos algarismos somam até 9, o que é divisível por 3). Usando essa informação, qual é o resto da divisão $8.995 \div 6$?

Estudando Números Primos e Compostos

201–210

201. Quais dos números a seguir são primos e quais são compostos?

i. 39

ii. 41

iii. 57

iv. 73

v. 91

202. O número 143 é primo?

203. O número 151 é primo?

204. O número 161 é primo?

205. O número 223 é primo?

206. O número 267 é primo?

207. Por quais dois números primos diferentes o número 93 é divisível?

208. Por quais dois números primos diferentes o número 297 é divisível?

209. Por quais dois números primos diferentes o número 448 é divisível?

210. Por quais três números primos diferentes o número 293.425 é divisível?

Capítulo 7

Fatoração e Multiplicação

A fatoração e a multiplicação são duas ideias matemáticas fundamentais que estão relacionadas à divisão. Quando um número é divisível por outro, o primeiro é múltiplo do segundo e, o segundo, fator do primeiro. Calcular o fator e os múltiplos de um número é essencial para o entendimento da matemática mais complexa que sucede, como o estudo das frações, dos decimais e da porcentagem (que são abordados nos Capítulos de 9 a 11).

Os Problemas que Encontrará pela Frente

A seguir encontram-se os problemas nos quais você deve utilizar seu conhecimento matemático neste capítulo:

- Decidindo se um número é fator de outro
- Obtendo todos os fatores de um número
- Encontrando os fatores primos de um número
- Descobrindo o máximo divisor comum (MDC) de dois ou mais números
- Listando os primeiros múltiplos de um número
- Encontrando mínimo múltiplo comum (MMC) de dois ou mais números

Com o que Tomar Cuidado

Veja algumas dicas sobre como lidar com os problemas que você encontra neste capítulo:

- Quando um número é divisível por um segundo número, o segundo é o fator do primeiro. Por exemplo, 10 é divisível por 5, então 5 é um fator de 10.
- Quando um número é divisível por um segundo número, o primeiro é *múltiplo* do segundo. Por exemplo, 10 é divisível por 5, então 10 é um múltiplo de 5.
- Para obter todos os fatores de um número, comece escrevendo o número 1, então deixe um espaço e escreva o número em si. Todos os fatores restantes estão entre esses dois números. Dessa forma, procure por números fáceis como 2, 3, 4 e assim por diante, para saber se são fatores também. Por exemplo, para obter os fatores de 20, comece escrevendo 1, então deixe um espaço e escreva 20. Agora, inclua o fator 2 (e o 10), e então o 4 (e o 5):
  1 2 4 5 10 20
- Para encontrar o máximo divisor comum (MDC) de um conjunto de números, obtenha o fator de cada número do conjunto e escolha o maior que aparece em cada lista de fatores.
- Obter os múltiplos de um número é simples. Apenas multiplique o número por 1, 2, 3 e assim por diante. Por exemplo, os primeiros cinco múltiplos de 7 são 7, 14, 21, 28 e 35.
- Para encontrar o mínimo múltiplo comum (MMC) de um conjunto de números, obtenha os múltiplos de cada número deste conjunto e escolha o menor número que aparece em todas as listas de múltiplos.

Identificando Fatores

211–225

211. Quais dos números a seguir possuem 2 como fator?

i. 78

ii. 181

iii. 3.000

iv. 222.225

v. 1.234.569

212. Quais dos números a seguir possuem 5 como fator?

i. 78

ii. 181

iii. 3.000

iv. 222.225

v. 1.234.569

213. Quais números a seguir possuem 3 como fator?

i. 78

ii. 181

iii. 3.000

iv. 222.225

v. 1.234.569

214. Quais dos números a seguir possuem 10 como fator?

i. 78

ii. 181

iii. 3.000

iv. 222.225

v. 1.234.569

215. Quais dos números a seguir possuem 7 como fator?

i. 78

ii. 181

iii. 3.000

iv. 222.225

v. 1.234.569

216. Quantos fatores o número 12 possui?

217. Quantos fatores o número 25 possui?

218. Quantos fatores o número 32 possui?

219. Quantos fatores o número 39 possui?

220. Quantos fatores o número 41 possui?

221. Quantos fatores o número 63 possui?

222. Quantos fatores o número 90 possui?

223. Quantos fatores o número 120 possui?

224. Quantos fatores o número 171 possui?

225. Quantos fatores o número 1.000 possui?

Encontrando Fatores Primos Não Distintos

226–232

226. Quantos fatores primos não distintos o número 30 possui?

227. Quantos fatores primos não distintos o número 66 possui?

228. Quantos fatores primos não distintos o número 81 possui?

229. Quantos fatores primos não distintos o número 97 possui?

230. Quantos fatores primos não distintos o número 98 possui?

231. Quantos fatores primos não distintos o número 216 possui?

232. Quantos fatores primos não distintos o número 800 possui?

Descobrindo o Máximo Divisor Comum

233–242

233. Qual é o máximo divisor comum (MDC) de 16 e 20?

234. Qual é o máximo divisor comum (MDC) de 12 e 30?

235. Qual é o máximo divisor comum (MDC) de 25 e 55?

236. Qual é o máximo divisor comum (MDC) de 26 e 78?

237. Qual é o máximo divisor comum (MDC) de 125 e 350?

238. Qual é o máximo divisor comum (MDC) de 28, 35 e 48?

239. Qual é o máximo divisor comum (MDC) de 18, 30 e 99?

240. Qual é o máximo divisor comum (MDC) de 33, 77 e 121?

241. Qual é o máximo divisor comum (MDC) de 40, 60 e 220?

242. Qual é o máximo divisor comum (MDC) de 90, 126, 180 e 990?

Dominando os Múltiplos

243–249

243. Quantos múltiplos de 4 existem entre 1 e 30?

244. Quantos múltiplos de 6 existem entre 1 e 70?

245. Quantos múltiplos de 7 existem entre 1 e 100?

246. Quantos múltiplos de 12 existem entre 1 e 150?

247. Quantos múltiplos de 15 existem entre 1 e 175?

248. Quantos múltiplos de 16 existem entre 1 e 200?

249. Quantos múltiplos de 75 existem entre 1 e 1.000?

Buscando o Mínimo Múltiplo Comum

250–260

250. Qual é o mínimo múltiplo comum (MMC) de 6 e 8?

251. Qual é o mínimo múltiplo comum (MMC) de 7 e 11?

252. Qual é o mínimo múltiplo comum (MMC) de 4 e 14?

253. Qual é o mínimo múltiplo comum (MMC) de 12 e 15?

254. Qual é o mínimo múltiplo comum (MMC) de 8 e 18?

255. Qual é o mínimo múltiplo comum (MMC) de 20 e 45?

256. Qual é o mínimo múltiplo comum (MMC) de 8, 10 e 16?

257. Qual é o mínimo múltiplo comum (MMC) de 4, 12 e 18?

258. Qual é o mínimo múltiplo comum (MMC) de 3, 7 e 17?

259. Qual é o mínimo múltiplo comum (MMC) de 10, 14 e 24?

260. Qual é o mínimo múltiplo comum (MMC) de 11, 15, 16 e 25?

Capítulo 8

Os Problemas do Dia a Dia sobre Fatores e Múltiplos

Os fatores e os múltiplos surgem como resultado das operações de multiplicação e divisão. Entender como estudar os fatores e os múltiplos se torna especialmente importante para você estudar as frações do Capítulo 9.

Os Problemas que Encontrará pela Frente

Neste capítulo, os problemas do dia a dia que você encontrará exigem que você faça o seguinte:

- Divida as pessoas ou os objetos em grupos iguais
- Encontre o número que é divisível pelo conjunto de outros números
- Obtenha os fatores ou os fatores primos de um número para resolver um problema
- Descubra a quantidade de pessoas em um grupo usando os múltiplos
- Utilize seu conhecimento sobre restos para resolver os problemas

Com o que Tomar Cuidado

Estas são algumas dicas para se lembrar enquanto você soluciona os problemas a seguir:

- Leia cada pergunta cuidadosamente para ter certeza que entendeu o que está sendo pedido.
- Conforme for lendo, memorize e organize as informações de um problema em um rascunho de papel.
- Sempre que possível, utilize os truques da divisibilidade do Capítulo 6 no lugar da divisão.
- Use as técnicas do Capítulo 7 — gerar os fatores, encontrar a fatoração com números primos e gerar os múltiplos — quando necessário.

Problemas Fáceis

261–266

261. Para um exercício de leitura, um grupo de crianças foi dividido em grupos de três crianças cada. Mais tarde, para um jogo de matemática, o mesmo grupo foi dividido em grupos de sete. Em ambos os casos, nenhuma criança foi deixada de fora quando os grupos foram formados. Se na sala de aula há menos de 40 alunos, quantas crianças o grupo total inclui?

262. Um abrigo de animais precisava transportar 57 gatos para suas novas instalações. Eles usaram uma grande quantidade de gaiolas, colocando o mesmo número de gatos em cada gaiola. Supondo que eles tenham colocado menos do que sete gatos em cada gaiola, quantos gatos foram transportados em cada gaiola?

263. Um total de 91 pessoas participaram de uma recepção de casamento. Elas foram acomodadas em um grupo de mesas, com cada mesa acomodando a mesma quantidade de convidados. Se existissem mais de oito mesas, quantas pessoas estariam em cada uma delas?

264. Mary Ann comprou um saco com 105 balas. Ela as dividiu entre as crianças para que cada uma recebesse a mesma quantidade de balas, que eram entre 20 e 30. Quantas crianças havia?

265. Um comitê de desfile gostaria de encontrar a melhor maneira de organizar uma banda marcial com 132 músicos. Eles querem marchar em uma formação com uma largura de mais de quatro e menos de dez pessoas para que cada linha possua a mesma quantidade de músicos. Quantas pessoas devem se posicionar em cada linha?

266. Um grupo de 210 participantes de uma conferência foi dividido uniformemente em grupos que possuem mais de 10 e menos 20 pessoas. Quais são os dois únicos números possíveis de pessoas que poderiam se encontrar em cada grupo?

Problemas Intermediários

267–274

267. Hoje, Maxine e Norma finalizaram os documentos para a inspeção de rotina das áreas de uma fábrica. Foi exigido que Maxine realizasse a mesma inspeção a cada 8 dias e que Norma também a fizesse a cada 14 dias. Quantos dias a partir de hoje será o próximo dia em que ambas realizarão a inspeção no mesmo dia?

268. O tamanho de uma sala é exatamente 2.816 pés cúbicos. Cada dimensão da sala (comprimento, largura e altura) é um número inteiro em pés. Se a sua altura em pés for um número ímpar entre 7 e 15 (incluindo ambos os números), qual é a altura da sala?

269. Qual é o menor grupo de pessoas que pode ser dividido em subgrupos de três, quatro, cinco ou seis pessoas, sendo que ninguém pode sobrar em nenhum grupo?

270. Marion tentou dividir uma cesta com 100 maçãs entre um grupo de amigos. Ela percebeu que duas maçãs sobraram após todos receberem a mesma quantidade delas. Se o grupo de amigos incluir menos de 12 pessoas, quantas pessoas existem no grupo?

271. Qual é o menor número quadrado que é divisível por 3 e 4?

272. A área de um salão de baile retangular é de exatamente 168 metros quadrados. Ambos os lados do salão possuem um número inteiro de comprimento em metros. Se o maior lado for maior do que 21 metros mas menor do que 28 metros em comprimento, quantos metros mede o lado menor do salão?

273. Uma gerente dividiu um grupo de 50 a 100 pessoas em 21 times que possuem a mesma quantidade de pessoas. Depois, quando ela tentou organizar o mesmo grupo em pares, descobriu que uma pessoa ficou de fora. Quantas pessoas existem no grupo da gerente?

274. Qual é o menor número maior do que 50 que é divisível por 7, mas não por 2, 3, 4, 5, ou 6?

Problemas Difíceis

275–280

275. Andrea queria separar um grupo de pessoas em pequenos subgrupos com a mesma quantidade. Ela percebeu que quando tentou separar esse grupo em subgrupos contendo duas, três ou cinco pessoas, havia sempre exatamente uma pessoa que sobrava. Se o grupo original possui menos de 50 pessoas, quantas pessoas ele possui?

276. O número 1.260 é divisível por qualquer número entre 1 e 10, *exceto* qual número?

277. Maxwell comprou um pacote que possui entre 70 e 80 adesivos coloridos para dar às crianças na festa de aniversário de seu filho. Ele esperava apenas nove crianças no total, então, dividiu os adesivos de modo que cada criança recebesse a mesma quantidade. No entanto, outro grupo de crianças chegou de forma inesperada. Felizmente, ele pode dividir os adesivos de forma que cada criança recebesse a mesma quantia de adesivos. Supondo que no carro haviam menos que nove crianças adicionais, quantas crianças havia no carro?

278. Antes da cerimônia de formatura, uma turma de ensino médio sentou-se em um conjunto de bancos que foi organizado em um quadrado perfeito, contendo tantos assentos em cada linha quanto havia em cada coluna. Para receber os diplomas, os alunos foram instruídos a caminhar em direção ao palco em grupos de oito. Se a turma possui mais de 200 e menos de 300 alunos, quantos grupos de oito caminharam até o palco?

279. Quantos números de 2 dígitos são também números primos?

280. Quando você divide um certo número por 4 ou 6, o resto é 3. Porém, quando divide o mesmo número por 5, o resto é 4. Qual é o menor número possível que esse número pode ser?

Capítulo 9

Frações

As frações são uma maneira comum de descrever as partes do todo. São geralmente usadas para as unidades de pesos e medidas inglesas, especialmente para pequenas medições na culinária e na carpintaria.

Os Problemas que Encontrará pela Frente

Estes são os assuntos focados neste capítulo:

- Convertendo as frações impróprias em números mistos e vice-versa
- Aumentando os termos da fração e reduzindo as frações aos menores termos
- Multiplicando em cruz para comparar a grandeza de duas frações
- Utilizando as quatro grandes operações (adição, subtração, multiplicação e divisão) com frações e com números mistos
- Simplificando as frações complexas

Com o que Tomar Cuidado

Veja algumas dicas para lembrá-lo como começar a resolver os problemas deste capítulo:

- Lembre-se que o *numerador* da fração é o número de cima e o *denominador* é o número de baixo.
- O *inverso* da fração é a fração de cabeça para baixo. Por exemplo, o inverso de $\frac{2}{3}$ é $\frac{3}{2}$.

Identificando Frações

281–286

281. Identifique a fração sombreada de cada círculo.

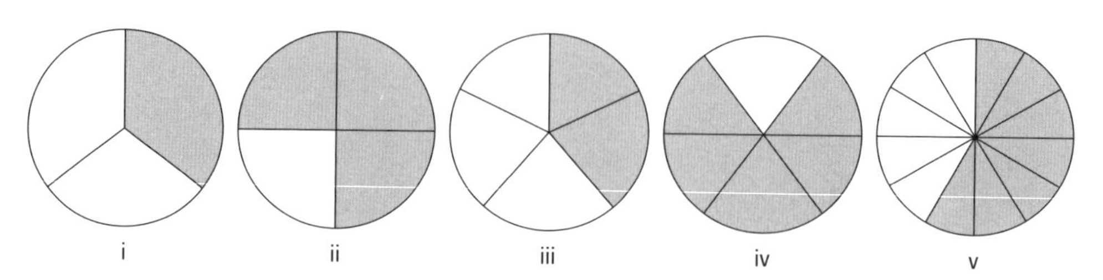

282. Identifique o numerador e o denominador de cada fração ou número.

i. $\frac{1}{4}$

ii. $\frac{2}{9}$

iii. $\frac{9}{2}$

iv. 4

v. 0

283. Quais frações a seguir são próprias e quais são impróprias?

i. $\frac{3}{8}$

ii. $\frac{5}{4}$

iii. $\frac{11}{12}$

iv. $\frac{1}{1.000}$

v. $\frac{101}{100}$

284. Transforme cada um dos números inteiros a seguir em fração.

i. 3

ii. 10

iii. 250

iv. 2.000

v. 0

285. Reescreva cada uma das frações a seguir como um número inteiro.

i. $\frac{6}{2}$

ii. $\frac{20}{5}$

iii. $\frac{54}{6}$

iv. $\frac{100}{50}$

v. $\frac{150}{25}$

286. Encontre o inverso dos números a seguir.

i. $\frac{2}{7}$

ii. $\frac{5}{3}$

iii. $\frac{1}{10}$

iv. 6

v. $\frac{99}{100}$

Convertendo Números em Frações

287–290: *Converta os números mistos a seguir em frações impróprias.*

287. $2\frac{1}{5}$

288. $4\frac{3}{7}$

289. $6\frac{1}{12}$

290. $9\frac{7}{10}$

Convertendo Frações em Números Mistos

291–294: *Converta as frações impróprias a seguir em números mistos.*

291. $\frac{13}{3}$

292. $\frac{31}{2}$

293. $\frac{83}{5}$

294. $\frac{122}{11}$

Aumentando os Termos

295–300: *Aumente os termos das frações a seguir para a quantidade indicada.*

295. $\frac{3}{5} = \frac{?}{20}$

296. $\frac{2}{7} = \frac{?}{56}$

297. $\frac{4}{10} = \frac{?}{120}$

298. $\frac{9}{13} = \frac{?}{65}$

299. $\frac{6}{7} = \frac{?}{84}$

300. $\frac{13}{15} = \frac{?}{135}$

Reduzindo os Termos

301–306: *Reduza os termos das frações a seguir aos menores termos.*

301. $\frac{8}{22} =$

302. $\frac{18}{42} =$

303. $\frac{15}{105} =$

304. $\frac{270}{720} =$

305. $\frac{375}{1.250} =$

306. $\frac{138}{230} =$

Comparando Frações

307–312: *Multiplique em cruz as duas frações para descobrir se a equação está correta. Se não, substitua o sinal de igual (=) pelo menor que (<) ou pelo maior que (>).*

307. $\frac{5}{7} = \frac{8}{11}$?

308. $\frac{3}{10} = \frac{4}{13}$?

309. $\frac{2}{5} = \frac{5}{23}$?

310. $\frac{5}{12} = \frac{12}{29}$?

311. $\frac{8}{9} = \frac{104}{117}$?

312. $\frac{97}{101} = \frac{971}{1.002}$?

Multiplicando e Dividindo Frações

313–322: *Multiplique ou divida as frações. Quando necessário, reduza as respostas aos menores termos e exprima as frações impróprias como números mistos.*

313. $\frac{3}{5} \times \frac{4}{7} =$

314. $\frac{2}{15} \times \frac{5}{8} =$

315. $\frac{7}{12} \times \frac{9}{70} =$

316. $\frac{9}{11} \times \frac{15}{22} =$

317. $\frac{17}{39} \times \frac{13}{34} =$

318. $\frac{1}{6} \div \frac{5}{9} =$

319. $\frac{7}{8} \div \frac{2}{7} =$

320. $\frac{1}{40} \div \frac{2}{5} =$

321. $\frac{10}{13} \div \frac{20}{39} =$

322. $\frac{51}{55} \div \frac{17}{33} =$

Somando e Subtraindo Frações

323–328: *Some ou subtraia as frações usando as dicas informadas no início deste capítulo. Quando necessário, reduza as respostas aos menores termos e exprima as frações impróprias como números mistos.*

323. $\frac{3}{7} + \frac{6}{7} =$

324. $\frac{5}{16} + \frac{9}{16} =$

325. $\frac{34}{35} - \frac{13}{35} =$

326. $\frac{1}{7}+\frac{1}{8}=$

327. $\frac{1}{6}-\frac{1}{15}=$

328. $\frac{1}{10}-\frac{1}{14}=$

334. $\frac{2}{11}-\frac{1}{17}=$

335. $\frac{17}{20}-\frac{9}{50}=$

336. $\frac{1}{40}+\frac{44}{45}=$

Somando e Subtraindo Frações Usando a Multiplicação em Cruz

329–336: *Some ou subtraia as frações usando a multiplicação em cruz. Quando necessário, reduza as respostas aos menores termos e exprima as frações impróprias como números mistos.*

329. $\frac{2}{5}+\frac{3}{7}=$

330. $\frac{3}{4}-\frac{1}{5}=$

331. $\frac{5}{8}+\frac{5}{6}=$

332. $\frac{5}{6}-\frac{1}{9}=$

333. $\frac{7}{15}+\frac{3}{20}=$

Somando e Subtraindo Frações Aumentando os Termos

337–342: *Some ou subtraia as frações aumentando os termos da fração. Quando necessário, reduza as respostas aos menores termos e exprima as frações impróprias como números mistos.*

337. $\frac{3}{4}-\frac{1}{12}=$

338. $\frac{4}{5}+\frac{7}{20}=$

339. $\frac{3}{7}-\frac{5}{21}=$

340. $\frac{91}{100}+\frac{3}{20}=$

341. $\frac{12}{13}+\frac{40}{117}=$

342. $\frac{189}{190}-\frac{35}{38}=$

Somando e Subtraindo Frações Encontrando um Denominador Comum

343–348: *Some ou subtraia as frações encontrando o menor denominador comum. Quando necessário, reduza as respostas aos menores termos e exprima as frações impróprias como números mistos.*

343. $\frac{5}{6}-\frac{2}{9}=$

344. $\frac{7}{8}+\frac{11}{12}=$

345. $\frac{3}{10}+\frac{19}{25}=$

346. $\frac{5}{6}-\frac{7}{15}=$

347. $\frac{3}{4}+\frac{2}{5}+\frac{9}{10}=$

348. $\frac{7}{10}+\frac{7}{12}-\frac{7}{15}=$

Multiplicando e Dividindo Números Mistos

349–352: *Multiplique e divida os números mistos. Quando necessário, reduza as respostas aos menores termos e exprima as frações impróprias como números mistos.*

349. $1\frac{3}{4}\times 2\frac{1}{5}=$

350. $3\frac{2}{5}\times 1\frac{5}{6}=$

351. $6\frac{2}{3}\div 4\frac{1}{6}=$

352. $10\frac{2}{3}\div 3\frac{1}{5}=$

Somando e Subtraindo Números Mistos

353–362: *Some ou subtraia os números mistos. Quando necessário, reduza as respostas ao menor termo e exprima as frações impróprias como números mistos.*

353. $1\frac{1}{8}+3\frac{3}{8}=$

354. $2\frac{5}{6}+5\frac{5}{6}=$

355. $4\frac{3}{5}+6\frac{1}{7}=$

356. $3\frac{1}{2}+1\frac{5}{6}+4\frac{3}{4}=$

357. $1\frac{1}{4}+1\frac{3}{5}+1\frac{7}{10}+1\frac{19}{20}=$

358. $6\frac{7}{8}-4\frac{1}{8}=$

359. $42\frac{5}{9}-39\frac{1}{6}=$

360. $10\frac{11}{15}-1\frac{2}{5}=$

361. $9\frac{1}{7}-2\frac{6}{7}=$

362. $78\frac{3}{8}-48\frac{5}{11}=$

Simplificando Frações

363–370: *Simplifique as frações complexas a seguir. Quando necessário, reduza as respostas aos menores termos e exprima as frações impróprias como números mistos.*

363. $\dfrac{\frac{1}{5}+\frac{2}{5}}{\frac{5}{6}-\frac{1}{6}}=$

364. $\dfrac{1+\frac{3}{4}}{1-\frac{1}{3}}=$

365. $\dfrac{2-\frac{5}{8}}{\frac{3}{4}-\frac{1}{3}}=$

366. $\dfrac{\frac{1}{7}+\frac{1}{9}}{3-\frac{1}{3}}=$

367. $\dfrac{\frac{6}{7}-\frac{2}{9}}{\frac{1}{2}+\frac{5}{14}}=$

368. $\dfrac{13-\frac{1}{2}}{11+\frac{1}{9}}=$

369. $\dfrac{1+\frac{1}{6}+\frac{1}{9}}{3-\frac{1}{8}}=$

370. $\dfrac{1-\dfrac{1+\frac{2}{3}}{8}}{8-\dfrac{5}{1-\frac{1}{3}}}=$

Capítulo 10

Números Decimais

Os números decimais são normalmente usados para cálculos com dinheiro, assim como para pesos e medidas, especialmente quando utilizar o sistema métrico. De modo geral, é mais fácil estudar os números decimais que as frações, desde que você saiba colocar a vírgula decimal em sua resposta.

Os Problemas que Encontrará pela Frente

Neste capítulo, você estuda os assuntos a seguir:

- Sabendo como alterar os decimais mais comuns para frações e vice-versa
- Calculando para converter entre números decimais e frações
- Entendendo dízimas periódicas e a conversão delas em frações
- Utilizando as quatro grandes operações (adição, subtração, multiplicação e divisão) para decimais

Com o que Tomar Cuidado

Aqui vão algumas dicas para o estudo dos decimais:

- Para converter um decimal em fração, coloque o decimal no numerador da fração com o número 1 como denominador. Então, continue a multiplicar o numerador e o denominador por 10 até o numerador se tornar um número inteiro. Se necessário, reduza a fração. Por exemplo, converta 0,62 em uma fração como a seguir:

  $$0{,}62 = \frac{0{,}62}{1} = \frac{6{,}2}{10} = \frac{62}{100} = \frac{31}{50}$$

- Para converter uma fração em decimal, divida o numerador pelo denominador até que a divisão termine ou se repita.
- Para converter uma dízima periódica em uma fração, coloque o período (sem a vírgula decimal) no numerador da fração. Use como denominador um número composto por apenas o algarismo 9 com a mesma quantidade de dígitos que o numerador. Se necessário, reduza a fração. Por exemplo, converta a dízima periódica $0{,}\overline{123}$ em uma fração como a seguir:

  $$0{,}\overline{123} = \frac{123}{999} = \frac{41}{333}$$

- Para somar ou subtrair os números decimais, alinhe as vírgulas decimais.
- Para multiplicar os números decimais, comece multiplicando sem se preocupar com as vírgulas decimais. Quando terminar, conte a quantidade de dígitos à direita da vírgula decimal em cada fator e some o resultado. Coloque a vírgula decimal na resposta para que esta possua a mesma quantidade de dígitos após a vírgula decimal.
- Para dividir os números decimais, transforme o *divisor* (o número pelo qual está sendo dividido) em um número inteiro, movendo a vírgula decimal por todas as casas decimais à direita. Ao mesmo tempo, desloque a vírgula decimal do *dividendo* (o número que está dividindo), na mesma quantidade de casas decimais à direita. Então, posicione a vírgula decimal no *quociente* (a resposta), diretamente acima de onde a vírgula decimal aparece neste momento no dividendo.
- Quando dividir os decimais, continue até que a resposta termine ou se repita.

Convertendo Frações em Números Decimais

371–394

371. Converta os números decimais em frações.

i. 0,1

ii. 0,2

iii. 0,4

iv. 0,5

v. 0,6

372. Converta os números decimais em frações.

i. 0,01

ii. 0,05

iii. 0,125

iv. 0,25

v. 0,75

373. Qual fração é igual a 0,17?

374. Qual fração é igual a 0,35?

375. Qual fração é igual a 0,48?

376. Qual fração é igual a 0,06?

377. Qual fração é igual a 0,174?

378. Qual fração é igual a 0,0008?

379. Qual fração é igual a 6,07?

380. Qual fração é igual a 2,0202?

381. Qual decimal é igual a $\frac{13}{100}$?

382. Qual decimal é igual a $\frac{143}{10.000}$?

383. Qual decimal é igual a $\frac{3}{20}$?

384. Qual decimal é igual a $\frac{6}{25}$?

385. Qual decimal é igual a $\frac{3}{8}$?

386. Qual decimal é igual a $\frac{9}{16}$?

387. Qual dízima periódica é igual a $\frac{1}{3}$?

388. Qual dízima periódica é igual a $\frac{4}{9}$?

389. Qual dízima periódica é igual a $\frac{1}{18}$?

390. Qual dízima periódica é igual a $\frac{123}{999}$?

391. Qual fração é igual à dízima periódica $0,\overline{6}$?

392. Qual fração é igual à dízima periódica $0,\overline{7}$?

393. Qual fração é igual à dízima periódica $0,\overline{81}$?

394. Qual fração é igual à dízima periódica $0,\overline{497}$?

Somando e Subtraindo Números Decimais

395–408

395. Quanto é 3,4 + 0,76?

396. Quanto é 821,7 + 0,039?

397. Quanto é 2,35 + 66,1 + 0,7?

398. Quanto é 912,4 + 60,278 + 31,92?

399. Quanto é 81,222 + 5,4 + 0,098?

400. Quanto é 745,21 + 8,88 + 0,6478 + 0,00295?

401. Quanto é 0,982 + 3.381 + 0,009673 + 58.433,20 + 845,92?

402. Quanto é 76,5 – 51,3?

403. Quanto é 4,831 – 0,62?

404. Quanto é 7,007 – 4,08?

405. Quanto é 574,8 – 0,23?

406. Quanto é 611 – 2,19?

407. Quanto é 100 – 0,876?

408. Quanto é 20.304,007 – 1.147,0006?

Multiplicando e Subtraindo Números Decimais

409–420

409. Quanto é $9{,}21 \times 0{,}5$?

410. Quanto é $13{,}77 \times 0{,}08$?

411. Quanto é $0{,}0734 \times 9{,}2$?

412. Quanto é $1{,}098 \times 5{,}07$?

413. Quanto é $287{,}4 \times 0{,}272$?

414. Quanto é $0{,}014365 \times 0{,}836$?

415. Quanto é $4{,}32 \div 0{,}6$?

416. Quanto é $0{,}3 \div 0{,}008$?

417. Quanto é $136{,}08 \div 0{,}021$?

418. Quanto é $0{,}049 \div 1{,}6$?

419. Quanto é $0{,}067 \div 3{,}3$?

420. Quanto é $0{,}0001 \div 0{,}007$?

Capítulo 11

Porcentagem

A porcentagem é geralmente utilizada nos negócios para representar quantias de dinheiro. Ainda é usada na estatística para indicar uma parte de um conjunto de dados. A porcentagem é intimamente relacionada aos números decimais, o que significa que são mais fáceis de estudar que as frações.

Os Problemas que Encontrará pela Frente

Estes são alguns tipos de problemas deste capítulo:

- Convertendo entre números decimais e porcentagem
- Convertendo os números de porcentagem para frações e vice-versa
- Calculando as porcentagens básicas
- Resolvendo problemas mais difíceis de porcentagem por meio das equações do dia a dia

Com o que Tomar Cuidado

Nesta seção, forneço algumas dicas sobre como lidar com os problemas de porcentagem ao longo deste capítulo:

- Para converter uma porcentagem em número decimal, mova a vírgula decimal em duas casas para a esquerda e dispense o sinal da porcentagem.
- Para converter um número decimal em porcentagem, mova a vírgula decimal em duas casas para a direita e acrescente o sinal da porcentagem.

- Para converter uma porcentagem em fração, exclua o sinal da porcentagem e coloque a sua quantia no numerador da fração com o denominador 100. Se necessário, reduza a fração.
- Para converter uma fração em porcentagem, primeiro altere a fração para número decimal usando a divisão, como explicado no Capítulo 10. Então, converta o número decimal em porcentagem movendo a vírgula decimal em duas casas para a direita e acrescentando o sinal da porcentagem.
- Calcule porcentagens simples dividindo-as. Por exemplo, para calcular 50% de um número, divida-o por 2. Para calcular 25%, divida-o por 4. Para calcular 20%, divida-o por 5 e assim por diante.

Convertendo Números Decimais, Frações e Porcentagens

421–447

421. Encontre o número decimal equivalente a cada uma das porcentagens.

i. 1%

ii. 5%

iii. 10%

iv. 50%

v. 100%

422. Encontre a porcentagem equivalente a cada um dos números decimais.

i. 2,0

ii. 0,20

iii. 0,02

iv. 0,25

v. 0,75

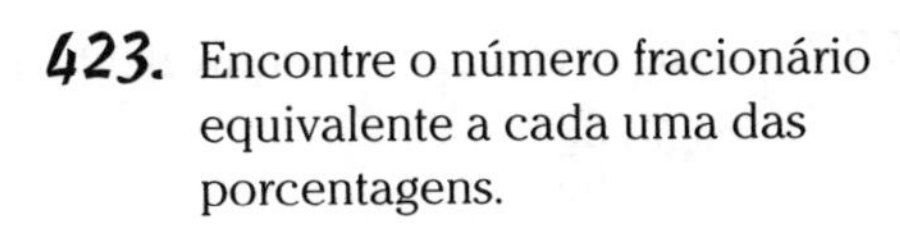

423. Encontre o número fracionário equivalente a cada uma das porcentagens.

i. 10%

ii. 20%

iii. 30%

iv. 40%

v. 50%

424. Encontre a porcentagem equivalente a cada uma das frações.

i. $\frac{1}{2}$

ii. $\frac{1}{3}$

iii. $\frac{2}{3}$

iv. $\frac{1}{4}$

v. $\frac{3}{4}$

425. Qual decimal é equivalente a 37%?

426. Qual decimal é equivalente a 123%?

427. Qual decimal é equivalente a 0,08%?

428. Qual porcentagem é equivalente a 0,77?

429. Qual porcentagem é equivalente a 5,5?

430. Qual porcentagem é equivalente a 0,001?

431. Qual fração é equivalente a 11%?

432. Qual fração é equivalente a 65%?

433. Qual fração é equivalente a 44%?

434. Qual fração é equivalente a 18,5%?

435. Qual fração é equivalente a 650%?

436. A qual fração 0,3% é equivalente?

437. A porcentagem 112,5% é equivalente a qual fração?

438. Qual fração é equivalente a $83\frac{1}{3}\%$?

439. Qual porcentagem é equivalente à fração $\frac{39}{50}$?

440. Qual porcentagem é equivalente à fração $\frac{17}{20}$?

441. Qual porcentagem é equivalente à fração $\frac{3}{8}$?

442. Qual porcentagem é equivalente à fração $\frac{39}{40}$?

443. Qual porcentagem é equivalente à fração $\frac{1}{12}$?

444. Qual porcentagem é equivalente à fração $\frac{5}{11}$?

445. Qual porcentagem é equivalente à fração $2\frac{3}{5}$?

446. Qual porcentagem é equivalente à fração $\frac{777}{10.000}$?

447. Qual porcentagem é equivalente à fração $1\frac{1}{1.000}$?

Resolvendo Problemas de Porcentagem

448–470

448. Quanto é 50% de 20?

449. Quanto é 25% de 60?

450. Quanto é 20% de 200?

451. Quanto é 10% de 130?

452. Quanto é $33\frac{1}{3}$% de 99?

453. Quanto é 1% de 2.400?

454. Quanto é 18% de 50?

455. Quanto é 32% de 25?

456. Quanto é 12% de $33\frac{1}{3}$?

457. Quanto é 8% de 43?

458. Quanto é 41% de 17?

459. Quanto é 215% de 3,2?

460. Quanto é 7,5% de 10,8?

461. Qual porcentagem de 40 é 30?

462. 20 é qual porcentagem de 160?

463. 72 é 25% de que número?

464. 85% de qual número é 255?

465. 71% de qual número é 6.035?

466. 108% de qual número é 17.604?

467. Qual porcentagem de 2,5 é 2,4?

468. 99,5 é 9,95% de qual número?

469. $\frac{1}{2}$ é qual porcentagem de $\frac{1}{3}$?

470. $33\frac{1}{3}$ é 75% de qual número?

Capítulo 12

Razões e Proporções

Uma *razão* é uma comparação entre dois números. Uma *proporção* é uma simples e útil equação baseada em uma razão. As razões e as proporções são intimamente relacionadas às frações. Na maioria dos casos, converter uma razão em uma fração o ajudará a aplicar seu conhecimento sobre as frações e a resolver o problema que estiver enfrentando.

Os Problemas que Encontrará pela Frente

A seguir se encontram alguns exemplos dos problemas que são abordados neste capítulo:

- Sabendo como as razões e as frações estão relacionadas
- Usando as razões para criar uma equação proporcional
- Resolvendo os problemas do dia a dia usando as proporções

Com o que Tomar Cuidado

Seguem algumas dicas para resolver os problemas que envolvem as razões e as proporções:

- As razões são mais fáceis para estudar se estiverem como frações. Converta uma razão em uma fração inserindo o primeiro número no numerador e o segundo no denominador. Por exemplo, uma razão 2:5 é equivalente a uma fração $\frac{2}{5}$.

- Uma *proporção* é uma equação que inclui duas razões equivalentes entre si. Por exemplo,
$$\frac{\text{carros}}{\text{bicicletas}} = \frac{2}{5}$$
- Você pode frequentemente resolver um problema sobre razão criando uma proporção. Por exemplo, imagine que você tenha uma amiga (rica) que possui 20 bicicletas e a mesma proporção de carros em relação às bicicletas que você possui. Para descobrir quantos carros ela possui, utilize o número 20 para as bicicletas na equação anterior:
$$\frac{\text{carros}}{20} = \frac{2}{5}$$
- Agora, multiplique os dois lados da equação por 20 para resolver ambas as frações:
$$\frac{\text{carros}}{20} \times 20 = \frac{2}{5} \times 20$$
- O resultado é a resposta do problema:
$$\text{carros} = \frac{2}{5} \times 20 = 8$$

Frações e Razões

471–483

471. Se uma família possui quatro cachorros e seis gatos, qual é a razão entre cachorros e gatos?

472. Se em um clube se encontram 12 meninos e 15 meninas, qual é a razão entre meninos e meninas?

473. Se em uma sala há 42 pessoas que são casadas e 30 que são solteiras, qual é a razão entre os casados e os solteiros?

474. Karina ganhou R$32.000,00 ano passado e Tamara ganhou R$42.000,00. Qual é a razão entre o salário de Karina e o de Tamara?

475. Uma corredora percorreu 4,9 quilômetros ontem e 7,7 quilômetros hoje. Qual é a razão entre a distância que ela percorreu ontem e hoje?

476. Joe comprometeu-se a voluntariar um certo número de horas em sua igreja todos os meses. Ele realizou 1/5 do seu compromisso mensal no sábado e 1/3 no domingo. Qual é a razão do número de horas que ele trabalhou no sábado em relação ao número de horas que ele trabalhou no domingo?

477. Se uma empresa possui 10 gerentes em sua equipe e 25 pessoas que não são gerentes, qual é a razão entre os gerentes e o restante da equipe da empresa?

478. Se uma turma possui 10 calouros, 12 intermediários e 8 veteranos, qual é a razão entre os calouros, os intermediários e os veteranos?

479. Se uma turma possui 10 calouros, 12 intermediários e 8 veteranos, qual é a razão entre os veteranos e o restante da turma?

480. Se uma turma possui 10 calouros, 12 intermediários e 8 veteranos, qual é a razão entre os intermediários e a combinação entre os calouros e os veteranos?

481. O primeiro, o segundo e o terceiro andares de um prédio residencial possuem, respectivamente, 5, 7 e 6 moradores. Se uma pessoa se mudar do primeiro para o segundo andar, qual será a razão do resultado dos moradores do primeiro andar em relação aos moradores do segundo e aos do terceiro?

482. Ana decidiu economizar dinheiro substituindo as lâmpadas incandescentes de sua casa por lâmpadas fluorescentes. Inicialmente, ela usava 2.400 watts no total, porém, após substituir as lâmpadas, ela reduziu seu uso em 1.800 watts. Qual é proporção do seu uso antes e depois da substituição das lâmpadas?

483. Um prédio que possui 137 metros de altura tem uma torre de televisão no seu topo, o que adiciona 22 metros. Qual é a razão entre a altura do prédio sem a torre e com a torre?

Usando Equações para Resolver Razões e Proporções

484–500

484. Uma organização política possui uma razão de 7:1 de membros que são registrados para votar para os membros que não são registrados. Se a organização possui 28 membros registrados, quantos membros não registrados ela possui?

485. Uma casa possui uma razão de 9:2 de janela em relação a portas. Se ela possui quatro portas, quantas janelas existem?

486. Suponha que uma loja espere uma razão de 3 a 10 pessoas que compram em relação ao número de pessoas que entram na loja. Se 120 clientes entraram na loja em um sábado movimentado, quantas pessoas compraram na loja?

487. Uma dieta requer uma razão de 6:4:1 de proteína, gordura e carboidrato. Se a dieta permite a ingestão de 660 calorias de gordura por dia, quantas calorias ela permitirá ao todo?

488. Uma gerente de projetos estima que seu mais novo projeto exigirá uma razão de 2:9 dos líderes das equipes em relação aos programadores. Se ela agregar um total de 77 pessoas ao projeto, quantas serão líderes de equipe?

489. Uma lanchonete possui uma razão de 8:5 entre clientes que jantam e clientes que almoçam. Se há uma média de 40 clientes no almoço, qual é a média de clientes no almoço e no jantar?

490. Uma biblioteca móvel possui uma razão de 15 para 4 livros de não ficção para livros de ficção. Se há 900 livros de não ficção, quantos livros existem ao todo?

491. Uma organização possui uma razão 5:3:2 de membros de, respectivamente, Massachusetts, Vermont e New Hampshire. Se 60 membros são de New Hampshire, quantos são de Massachusetts?

492. Uma organização possui uma razão 5:3:2 de membros de, respectivamente, Massachusetts, Vermont e New Hampshire. Se 42 membros são de Vermont, quantos são dos outros dois estados?

493. Uma organização possui uma razão 5:3:2 membros de, respectivamente, Massachusetts, Vermont e New Hampshire. Se a organização possui um total de 240 membros, quantos são de Vermont?

494. Jason consegue nadar 9 voltas no tempo que seu primo Anton leva para nadar 5. Se os dois nadarem um total combinado de 140 voltas no mesmo período de tempo, quantas voltas Jason nadaria?

495. Uma empresa possui uma razão de 6 para 1 das receitas de vendas domésticas e estrangeiras. Se o total da receita do ano passado for de R$350.000 quanto foi a receita de vendas estrangeiras?

496. Um restaurante vende uma razão de 5 para 3 vinhos tintos em relação aos vinhos brancos. Se este vendeu 14 garrafas a mais de vinho tinto do que de vinho branco em uma noite, quantas garrafas o restaurante vendeu ao todo?

497. Um portfólio teve um retorno de 6% de investimentos no ano passado. Qual é a razão entre os fundos do início para os do final do ano?

498. Antes da última viagem a Zurich, Karl negociou 500 dólares por 450 francos suíços. Quando ele retornou dos Estados Unidos, ainda possuía 54 francos suíços em seu bolso. Se ele for sortudo o suficiente para receber o mesmo câmbio, quantos dólares ele receberá de volta?

499. Charles recentemente observou seus gastos mensais e descobriu que gasta 20% de sua renda no aluguel e 15% no transporte. Se R$3,250 não são gastos nem no aluguel e nem em transporte, qual é o valor do aluguel de cada mês?

500. Em um universo alternativo, a multiplicação é encarada de maneira diferente. Por exemplo,

$$\frac{1}{2}\times 3 = 2$$

Supondo que o produto da multiplicação neste universo seja proporcional ao nosso, como você resolveria a equação a seguir:

$$\frac{1}{4}\times 12 = ?$$

Capítulo 13

Problemas do Dia a Dia Sobre Frações, Números Decimais e Porcentagens

Os problemas do dia a dia oferecem uma oportunidade de utilizar seu conhecimento nas questões do mundo real. As perguntas deste capítulo são divididas em três seções principais. Complementarmente, a seção que inclui problemas de porcentagem também inclui alguns problemas muito comuns sobre o aumento e a redução de porcentagens. Neste capítulo, você é desafiado por uma variedade de problemas do dia a dia que exigem o cálculo das frações, dos números decimais e da porcentagem.

Os Problemas que Encontrará pela Frente

Esta é uma relação dos tipos de problemas que você resolverá neste capítulo:

- Utilizando seu conhecimento das frações para resolver os problemas do dia a dia
- Resolvendo os problemas do dia a dia que envolvem decimais
- Usando as equações para resolver os problemas do dia a dia sobre porcentagem
- Encontrando a resposta para os problemas complicados sobre aumento e redução de porcentagens

Com o que Tomar Cuidado

O segredo para resolver os problemas do dia a dia é encontrar uma maneira de solucionar cada problema de uma forma que permita que você utilize seus conhecimentos sobre cálculos. Veja algumas dicas para lhe ajudar a solucionar e resolver os problemas do dia a dia que se encontram neste capítulo:

- Para problemas simples, primeiro descubra qual das quatro grandes operações (adição, subtração, multiplicação e divisão) você precisará para resolver o problema.
- Siga as regras das operações com frações, números decimais ou porcentagens como mostrado nos Capítulos 9, 10 e 11.
- Resolva os problemas de aumento da porcentagem somando a quantia do seu aumento a 100%. Por exemplo, um aumento de 5% em uma quantia é equivalente a 105% desta quantia.
- Resolva os problemas de redução de porcentagem subtraindo a quantia da redução da porcentagem de 100%. Por exemplo, uma redução de 10% da quantia é equivalente a 90% da quantia.

Problemas Usando Frações

501–520

501. Daniel está vendendo uma caixa de doces para que seu time de futebol possa comprar os novos uniformes. Seu tio comprou $\frac{1}{8}$ das caixas e sua tia comprou $\frac{1}{6}$ delas. Qual é a fração do total que seu tio e sua tia compraram juntos?

502. Jennifer correu $\frac{3}{5}$ de uma milha e Luann $\frac{1}{2}$ de uma milha. Quanto Jennifer correu a mais que Luann?

503. Quanto é um quinto de $\frac{2}{3}$?

504. Se você possuir $\frac{3}{5}$ de um acre de terra e dividir isso em quatro partes iguais, que fração de um acre terá?

505. Se a distância da ida e da volta da sua escola for de $1\frac{3}{8}$ milhas, qual é a distância de ida?

506. Se três crianças dividirem 14 biscoitos igualmente, quantos biscoitos cada criança receberá?

507. Quanto é $\frac{1}{2}$ de $\frac{1}{4}$ de $\frac{1}{8}$ de $\frac{1}{16}$?

508. Em uma viagem de carro, Arnold dirigiu $\frac{1}{5}$ da distância antes que precisasse parar. Então, sua esposa, Marion, assumiu a direção e dirigiu $\frac{1}{3}$ do total da distância. Neste momento, qual é a fração da distância total que falta para eles dirigirem?

509. Jake joga basquetebol todos os dias após a escola, de segunda a sexta-feira, por $1\frac{1}{2}$ horas a cada dia. Aos sábados e domingos ele joga por $2\frac{1}{4}$ horas por dia. Quanto ele joga por semana?

510. Uma pizza gigante foi cortada em 16 pedaços. Jeff comeu $\frac{1}{4}$ da pizza, então Molly comeu 2 pedaços e Tracy comeu exatamente metade dos pedaços que sobraram. Quantos pedaços sobraram depois que Jeff, Molly e Tracy comeram?

511. Sylvia caminhou $2\frac{1}{2}$ milhas na sexta-feira, $3\frac{1}{4}$ no sábado e $4\frac{3}{10}$ no domingo. Qual é a distância total que ela caminhou durante os três dias?

512. Esther precisa de $12\frac{1}{2}$ pés de madeira para construir um conjunto de prateleiras. Ela encontrou $3\frac{1}{4}$ pés em seu porão e outros $4\frac{1}{2}$ pés em sua garagem. Quantos pés a mais ela precisa comprar?

513. A mãe de Nate comprou um galão de leite. Ele bebeu $\frac{1}{4}$ do galão na segunda-feira, e então bebeu $\frac{1}{4}$ do que sobrou na terça-feira. Quanto sobrou do galão após isso?

514. Uma receita de biscoito de chocolate exige $1\frac{1}{4}$ libras de manteiga para fazer uma fornada de 25 biscoitos. Quanto de manteiga você precisará se quiser fazer 150 biscoitos?

515. Theresa dividiu um jarro que contém $1\frac{1}{2}$ galões de chá gelado igualmente para cada grupo de crianças. Em seguida, percebeu que uma criança não quis o chá, então, o redistribuiu em quatro copos. Quanto a mais do chá cada uma das quatro crianças recebeu?

516. Harry escreveu um artigo de 650 palavras em $3\frac{1}{4}$ de hora. No mesmo ritmo, quanto tempo ele levaria para escrever um artigo de 750 palavras?

517. Craig e sua mãe assaram uma torta de maçã e uma torta de mirtilo. Eles cortaram a torta de maçã em quatro pedaços iguais e Craig comeu um. Depois, eles cortaram a torta de mirtilo em seis pedaços iguais e sua mãe comeu um. Qual foi a quantidade total de torta que sobrou?

518. David comprou um bolo para ele e seus amigos. Ele cortou um pedaço para si que foi $\frac{1}{6}$ do total do bolo. Então, Sharon cortou um pedaço equivalente a $\frac{1}{5}$ do que sobrou. Depois, Armand cortou um pedaço igual a $\frac{1}{2}$ do que sobrou. Quanto do bolo foi deixado após os três amigos pegarem seus pedaços?

519. Jared correu $\frac{3}{4}$ de uma milha em 6 minutos. Quanto é isso em milhas por hora?

520. Aqui vai uma pergunta complicada: Se $1\frac{1}{2}$ das galinhas pode botar $1\frac{1}{2}$ de ovos em $1\frac{1}{2}$ de dias, quantos ovos $3\frac{1}{2}$ das galinhas pode botar em 3 dias?

Problemas Usando Números Decimais

521–535

521. Connie comprou 2,7 quilogramas de chocolate em uma loja, 4,9 quilogramas em outra e 3,6 quilogramas em uma terceira. Ela, então, dividiu tudo o que comprou igualmente com um amigo. Com quanto chocolate Connie ficou?

522. Blair tem 0,97 metros de altura e seu pai tem 1,84 metros de altura. O pai da Blair é quantos metros mais alto que ela?

523. Lauren mediu seus passos e descobriu que cada passo mede 0,7 metros. Então, ela contou o comprimento de sua escola em 87 passos. Qual é o comprimento de sua escola em metros?

524. Um tanque de água possui a capacidade total de 861 galões e enche em uma média de 10,5 galões por segundo. Quanto tempo levará para o tanque encher?

525. Na última viagem, Ed correu três vezes em direção ao farol uma distância de 3,4 milhas a cada vez. Sua esposa, Heather, correu cinco vezes ao redor do lago uma distância de 2,3 milhas a cada volta. Qual foi a distância que Heather correu a mais do que Ed?

526. O carro de Myra possui um tanque de gasolina com a capacidade de 12,4 galões. Ela recentemente fez uma viagem em que percorreu 403 milhas com um tanque. Supondo que seu tanque estivesse vazio ao final da viagem, quantas milhas por galão ela conseguiu?

527. James leu 111 páginas em uma hora. Nessa velocidade, quantas páginas ele poderia ler em 1 minutos?

528. Quando estavam cozinhando uma sopa em uma cozinha industrial, Britney usou $3\frac{1}{2}$ de latas grandes de caldo de sopa. Cada lata contém 1,3 litros de caldo. Quantos litros de caldo ela usou ao todo?

529. Tony comprou um carro cujo preço era de R$10.995,00. Ele pagou R$356,10 por mês durante 36 meses. Quanto ele pagou de juros em relação ao preço?

530. Ronaldo correu 100 jardas em três tempos de 12,6; 12,3 e 13,1 segundos. Seu amigo, Keith, correu a mesma distância em 11,8; 12,4 e 12,6 segundos. Quanto tempo total Keith levou a menos para correr do que Ronaldo?

531. Emily pagou um total de R$187,50 para alugar um carro por três dias. Sua irmã, Dora, usou o carro durante metade de um dia. Quanto Dora deve pagar a Emily por ter usado o carro?

532. Stephanie pagou um total de R$129 por um passe para a piscina do clube durante o verão. Se ela tivesse pago um preço diário, deveria pagar R$6,50 a cada vez que entrasse na piscina. Se ela entrou 29 vezes na piscina durante o verão, quanto ela economizou comprando o passe da piscina?

533. O preço de um ingresso para adulto em um parque temático é de R$57,60. Crianças entre 6 e 12 anos pagam a metade e crianças com menos de 6 anos pagam um terço do valor do ingresso para adultos. Qual é o custo total para 2 adultos, 3 crianças entre 6 e 12 anos e 2 crianças com menos de 6?

534. Em 1973, um cavalo chamado Secretariat correu 1,5 milhas no hipódromo de Belmont Stakes em 2 minutos e 24 segundos. Quantas milhas por hora em média ele correu durante a corrida?

535. Anita nadou 0,8 milhas na segunda-feira. Na terça e na quarta-feira ela aumentou sua distância em um fator de 0,25 em relação ao dia anterior. Qual foi a distância que ela nadou ao todo nos três dias?

Problemas Usando Porcentagem

536–560

536. Angela passou 15 horas na última semana estudando para a prova final de história. Ela passou 40% de seu tempo estudando com os cartões de memorização que fez. Quanto tempo ela passou estudando seus cartões de memorização?

537. Um anúncio de computadores afirma que um laptop é 10% mais leve que o seu concorrente. Se o concorrente pesa 1,1 quilogramas, quanto pesa o laptop anunciado?

538. Randy está fazendo uma dieta que o permite comer 2.000 calorias por dia. Ele quer comer um pedaço de bolo que tem 700 calorias. Qual porcentagem do seu total diário isso representaria?

539. Beth recentemente recebeu um aumento, mudando seu salário de R$11,50 para R$13,80 por hora. Quanto por cento de aumento ela recebeu?

540. Geoff completou 35% de uma viagem de carro de 850 milhas no primeiro dia. Quanto ele percorreu nesse dia?

541. Ao longo do final de semana, Nora leu 55% de um livro de 420 páginas. Quantas páginas ela leu?

542. Kenneth cortou a grama 25 vezes no ano passado entre maio e setembro, com 52% desse trabalho realizado entre os meses de maio e junho. Quantas vezes ele cortou a grama entre julho e setembro?

543. Se 32,5% de um programa de televisão de 60 minutos é composto por comerciais, quantos minutos de comercial há durante essa hora?

544. Antes de uma grande festa, Jason passou 3 horas e 45 minutos limpando seu apartamento. Ele levou 45 minutos limpando as janelas. Qual é a porcentagem do tempo de limpeza que ele gastou nas janelas?

545. Eve economizou R$8.000 para a faculdade. Mil e quinhentos reais desse valor vieram de uma bolsa de estudos de um grupo de jovens. Qual porcentagem do valor economizado veio da bolsa de estudos?

546. Janey estabeleceu uma meta de 400 horas para praticar violino durante as férias de verão. Ela já tocou violino por 290 horas. Qual porcentagem da sua meta já foi cumprida?

547. Como preparação para mais uma nova função do seu trabalho em Florença, Stephen passou 45 horas em um curso intensivo de italiano. Isto representa 15% da sua preparação para a função. Quantas horas de preparação para a função Stephen recebeu no total?

548. Um prédio possui um átrio no térreo que mede 6,25 metros de altura. Esse átrio representa 5% da altura total do prédio. Qual é a altura do prédio?

549. Karan gasta 28% da sua renda mensal no financiamento da casa. O pagamento do financiamento é de R$1.736. Qual é a sua renda mensal?

550. Como sócia de uma firma de direito, Madeleine ganha R$135.000 por ano. Isto é 225% do que ganhava antes de terminar a faculdade de direito. Qual era seu salário no emprego anterior?

551. Se você investir R$12.000 e ganhar 10% de retorno do seu investimento, quanto em dinheiro você possui?

552. Uma televisão que normalmente é vendida por R$750 está com um desconto de 15%. Qual é seu preço de venda?

553. Suponha que você jante em um restaurante e a conta fique em R$26. Se você quiser deixar uma gorjeta de 18%, arredondando para a quantia em reais mais próxima, quanto você pagará pelo jantar?

554. O preço de tabela de uma casa é de R$229.000. Se o dono reduzir o preço em 3% e arredondar para o milhar mais próximo, qual será o novo preço?

555. Se você quiser deixar pelo menos 15% de gorjeta em um almoço que custou R$8,20, qual é a quantia mínima que você pode pagar?

556. Os juros anuais de um empréstimo são de 14,5%. Se você fizer um empréstimo de R$4.250, qual será o total que deverá pagar, supondo que quitará o empréstimo em um ano?

557. Em um experimento de biologia, Judy descobriu que a massa da cultura da levedura aumentou em 7,5%. Se a massa original da cultura era de 3 gramas, qual foi a massa do final do experimento?

558. Marian comprou um carro pelo valor de R$18.000. Ela negociou com o comerciante um desconto de 9%. No entanto, ele foi obrigado a cobrar dela 8% do preço descontado em taxas de venda. Quanto Marian acabou pagando pelo carro?

559. Dane investiu R$7.200 e, após uma perda, ficou com apenas R$6.624. Em qual porcentagem esse investimento diminuiu?

560. Em um restaurante, Beth deixou uma gorjeta de 18% para o funcionário, pagando um total de R$32,45. Qual foi o valor da conta sem a gorjeta?

Capítulo 14

Notação Científica

A notação científica é uma alternativa para a notação padrão (que é a maneira como você normalmente escreve os números). A notação padrão pode ser estranha para escrever números muito extensos ou muito pequenos, como 19.740.000.000.000 e 0,0000000000291. A notação científica permite expressar números muito grandes e muito pequenos de maneira mais compacta. Por exemplo, $19.740.000.000.000 = 1,974 \times 10^{13}$ e $0,0000000000291 = 2,91 \times 10^{-11}$.

Os Problemas que Encontrará pela Frente

Veja alguns problemas sobre notação científica que encontrará neste capítulo:

- Convertendo os números da notação padrão para a notação científica
- Convertendo os números da notação científica para a notação padrão
- Multiplicando números em notação científica

Com o que Tomar Cuidado

Lembre-se destas dicas para poder estudar as questões a seguir:

- Um número em notação científica sempre inclui duas partes: Um *decimal* que não é menor que 1,0, porém é menor que 10, multiplicado por uma *potência* de 10.
- Para converter um número extenso da notação padrão para a notação científica, comece multiplicando o número por 10^0, e, então, mova a vírgula decimal uma casa para a esquerda e some 1 ao expoente até que a parte decimal do número esteja entre 1 e 10.

- Para converter um número pequeno da notação padrão para a notação científica, comece multiplicando o número por 10^0, então mova a vírgula decimal uma casa para a direita e subtraia 1 do expoente até que a parte decimal do número esteja entre 1 e 10.
- Para converter um número extenso da notação científica para a notação padrão, mova a vírgula decimal uma casa para a direita e subtraia 1 do expoente até o expoente ser reduzido a 0, então retire a potência de 10.
- Para converter um número pequeno da notação científica para a notação padrão, mova a vírgula decimal uma casa para a esquerda e some 1 ao expoente até que ele aumente para 0, então retire a potência de 10.
- Para multiplicar dois números em notação científica, multiplique os dois decimais e some os dois expoentes. Se o decimal resultante for maior que 10, mova a vírgula decimal uma casa para a esquerda e some 1 ao expoente.

Convertendo a Notação Padrão em Notação Científica

561–580

561. Qual é a notação científica de 1.776?

562. Exprima a notação científica de 900.800.

563. Qual é a notação científica de 881,99?

564. Qual é o equivalente a 987.654.321 em notação científica?

565. Quanto é dez milhões em notação científica?

566. Como você traduz 0,41 em notação científica?

567. Qual é o equivalente a 0,000259 em notação científica?

568. Qual é o equivalente a 0,001 em notação científica?

569. Qual é o valor de 0,0000009 em notação científica?

570. Como você representa um milionésimo em notação científica?

571. Qual é o equivalente a $2{,}4\times10^3$ em notação padrão?

572. Qual é o equivalente a $3{,}45\times10^5$ em notação padrão?

573. A distância entre a terra e o sol é de aproximadamente $1{,}5\times10^8$ quilômetros. Quantos quilômetros isso representa em notação padrão?

574. Os cientistas estimam que o universo possui aproximadamente $1{,}46\times10^{10}$ anos. Quantos anos isso representaria por extenso?

575. Um parsec é uma unidade de distância da astronomia que equivale a aproximadamente $3{,}1\times10^{13}$ milhas. Quantas milhas essa distância equivale em notação padrão?

576. Qual é o equivalente de $7{,}5\times10^{-2}$ em notação padrão?

577. Qual é o equivalente de 3×10^{-3} por extenso?

578. Uma polegada é aproximadamente equivalente a $2{,}54\times10^{-5}$ quilômetros. Qual é o equivalente a este número na notação padrão?

579. Quanto é o valor de 8×10^{-10} na notação padrão?

580. Qual é o valor de 1×10^{-7} por extenso?

Multiplicando Números em Notação Científica

581–590

581. Quanto você obtém quando multiplica 2×10^3 por 3×10^4?

582. Quanto é $1{,}1\times10^6$ multiplicado por 7×10^2?

583. Qual é o resultado quando você multiplica $1{,}6\times10^9$ por $4{,}2\times10^1$?

584. Quanto é $3{,}5\times10^{-4}$ vezes $2{,}51\times10^{7}$?

585. Quanto você obtém quando multiplica $2{,}5\times10^{-3}$ por $4{,}9\times10^{4}$?

586. Quanto é $1{,}9\times10^{15}$ vezes 8×10^{-27}?

587. Quanto é $(6{,}7\times10^{1})\times(5{,}1\times10^{-1})$?

588. Quanto é $(3{,}29\times10^{20})\times(7{,}7\times10^{0})$?

589. Quanto é $(2{,}23\times10^{7})\times(4{,}67\times10^{-9})\times(7{,}13\times10^{8})$?

590. Quanto é $(9\times10^{-16})\times(4{,}7\times10^{-24})\times(8{,}2\times10^{45})$?

Capítulo 15

Pesos e Medidas

Os dois sistemas de medida mais usados ao redor do mundo são as medidas inglesas e as métricas. Ambos fornecem unidades de medida de comprimento, volume, peso, tempo e temperatura. O sistema inglês é frequentemente mais usado nos Estados Unidos e o sistema métrico ao redor do mundo.

Os Problemas que Encontrará pela Frente

Neste capítulo, use as fórmulas do início de cada seção para responder as perguntas que seguem. A maior parte delas é formada por problemas que testam seu conhecimento sobre a conversão de um tipo a outro de unidades de medida.

- Convertendo as unidades de medida dentro do sistema inglês
- Fazendo as conversões decimais dentro do sistema métrico
- Convertendo a temperatura entre as unidades dos sistemas inglês e métrico
- Estimando as conversões entre as unidades dos sistemas inglês e métrico

Com o que Tomar Cuidado

Estas são algumas informações adicionais sobre os sistemas de medida inglês e métrico:

- As unidades inglesas de comprimento são a polegada, o pé, a jarda e a milha. As unidades métricas são baseadas no metro.

- As unidades inglesas de peso são a onça, a libra e a tonelada. As unidades métricas de massa (similares às do peso) são baseadas no grama.
- As unidades inglesas de volume são a onça fluida, a xícara, a pinta, o quarto e o galão. As unidades métricas se baseiam no litro.
- As unidades inglesas de temperatura são medidas em graus Fahrenheit. As unidades métricas são baseadas em graus Celsius (também chamados de Centígrados).
- Ambos os sistemas de medida calculam o tempo em segundos, minutos, horas, dias, semanas e anos.

Medidas Inglesas

591–603 *Use as informações a seguir sobre as unidades de medidas inglesas.*

1 pé = 12 polegadas

1 jarda = 3 pés

1 milha = 5.280 pés

1 libra = 16 onças

1 tonelada = 2.000 libras

1 galão = 4 quartos

1 quarto = 2 pintas = 4 xícaras

1 xícara = 8 onças fluidas

1 ano = 365 dias

1 semana = 7 dias

1 dia = 24 horas

1 hora = 60 minutos

1 minutos = 60 segundos

591. Quantas polegadas existem em 13 pés?

592. Quantos minutos existem em 18 horas?

593. Quantas onças existem em 15 libras?

594. Quantos quartos existem em 55 galões?

595. Quantas polegadas existem em 3 milhas?

596. Quantas onças existem em 13 toneladas?

597. Quantos segundos existem em uma semana?

598. Quantas onças fluidas existem em 17 galões?

599. Uma maratona tem 26,2 milhas. Se a estimativa de cada passo de um corredor for de uma jarda, de quantos passos consiste a maratona?

600. Os arcos de St. Louis pesam 5.199 toneladas. Quantas onças representam este valor?

601. A expectativa de vida é de aproximadamente 80 anos. Quantos segundos existem em uma expectativa média de vida? (Suponha que 1 ano = 365 dias e ignore os dias adicionais que um ano bissexto acrescentaria).

602. Uma gota de chuva é de aproximadamente $\frac{1}{90}$ de onça fluida. Quantas gotas existem em um galão?

603. A largura de um campo de futebol é de $53\frac{1}{3}$ jardas. Quantas larguras de um campo de futebol equivalem a uma milha?

Unidades de Métricas

604–614 *Use as informações a seguir sobre o sistema métrico:*

Nano = 0,000000001 (Um bilionésimo)

Micro = 0,000001 (Um milionésimo)

Milli = 0,001 (Um milésimo)

Sem prefixo = 1 (Um)

Kilo = 1.000 (Um milhar)

Mega = 1.000.000 (Um milhão)

Giga = 1.000.000.000 (Um bilhão)

Tera = 1.000.000.000.000 (Um trilhão)

1 metro = 100 centímetros

604. Quantos milímetros existem em 25 litros?

605. Quantas toneladas existem em 800 megatoneladas?

606. Quantos nanosegundos existem em 30 segundos?

607. Quantos centímetros existem em 12 quilômetros?

608. Quantos miligramas existem em 17 megagramas?

609. Quantos kilowatts existem em 900 gigawatts?

610. Quantas microdinas existem em 88 megadinas?

611. Quantos milímetros existem em 333 terametros?

612. As águas de Niagara Falls fluem em uma média 567,811 litros por segundo. Quantos litros fluem em um microssegundo?

613. Se um nanograma contém 1.000 picogramas e um petagrama contém 1.000 teragramas, quantos picogramas existem em um petagrama?

614. Se um computador pode realizar um download de 5 kilobytes de informação em um nanosegundo, quantos terabytes de informação podem ser baixados em 1 segundo?

Conversão de Temperaturas

615–620 *Converta entre graus Celsius e graus Fahrenheit usando estas fórmulas:*

$$C = (F - 32) \div 1{,}8$$

$$F = (C \times 1{,}8) + 32$$

615. Em graus Celsius, a água congela a 0°C e ferve a 100°C. O ponto médio entre estas duas temperaturas é 50°C. Qual é o equivalente desse ponto médio da temperatura em graus Fahrenheit?

616. A temperatura de uma pessoa saudável é considerada como sendo 98,6°F. Qual é a sua equivalência em graus Celsius?

617. Uma pessoa comum considera 72 graus Fahrenheit uma temperatura confortável. Quanto em graus Celsius é esta temperatura, no grau inteiro mais próximo?

618. A temperatura mais quente já registrada na terra é de 136 graus Fahrenheit. Qual é a sua equivalência em graus Celsius, no grau inteiro mais próximo?

619. O ponto de fusão do ferro é de 1.535 graus Celsius. Qual é esta temperatura em graus Fahrenheit?

620. O zero absoluto é a temperatura mais baixa possível e é o ponto em que todo movimento molecular para. Em graus Celsius, esta temperatura é de –273,15°C. Qual é a temperatura equivalente em graus Fahrenheit?

Convertendo Unidades de Medida Inglesas e Métricas

621–630 *Use as aproximações a seguir para converter entre as unidades inglesas e métricas:*

1 metro ≈ 3 pés = 1 jarda

1 quilômetro ≈ $\frac{1}{2}$ *milha*

1 litro ≈ 1 quarto = $\frac{1}{4}$ *galão*

1 quilograma ≈ 2 libras

621. Aproximadamente quantas milhas são 20 quilômetros?

622. Aproximadamente quantos litros são 12 galões?

623. Se um homem pesa 180 libras, aproximadamente quantos quilogramas ele pesa?

624. O maior prédio do mundo é o Burj Khalifa, que mede, aproximadamente, 828 metros. Qual é a sua altura aproximada em pés?

625. Se uma árvore tem 60 pés de altura, qual é sua altura aproximada em metros?

626. Se um elefante pesa 5.000 quilogramas, aproximadamente, quantas libras ele pesa?

627. Se você correr 5 milhas por dia, todos os dias por 2 semanas, aproximadamente quantos quilômetros você correu?

628. Se uma viajante habitual coloca 95 litros de gasolina em seu carro toda semana, aproximadamente quantos galões de gasolina ela usa em 4 semanas?

629. Se um comprimento de uma piscina for de mais ou menos $\frac{1}{32}$ milhas, quanto ela mede em metros aproximadamente?

630. Se uma máquina for configurada para disponibilizar exatamente 40 mililitros de solução salina, aproximadamente quantas onças fluidas ela disponibilizará?

Capítulo 16

Geometria

A geometria é o estudo dos pontos, das linhas, dos ângulos, das formas planas e dos sólidos no espaço. Neste capítulo, você aprimora seu conhecimento sobre a geometria com uma variedade de problemas que exigem que você calcule as medidas dos ângulos, das formas e dos sólidos.

Os Problemas que Encontrará pela Frente

Eis uma lista dos problemas que você estuda neste capítulo:

- Medindo os ângulos
- Encontrando a área e o perímetro dos quadrados e dos retângulos
- Calculando a área do paralelogramo e do trapézio
- Conhecendo as fórmulas da área e da circunferência dos círculos
- Usando a fórmula para a área dos triângulos
- Estudando triângulos retângulos usando o teorema de Pitágoras
- Encontrando o volume de alguns sólidos comuns

Com o que Tomar Cuidado

As informações a seguir serão úteis para seu estudo dos problemas deste capítulo:

- Você precisa conhecer as fórmulas da geometria básica para encontrar a área e o perímetro dos quadrados e dos retângulos, e a área dos paralelogramos, dos trapézios e dos triângulos.
- Você precisa conhecer as fórmulas para encontrar o diâmetro, a circunferência e a área dos círculos.

- Você precisa conhecer as fórmulas para encontrar o volume dos cubos, dos retângulos sólidos, dos cilindros, das esferas, das pirâmides e dos cones.
- Você precisa estar familiarizado com o Teorema de Pitágoras, assim como com as fórmulas associadas aos triângulos retângulos.

Ângulos

631–645

631. Encontre o valor de *n*.

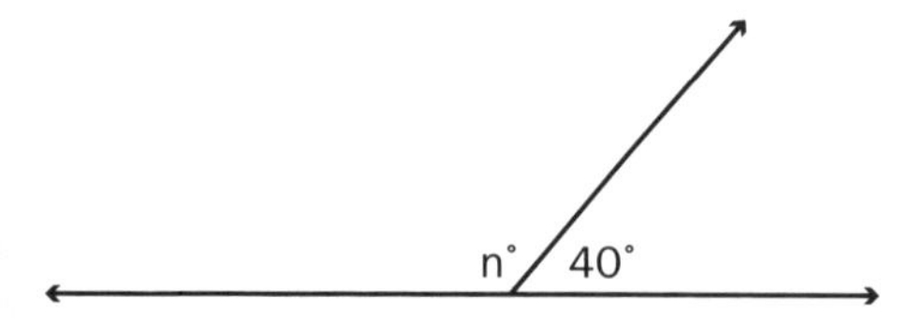

632. Encontre o valor de *n*.

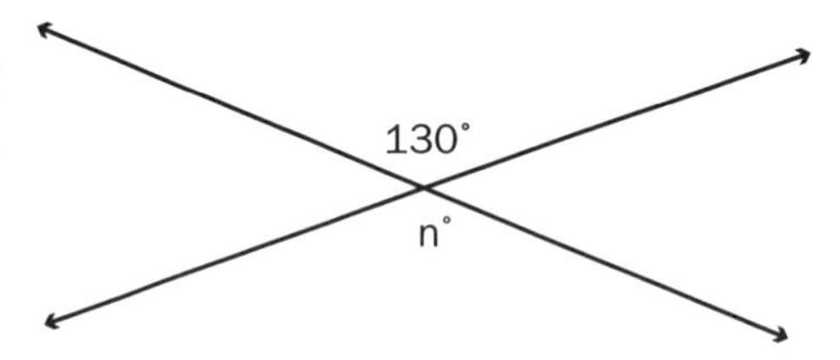

633. Encontre o valor de *n*.

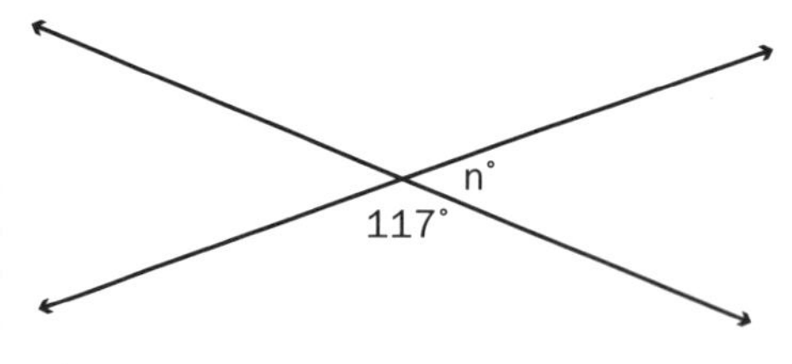

634. Encontre o valor de *n*.

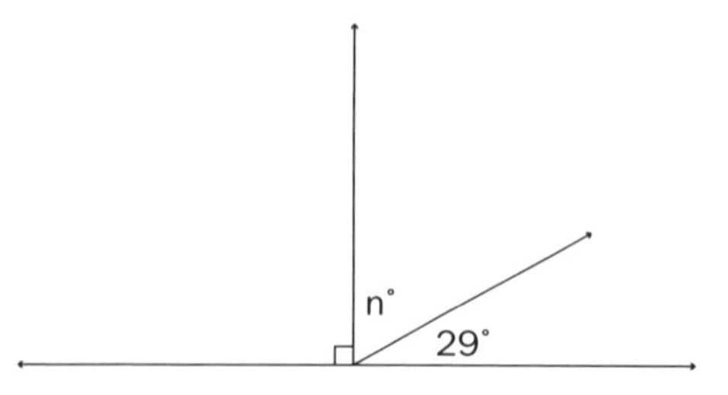

635. *ABCD* é um quadrado. Encontre o valor de n.

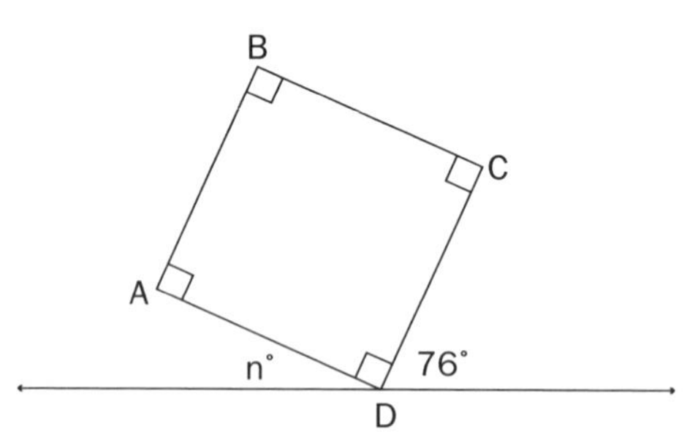

636. Encontre o valor de *n*.

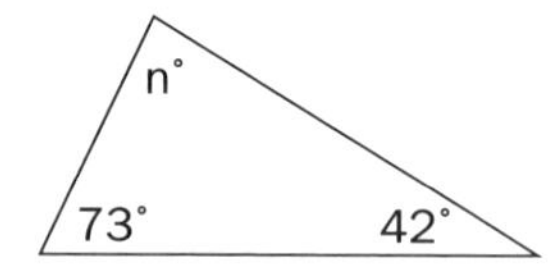

637. Encontre o valor de n.

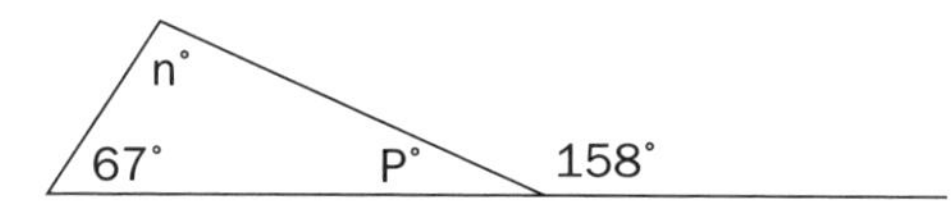

638. *ABC* é um triângulo retângulo. Encontre o valor de n.

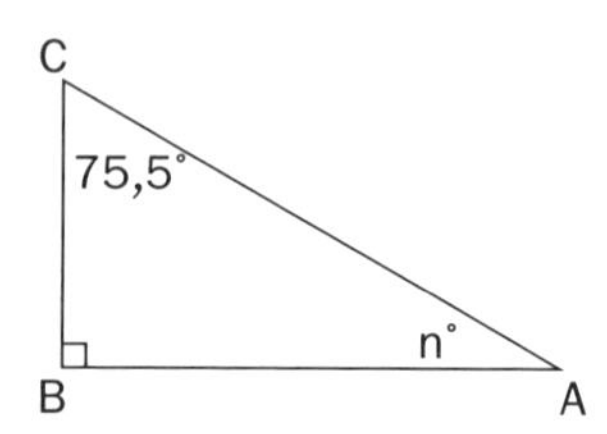

639. *ABCD* é um retângulo. Encontre o valor de n.

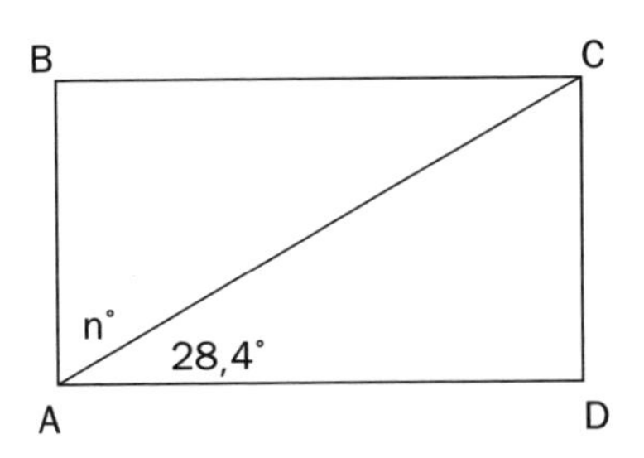

640. Encontre o valor de n.

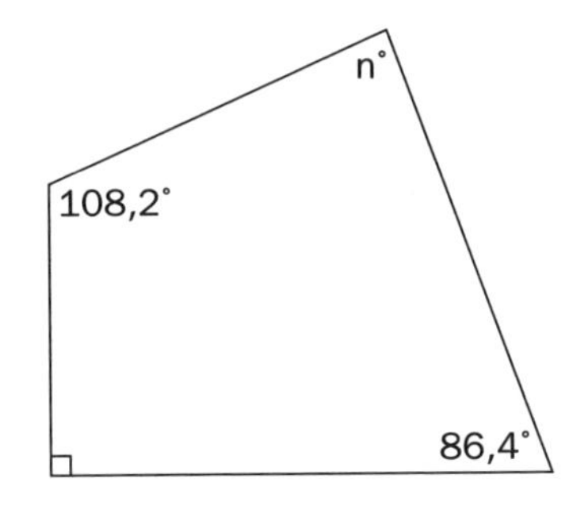

641. Encontre o valor de *n*.

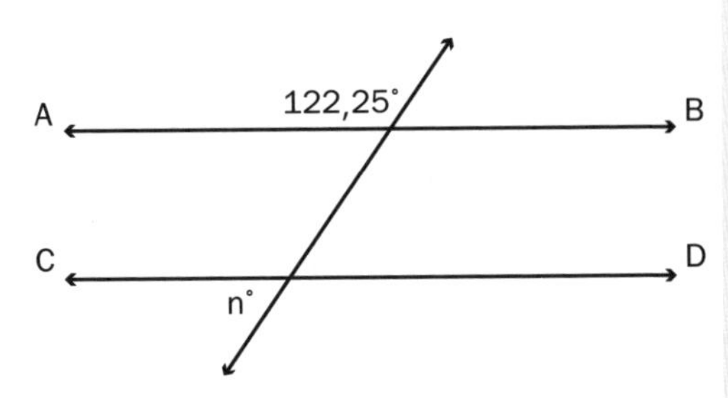

$\overleftrightarrow{AB}$ e $\overleftrightarrow{CD}$ são paralelos

642. Encontre o valor de *n*.

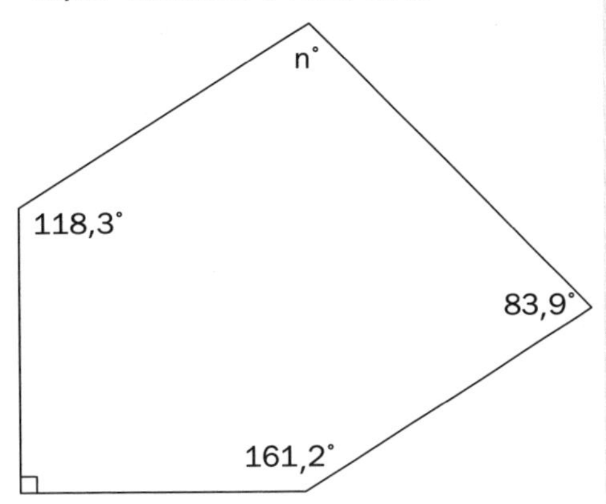

643. *ABC* é um triângulo isósceles. Encontre o valor de n.

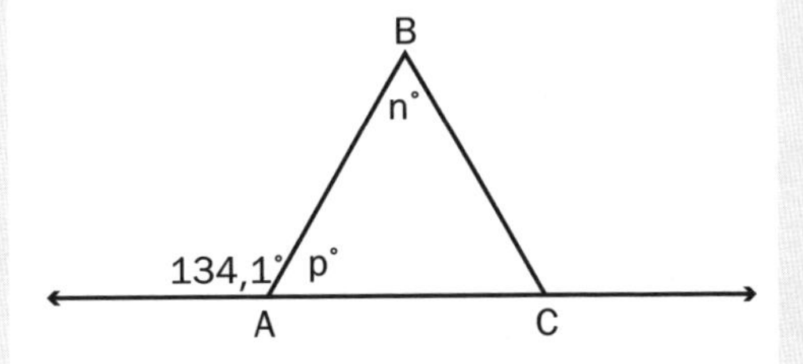

644. *AC* é o diâmetro do círculo. Encontre o valor de *n*.

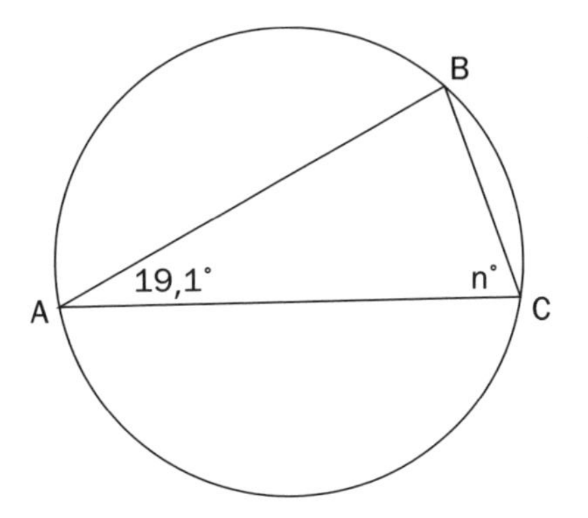

645. *BCDE* é um paralelogramo e *BE* = *AE*. Encontre o valor de *n*.

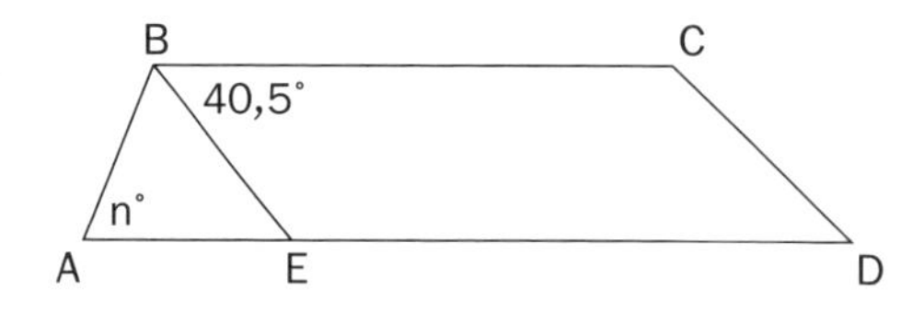

Quadrados

646–655 *Use as fórmulas da área do quadrado($A = s^2$)e do perímetro do quadrado ($P = 4s$) para responder as perguntas:*

646. Qual é a área do quadrado cujo lado mede 6 polegadas de comprimento?

647. Qual é o perímetro do quadrado cujo lado mede 7 metros de comprimento?

648. Qual é a área do quadrado cujo lado mede 101 quilômetros de comprimento?

649. Se um lado do quadrado mede 3,4 centímetros, qual é o seu perímetro?

650. Se o perímetro do quadrado mede 84 pés, qual é o comprimento do seu lado?

651. Se a área de um quadrado mede 144 pés quadrados, qual é o seu perímetro?

652. Qual é a área de uma sala quadrada que tem um perímetro de 62 pés?

653. Uma sala quadrada exige 25 jardas quadradas de carpete para cobrir todo seu chão. Qual é o perímetro da sala em pés? (1 jarda = 3 pés).

654. Se cada lado de um campo quadrado tem exatamente 3 milhas, qual é a área em pés quadrados? (1 milha = 5.280 pés)

655. O perímetro de um parque quadrado, em quilômetros, é 10 vezes maior que sua área em quilômetros quadrados. Qual é o comprimento de um lado deste parque?

Retângulos

656–665 *Use as fórmulas da área do retângulo ($A = lw$) e do perímetro do retângulo ($A = 2l + 2w$) para responder as perguntas:*

656. Qual é a área do retângulo com um comprimento de 8 centímetros e uma largura de 3 centímetros?

657. Se um retângulo tem 16 metros de comprimento e 2 metros de largura, qual é o seu perímetro?

658. Se um retângulo tem 4,3 pés de comprimento e sua largura mede 2,7 pés, qual é a sua área?

659. Qual é o perímetro do retângulo cujo comprimento é de $\frac{7}{8}$ polegadas e a largura é de $\frac{3}{4}$ polegadas?

660. Qual é a área do retângulo abaixo?

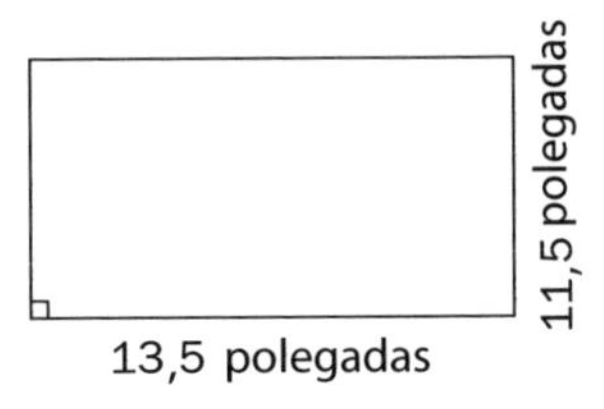

661. Qual é a área do retângulo abaixo?

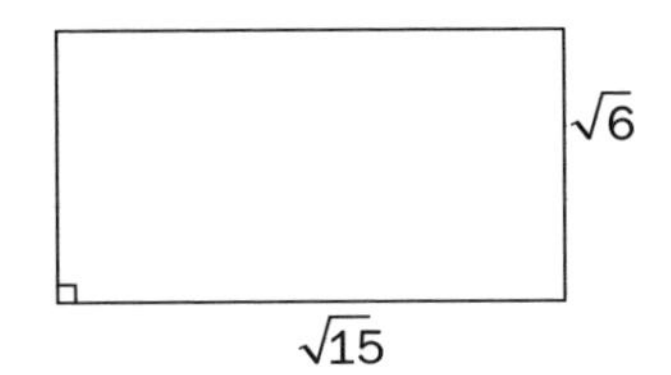

662. Se a área de um retângulo mede 100 pés quadrados e sua largura é de 5 pés, qual é o seu perímetro?

663. Se a área de um retângulo mede 30 pés quadrados e seu comprimento é de 8 polegadas, qual é o seu perímetro?

664. Um porta-retrato retangular tem um comprimento de 2 pés. Se a área da foto é de 156 polegadas, qual é o perímetro do porta-retrato?

665. Se o perímetro de um retângulo mede 54 e sua área 72, qual é o seu comprimento? (***Dica:*** O comprimento e a largura são números inteiros).

Paralelogramos e Trapézios

666–675 *Use as fórmulas da área do paralelogramo ($A = bh$) e da área do trapézio ($A = \frac{b_1 + b_2}{2}h$) para responder as perguntas:*

666. Qual é a área do paralelogramo abaixo?

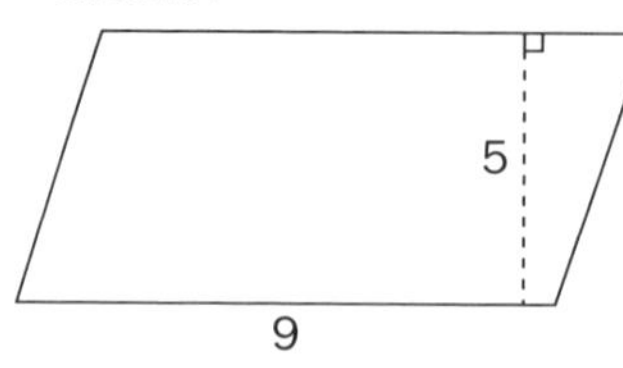

667. Qual é a área do paralelogramo abaixo?

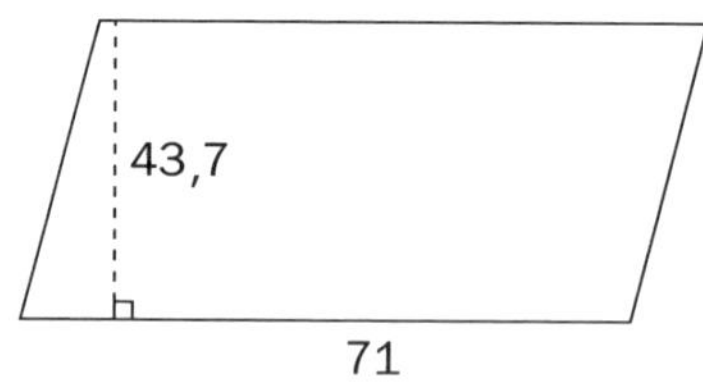

668. Qual é a área do paralelogramo abaixo?

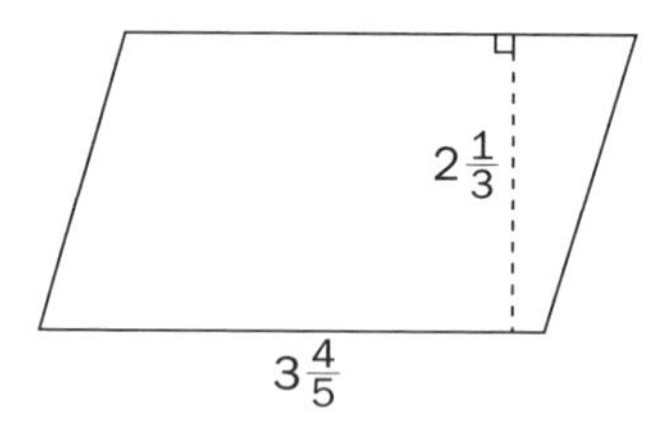

669. Qual é a área do trapézio abaixo?

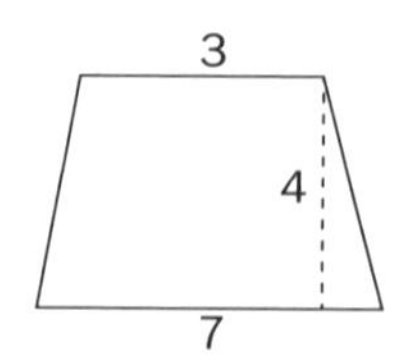

670. Qual é a área do trapézio abaixo?

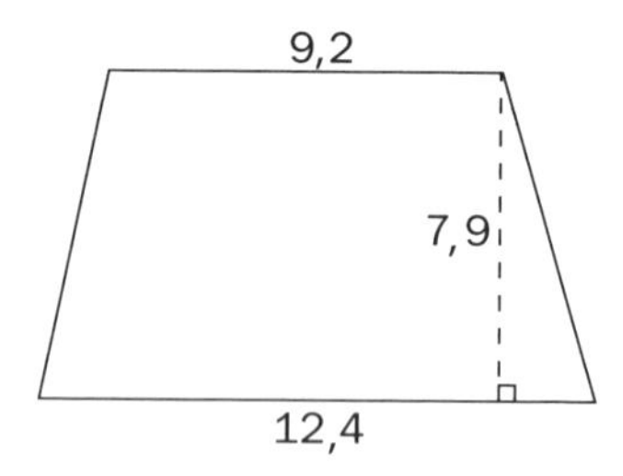

671. Qual é a área do trapézio abaixo?

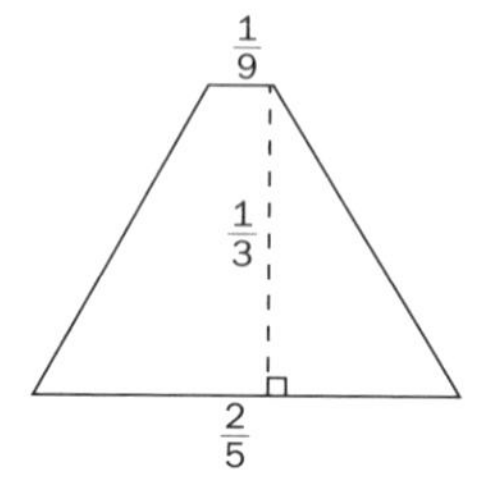

672. Se a área do paralelogramo é de 94,5 centímetros quadrados e sua base é de 7 centímetros, qual é a sua altura?

673. Qual é a altura do trapézio que tem uma área de 180 e bases de 9 e 21?

674. Suponha que um paralelogramo tenha uma área de $\frac{4}{9}$ e uma altura de $\frac{5}{7}$. Qual é o comprimento da sua base?

675. Se um trapézio tem uma área de 45, uma altura de 3 e uma base de 4,5, qual é o comprimento da outra base?

Área dos Triângulos

676–685 *Use a fórmula da área do triângulo ($A = \frac{1}{2}bh$) para responder as perguntas:*

676. Qual é a área do triângulo com uma base de 9 polegadas e altura de 8 polegadas?

677. Se um triângulo tem uma base que tem 3 metros de comprimento e uma altura de 23 metros, qual é a sua área?

678. Um triângulo tem uma base de $\frac{4}{9}$ de comprimento e uma altura de $\frac{3}{8}$. Qual é a sua área?

679. Qual é a área do triângulo abaixo?

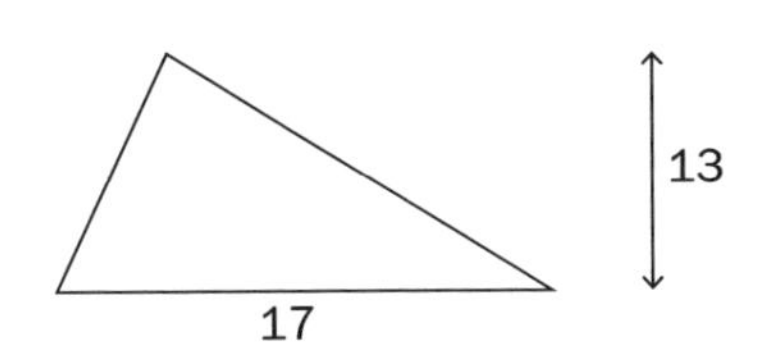

680. Qual é a área do triângulo abaixo?

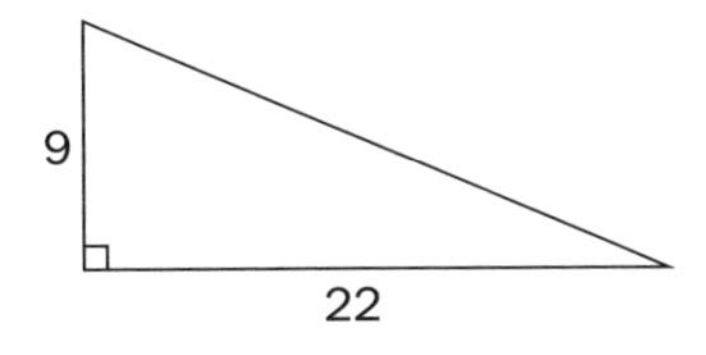

681. Um triângulo retângulo tem dois lados de 4 centímetros e um de 12 centímetros. Qual é a sua área?

682. Qual é a base de um triângulo que tem uma área de 60 metros quadrados e uma altura de 4 metros?

683. Qual é a altura de um triângulo com uma área de 78 polegadas quadradas e uma base de 1 pé?

684. Qual é a altura de um triângulo com uma base de $\frac{5}{7}$ de comprimento e uma área de $\frac{5}{8}$ pés quadrados?

685. Se a área de um triângulo mede 84,5 e sua altura e sua base possuem o mesmo comprimento, qual é a altura do triângulo?

O teorema de Pitágoras

686–695 *Use o teorema de Pitágoras ($a^2 + b^2 = c^2$) para responder as perguntas.*

686. Se os dois lados de um triângulo retângulo medem 3 pés e 4 pés, qual é o comprimento da hipotenusa?

687. Qual é o comprimento da hipotenusa do triângulo retângulo cujos lados medem 10 centímetros e 24 centímetros?

688. Se um triângulo retângulo tem dois lados que medem 4 e 8, qual é o comprimento da sua hipotenusa?

689. Qual é o comprimento da hipotenusa do triângulo a seguir?

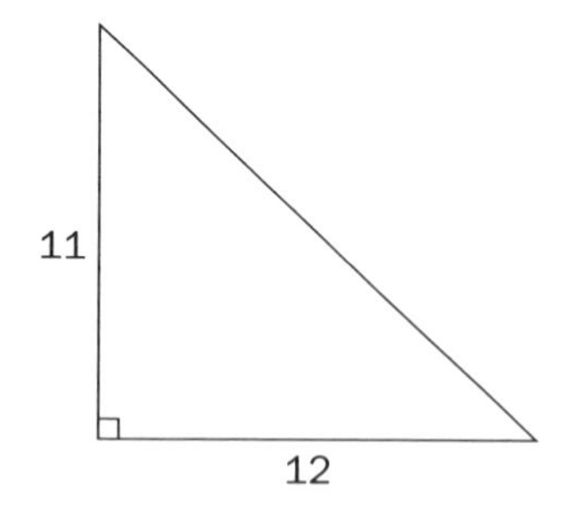

690. Qual é o comprimento da hipotenusa do triângulo abaixo?

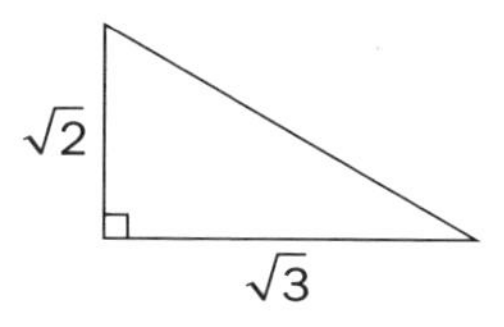

691. Qual é o comprimento da hipotenusa do triângulo abaixo?

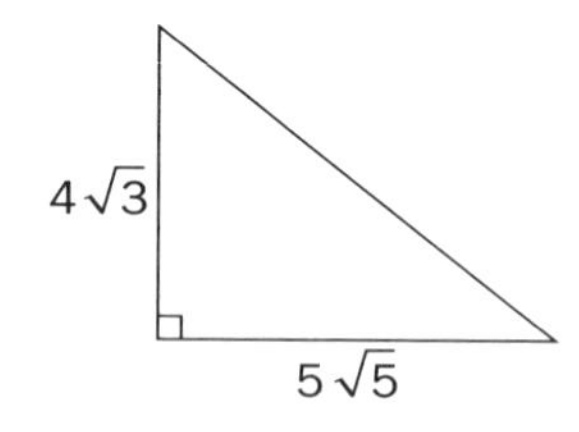

692. Se um triângulo retângulo tem dois lados que medem $\frac{5}{13}$ e $\frac{12}{13}$, qual é o comprimento da hipotenusa?

693. Se um triângulo retângulo tem dois lados com $\frac{1}{3}$ e $\frac{1}{4}$ de comprimento, qual é o comprimento da hipotenusa?

694. Qual é o comprimento do lado mais curto do triângulo abaixo?

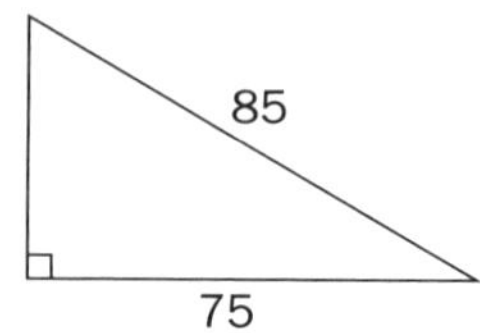

695. Qual é o comprimento do lado mais longo do triângulo abaixo?

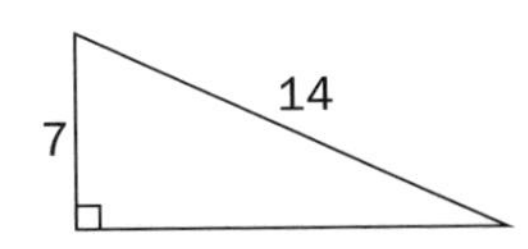

Círculos

696–709 *Use as fórmulas do diâmetro de um círculo ($D = 2r$), da área de um círculo ($A = \pi r^2$) e da circunferência de um círculo ($C = 2\pi r$) para responder as perguntas.*

696. Qual é o diâmetro do círculo com um raio de 8?

697. Qual é a área do círculo com um raio de 11?

698. Se um círculo tem um raio de 20, qual é o comprimento da sua circunferência?

699. Qual é a área do círculo abaixo?

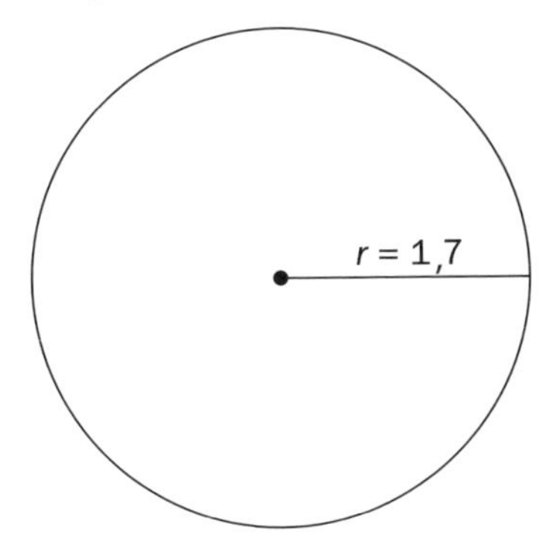

700. Qual é a circunferência do círculo abaixo?

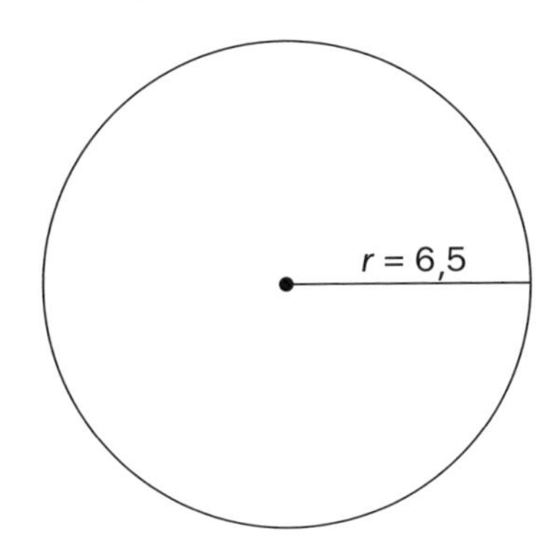

701. Se um círculo tem um diâmetro de 99, qual é a sua circunferência?

702. Qual é a circunferência de um círculo cujo diâmetro é $\frac{5}{6}$?

703. Se um círculo tem um diâmetro de 100, qual é a sua área?

704. Qual é o raio do círculo cuja área é igual a 81π?

705. Se um círculo tem uma circunferência de 66π, qual é o seu raio?

706. Qual a área do círculo que tem uma circunferência de $10{,}8\pi$?

707. Se um círculo tem uma área de $\frac{4}{25}\pi$, qual é a sua circunferência?

708. Qual é o raio do círculo cuja área é 16?

709. Qual é a área do círculo cuja circunferência é 18,5?

Volume

710–730 *Use a fórmula da geometria dos sólidos:*

Volume de um cubo: $V = s^3$

Volume de uma caixa: $V = lwh$

Volume de um cilindro: $V = \pi r^2 h$

Volume de uma esfera: $V = \frac{4}{3}\pi r^3$

Volume de uma pirâmide (com base quadrada): $V = \frac{1}{3}s^2 h$

Volume de um cone: $V = \frac{1}{3}\pi r^2 h$

710. Qual é o volume de um cubo que tem um lado com 12 polegadas de comprimento?

711. Qual é o volume do cubo abaixo?

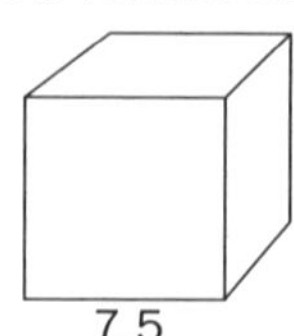

712. Se um cubo tem um volume de 1.000.000 polegadas cúbicas, qual é o comprimento do seu lado?

713. Qual é o volume de uma caixa que tem 15 polegadas de comprimento, 4 polegadas de largura e 10 polegadas de altura?

714. Se uma caixa tem 8,5 polegadas de largura, 11 polegadas de comprimento e 3,5 polegadas de altura, qual é o seu volume?

715. Qual é o volume de uma caixa cujas três dimensões são $\frac{1}{4}$ polegadas, $\frac{5}{8}$ polegadas e $\frac{11}{16}$ polegadas?

716. Suponha que uma caixa com um volume de 20.000 centímetros cúbicos possua um comprimento de 80 centímetros e uma largura de 50 centímetros. Qual é a altura da caixa?

717. Se uma caixa tem um volume de 45,6 polegadas cúbicas, um comprimento de 10 polegadas e uma altura de 100 polegadas, qual é a sua largura?

718. Se um cilindro tem um raio de 2 pés e uma altura de 6 pés, qual é o seu volume?

719. Suponha que um cilindro possua um raio de 45 e uma altura de 110. Qual é o seu volume?

720. Qual é o volume de um cilindro cujo raio é de 0,4 metros e cuja altura é de 1,1 metros?

721. Um cilindro tem um raio de $\frac{3}{4}$ polegadas e uma altura de $\frac{5}{8}$ polegadas. Qual é o seu volume?

722. Suponha que um cilindro possua um volume de $58{,}5\pi$ pés cúbicos e um raio de 3 pés. Qual é a sua altura?

723. Qual é o volume de uma esfera com um raio de 3 centímetros?

724. Se uma esfera tem um raio de $\frac{3}{8}$ polegadas, qual é o seu volume?

725. Qual é o volume de uma esfera que tem um raio de 1,2 metros?

726. Suponha que uma esfera possua um volume de $\frac{1}{6}\pi$ pés cúbicos. Qual é o seu raio?

727. Uma pirâmide tem uma base quadrada cujo lado mede 4 polegadas de comprimento. Se a sua altura medir 6 polegadas, qual é o volume da pirâmide?

728. Suponha que uma pirâmide com uma base quadrada possua um volume de 80 metros cúbicos e uma altura de 15 metros. Qual é o comprimento do lado de sua base?

729. Qual é o volume de um cone que tem uma altura de 10 polegadas e cuja base circular tem um raio de 30 polegadas?

730. Se um cone tem um volume de 132π e um raio de 6, qual é a sua altura?

Capítulo 17

Representações Gráficas

Um *gráfico* é uma representação visual de um dado matemático. Os gráficos facilitam a visualização de como um conjunto de valores se relaciona. Neste capítulo, você aprimora seu conhecimento sobre a sua leitura de gráficos e ainda adquire a prática do estudo do gráfico mais comum da matemática, o gráfico *xy*.

Os Problemas que Encontrará pela Frente

Veja uma prévia dos problemas que você resolverá neste capítulo:

- Estudando os gráficos que exibem dados: os gráficos de barras, os gráficos de pizza, os gráficos lineares e os pictogramas
- Representando pontos, calculando inclinações e encontrando a distância entre dois pontos em um gráfico *xy*

Com o que Tomar Cuidado

Os problemas deste capítulo fornecem uma experiência no estudo dos diversos tipos de gráfico. Esta é uma descrição dos gráficos, com alguns indicadores adicionais para você responder as perguntas sobre o gráfico *xy*.

- Um *gráfico de barras* permite que você compare os valores que são independentes entre si.

- Um *gráfico de pizza* mostra uma figura sobre uma quantia que é dividida em porcentagem.
- Um *gráfico linear* mostra como um valor que varia com o tempo.
- Um *pictograma*, similar a um gráfico de barras, lhe permite comparar valores independentes.
- Um *gráfico xy* (também chamado de *gráfico Cartesiano*) permite que você represente os pontos como pares de valores (x, y).
- Encontre a inclinação de uma linha que passa entre dois pontos no gráfico *xy*, começando com o ponto à esquerda e seguindo em direção ao ponto à direita. Primeiro conte a quantidade de pontos *acima* ou *abaixo* e, então, a quantidade *total* de pontos *através* (ou seja, da esquerda para a direita) e estabeleça uma fração com esses dois números.
- Encontre a distância entre dois pontos no gráfico *xy* desenhando um triângulo retângulo usando a distância entre esses pontos como uma hipotenusa. Calcule o comprimento desta hipotenusa usando o teorema de Pitágoras: $a^2 + b^2 = c^2$.

Gráfico de Barras

731–736 *O gráfico de barras apresenta uma quantidade de dólares que cada uma das seis pessoas coletou para caridade durante uma maratona de corrida patrocinada pelo seu escritório.*

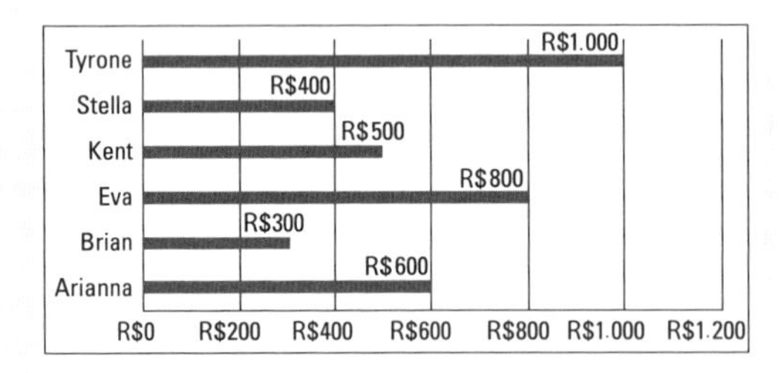

731. Quem coletou a exata quantia de R$200 a mais que Brian?

732. Quanto em dinheiro as três mulheres (Arianna, Eva e Stella) coletaram ao todo?

733. Qual é a fração do total da quantia que Stella coletou?

734. Qual é a razão entre o total da Stella e o total do Tyrone?

735. Se Eva tivesse coletado R$300,00 a menos, qual outra pessoa teria coletado a mesma quantia de dinheiro que ela?

736. Dentro do ponto percentual mais próximo, com qual porcentagem do total Arianna e Tyrone contribuíram juntos?

Gráfico de Pizza

737–742 *O gráfico de pizza mostra a porcentagem de tempo que Kaitlin dedica ao estudo das cinco disciplinas da faculdade.*

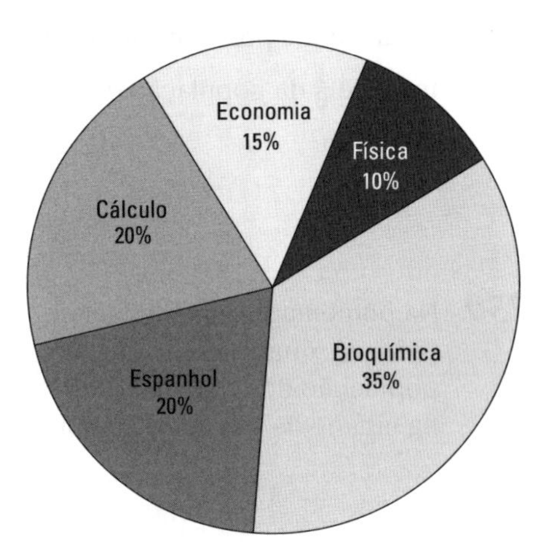

737. Quais são as *duas* disciplinas que combinadas ocupam exatamente a metade do tempo de Kaitlin?

738. Quais são as *três* disciplinas que combinadas ocupam exatamente 55% do tempo de Kaitlin?

739. Se Kaitlin passou 20 horas da semana passada estudando, quanto tempo ela passou estudando para as aulas de Espanhol?

740. Se Kaitlin ficou 1,5 horas a mais estudando para aula de Cálculo do que para a aula de Economia, quanto tempo ao todo ela passou estudando?

741. Se Kaitlin passou 3 horas da semana passada estudando para a aula de Física, quantas horas ao todo ela ficou estudando?

742. Se Kaitlin ficou 2 horas da semana passada estudando para aula de Economia, quanto tempo ela passou estudando para a aula de Bioquímica?

Gráfico Linear

743–747 *O gráfico linear apresenta a declaração de lucro líquido mensal do antiquário da Amy de Janeiro a dezembro.*

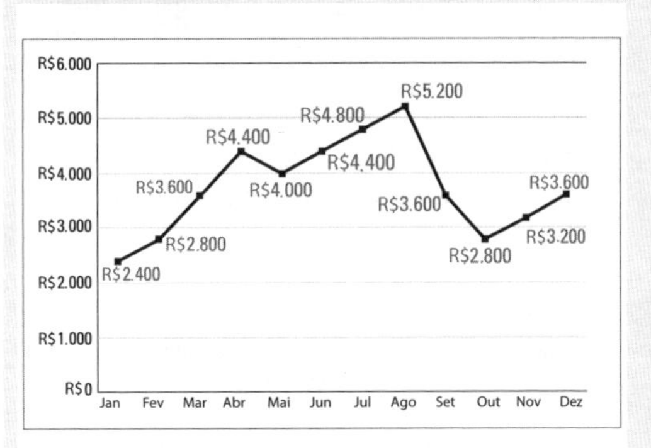

743. Em que mês o lucro líquido foi igual ao de fevereiro?

744. Qual é o total do lucro líquido do primeiro trimestre do ano (ou seja, janeiro, fevereiro e março)?

745. Qual mês mostra o mesmo aumento do lucro líquido, quando comparado com o mês anterior, como mostrado em abril quando comparado a março?

746. Qual par de meses consecutivos apresenta uma combinação de lucro líquido de exatamente $8.800,00?

747. Qual é o mês que apresenta cerca de 5% do total do lucro líquido anual?

Pictograma Populacional

748–752 *O pictograma abaixo mostra a população de seis cidades do condado de Alabaster.*

Cidade	População
Barker Lake	🧍🧍🧍🧍½
Jamesburg	🧍🧍🧍🧍🧍🧍
Morrissey Station	🧍🧍🧍🧍🧍🧍🧍½
Plattfield	🧍🧍🧍🧍🧍🧍🧍🧍🧍🧍🧍
Ravenstown	🧍🧍🧍
Talkingham	🧍🧍🧍🧍🧍🧍🧍

1 boneco = 2.000 pessoas

748. Qual é a população da maior cidade do condado de Alabaster?

749. Qual cidade possui ligeiramente mais de $\frac{1}{6}$ da população do condado?

750. Na porcentagem inteira mais próxima, qual é a porcentagem da população do condado que vive na cidade de Morrissey Station?

751. Quais as duas cidades que juntas possuem uma população maior do que a de Plattfield em 1.000 habitantes?

752. Imagine que a população de Talkingham aumentou o equivalente a um boneco no gráfico e que as outras cinco cidades mantiveram suas populações constantes. Neste caso, para a porcentagem inteira mais próxima, qual porcentagem da população do Condado de Alabaster deve residir em Talkingham?

Gráfico de Pizza

753–757 *O gráfico de pizza abaixo apresenta o resultado das eleições para prefeito da cidade de Branchport.*

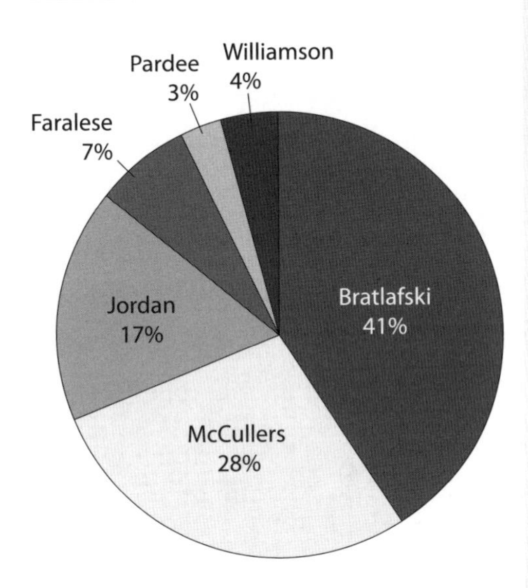

753. Juntos, os dois candidatos mais votados receberam qual porcentagem de votos?

754. Quais dois candidatos receberam 35% do total de votos?

755. Se 100.000 votos foram apurados, quantos votos a mais Faralese recebeu em relação a Williamson?

756. Se Jordan recebeu 34.000 votos, quantos votos foram apurados no total?

757. Se Bratlaski recebeu 53.200 votos a mais que Pardee, quantos votos McCullers recebeu?

Pictograma de Árvore

758–762 *O pictograma mostra a quantidade de árvores plantadas em seis condados.*

Condado	
Birmingham	🌲🌲🌲🌲🌲🌲
Calais	🌲🌲
Dublin	🌲🌲🌲🌲🌲🌲🌲🌲🌲
Edinburgh	🌲🌲🌲
London	🌲🌲🌲🌲🌲
Manchester	🌲🌲🌲🌲🌲🌲🌲

1 figura de árvore = 250 árvores

758. Quantas árvores foram plantadas ao todo nos condados de Edinburgh e Manchester?

759. Quantas árvores foram plantadas ao todo nos seis condados?

760. Quais são os dois condados que juntos contam com 50% das árvores plantadas dentre os seis condados?

761. Qual condado conta com o total de 18,75% das árvores plantadas dentre os seis condados?

762. Imagine que mais 1.000 árvores foram plantadas no condado de Calais e todos os outros permanecem iguais. Neste caso, qual é a fração do total do número de árvores que teriam sido plantadas no condado de Calais?

Gráfico Cartesiano

763–770 *Use o gráfico* xy *para responder as perguntas.*

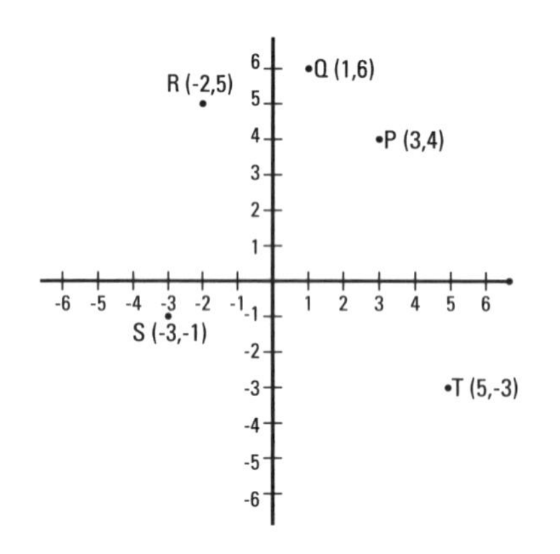

763. Indique o ponto de cada uma das seguintes coordenadas:

i. (1, 6)

ii. (–3, –1)

iii. (–2, 5)

iv. (3, 4)

v. (5, –3)

764. Qual é a inclinação da linha que passa tanto pela origem (0, 0) quanto por *Q*?

765. Qual é a inclinação da linha que passa tanto pela origem (0, 0) quanto por *S*?

766. Qual é a inclinação da linha que passa por *P* e por *Q*?

767. Qual é a inclinação da linha que passa por R e por T?

768. Qual é a inclinação da linha que passa por S e por T?

769. Qual é a distância entre a origem (0, 0) e P?

770. Qual é a distância entre R e S?

Capítulo 18

Estatística e Probabilidade

A *estatística* é a matemática das situações do mundo real. Em estatística você analisa os *conjuntos de dados* — informações medidas a partir de eventos reais — usando uma variedade de ferramentas. A *probabilidade* mede a possibilidade de um evento cujo resultado é desconhecido. O cálculo da probabilidade recai sobre métodos ordenados de contagem de possíveis desfechos de situações. Neste capítulo, você resolve problemas sobre estatística e probabilidade.

Os Problemas que Encontrará pela Frente

Eis os principais fundamentos que você praticará nos problemas a seguir:

- Encontrando a média, a mediana e a moda de um conjunto de dados
- Calculando a média ponderada
- Contando eventos independentes e dependentes
- Decidindo a probabilidade de um evento

Com o que Tomar Cuidado

Veja algumas dicas para calcular estatísticas e probabilidades nos problemas a seguir:

- Quando a questão perguntar sobre a média sem especificar qual tipo, calcule-a usando a fórmula a seguir: $\textit{Média} = \frac{\textit{Soma dos itens}}{\textit{Número de itens}}$.

- Para encontrar a mediana, classifique todos os valores de um conjunto de dados do menor para o maior e encontre o número do meio; esta é a mediana. Se existirem dois números do meio (ou seja, se o conjunto de dados possuir número par de valores), calcule a mediana como a média desses dois valores.
- Para contar o número de possíveis resultados para eventos independentes, multiplique o número de resultados possíveis em cada caso. Por exemplo, quando você lança dois dados, cada um possui seis resultados possíveis, então, existem $6 \times 6 = 36$ possibilidades de resultado ao todo.
- Para calcular o número de resultados possíveis para eventos dependentes, multiplique o número de resultados possíveis em cada caso, levando em conta qualquer resultado anterior. Por exemplo, quando você retira duas letras de um saco com cinco letras, você pode extrair qualquer uma das cinco letras na primeira vez e então qualquer uma das quatro letras restantes na segunda, então existem 5 × 4 = 20 resultados possíveis ao todo.
- Calcule a probabilidade usando a fórmula a seguir:
  $Probabilidade = \frac{Resultados\ alvo}{Total\ de\ resultados}$.

Encontrando a Média

771–782 *Use a fórmula da média ($Média = \frac{Soma\ dos\ itens}{Número\ de\ itens}$) para responder as perguntas.*

771. Qual é a média de 4, 9 e 11?

772. Qual é a média de 2, 2, 16, 29 e 81?

773. Qual é a média de 245, 1.024 e 2.964?

774. Qual é a média de 17, 23, 35, 64 e 102?

775. Qual é a média de 3,5; 4,1; 9,2 e 19,6?

776. Qual é a média de 7,214; 91,8 e 823,24?

777. Qual é a média de $\frac{1}{5}$ e $\frac{1}{9}$?

778. Qual é a média de $3\frac{1}{3}$, $4\frac{1}{5}$ e $6\frac{1}{2}$?

779. Kathi ganhou R$40 na segunda-feira e R$75 na terça-feira. Ela ainda trabalhou na quarta-feira e descobriu que a média do que ganhou de segunda a quarta-feira foi de R$60. Quanto ela ganhou na quarta-feira?

780. Antoine participou de um acampamento em que caminhou por quatro dias. Nos primeiros três dias, ele caminhou 8 milhas, 4,5 milhas e 6,5 milhas. No final dos quatro dias, ele descobriu que havia caminhado uma média de 7 milhas por dia. Quantas milhas Antoine caminhou no último dia?

781. Para uma aula de ciências, Marie está medindo a distância que uma lagarta pode rastejar. Ela mediu a distância por 5 minutos e descobriu que a lagarta percorreu uma média de $5\frac{1}{8}$ polegadas. Se a lagarta rastejou um total de $18\frac{3}{8}$ polegadas nos primeiros quatro minutos, quantas polegadas ela rastejou no último minuto?

782. Eleanor estudou uma média de 9 horas por dia nos 7 dias anteriores ao seu Exame da Ordem. Se ela estudou apenas 4 horas no último dia, mas uma média de 11 horas por dia nos três dias anteriores a esse, qual foi a sua média diária de estudo nos primeiros três dias da semana?

Encontrando a Média Ponderada

783–791 *Encontre a média ponderada.*

783. Quatro das cinco salas de aula dos veteranos do ensino médio da escola Metro possuem 16 alunos e uma possui 21. Qual é a média do tamanho da turma entre as cinco salas de aula?

784. Em um evento político, cinco oradores fizeram discursos de 8 minutos e três fizeram discursos de 10 minutos. Qual é a média de tempo dos discursos do evento?

785. Jake ganhou R$280 por semana na primeira das quatro semanas das férias de verão. Então, ele ganhou um aumento e ganhou R$340 por semana durante as seis semanas seguintes. Qual foi a média semanal da sua renda ao longo do verão?

786. Se você economizar R$1.000 por mês durante seis meses, R$500 por mês pelos próximos quatro meses e R$700 por mês pelos próximos dois meses, qual será a média mensal de economia por ano, para o valor inteiro mais próximo?

787. Angela correu 4 voltas em torno de uma pista em 31 minutos e 50 segundos, depois correu outras 6 voltas em 48 minutos e 40 segundos. Qual foi a sua média de tempo por volta em relação às 10 voltas?

788. O professor de matemática de Kevin passou 12 testes neste semestre e cada um valeu um máximo de 10 pontos. Kevin fez 10 pontos em dois testes, 9 pontos em 5 testes, 8 pontos em 3 testes, 7 pontos em 1 teste e 6 pontos em 1 teste. Qual foi sua média de notas nos testes?

789. O primeiro andar de um prédio de 20 andares mede 20 pés de altura. Os próximos 4 andares medem 12 pés cada e os últimos 15 andares medem 8 pés cada um. Qual é a média de altura dos andares?

790. Elise ama quebra-cabeças. Ela completou dois jogos de 300 peças em três dias e três de 1.000 peças em uma semana, e ainda completou quatro jogos de 500 peças em seis dias. Em média, quantas peças ela montou por dia?

791. Em uma longa viagem de carro, Gerald dirigiu por 45 minutos a 75 milhas por hora, depois dirigiu por uma hora e meia a 65 milhas por hora e então por 75 minutos a 55 milhas por hora e finalmente por 1 hora a 70 milhas por hora. Qual foi a sua média de velocidade para a viagem inteira?

Medianas e Modas

792–796 *Calcule a mediana ou a moda (ou ambos) dos conjuntos de dados para responder as perguntas.*

792. Qual é a mediana do conjunto de dados a seguir: 8, 14, 14, 15, 19, 21 e 23?

793. Qual é a mediana do conjunto de dados a seguir: 17, 24, 37, 45, 48 e 70?

794. Qual é a moda do conjunto de dados a seguir: 8, 13, 13, 15, 16, 16, 16, 29 e 33?

795. Qual é a diferença entre a mediana e a moda do conjunto de dados a seguir: 2, 3, 3, 4, 5, 5, 5, 6, 7, 9, 10, 12, 15 e 15?

796. Qual número inteiro entre 11 e 15 não é a média, a mediana ou a moda do conjunto de dados a seguir: 1, 1, 11, 11, 11, 12, 13, 14, 14, 14 e 63?

Eventos Independentes

797–803 *Calcule o número de eventos independentes possíveis.*

797. De quantas maneiras diferentes você pode jogar um par de dados de seis lados?

798. De quantas maneiras diferentes você pode jogar um dado de 8 lados, um de 12 lados e um de 20 lados?

799. Jeff trouxe consigo dois ternos, quatro camisas e sete gravatas em uma viagem de negócios. De quantas formas diferentes ele poderá combinar um terno, uma camisa e uma gravata?

800. Um café da manhã gratuito inclui a escolha entre quatro tipos de ovos, três tipos de carne, dois tipos de batata e quatro tipos de bebidas. Quantas combinações de café da manhã são possíveis?

801. Uma pesquisa inclui 10 perguntas de sim ou não. De quantas maneiras diferentes a pesquisa pode ser respondida?

802. Um monograma é um conjunto de três iniciais. Quantos monogramas são possíveis usando 26 letras do alfabeto de A a Z?

803. A senha de um computador é de exatamente quatro símbolos e cada um deles pode ser tanto um dígito (de 0 a 9) quanto uma letra (de A a Z). Quantas senhas diferentes são possíveis?

Eventos Dependentes

804–816 *Calcule o número de eventos dependentes.*

804. Uma sacola contém 4 cartas com as letras A, B, C e D. De quantas maneiras diferentes você pode retirar as cartas da sacola?

805. Cinco amigos chegaram em um restaurante, um de cada vez. Em quantas ordens diferentes esses cinco amigos podem chegar?

806. Se você estiver fazendo uma pizza com seis coberturas — linguiça, pepperoni, cebola, cogumelos, pimentões verdes e alho — de quantas maneiras diferentes você poderia ordenar esses seis ingredientes na pizza um de cada vez?

807. Uma lista de leituras de verão inclui oito livros, os quais você pode escolher para ler em qualquer ordem. Em quantas ordens diferentes você pode escolher ler esses oito livros?

808. Vinte crianças estão jogando um jogo que exige um lançador, um batedor e um corredor. Quantas dessas permutações serão possíveis entre as 20 crianças?

809. Um monograma é um conjunto de três iniciais. Quantos monogramas *nos quais nenhuma letra é repetida* são possíveis usando 26 letras do alfabeto de A a Z?

810. Um truque de mágica exige que você escolha 3 cartas de um baralho de 52 cartas e as mantenha na ordem que você as escolheu. De quantas maneiras diferentes você pode fazer isso?

811. Um clube que possui 16 membros elege um presidente, um vice-presidente, um tesoureiro e um secretário. Nenhum membro pode ter mais de uma posição. De quantas maneiras diferentes essas quatro posições podem ser preenchidas?

812. Quantos números de 5 dígitos diferentes contêm dígitos não repetidos? (Note que um número não pode ter 0 como primeiro dígito).

813. De quantas maneiras você pode organizar as letras da palavra CAPSIZE de forma que a primeira letra seja uma vogal (A, E ou I)?

814. De quantas maneiras você pode organizar as letras da palavra CAPSIZE, de forma que as duas primeiras letras sejam vogais (A, E ou I) e a terceira e a quarta letras sejam as consoantes (C, P, S ou Z)?

815. Três mulheres e três homens chegaram um de cada vez para uma entrevista de trabalho. Se todas as três mulheres chegaram antes dos três homens, em quantas ordens diferentes as seis pessoas podem ter chegado?

816. Três mulheres e três homens chegaram um de cada vez para uma entrevista de trabalho. Se cada homem chegou logo após uma mulher, em quantas ordens diferentes as seis pessoas podem ter chegado?

Probabilidade

817–835 *Calcule a probabilidade usando a fórmula* $\text{Probabilidade} = \dfrac{\text{Resultados alvo}}{\text{Total de resultados}}$ *para responder as perguntas.*

817. Uma sacola contém 10 ingressos impressos com a numeração de 1 a 10. Se você tirar um ingresso da sacola aleatoriamente, qual é a probabilidade deste ingresso ser o número 1?

818. Uma sacola contém 10 ingressos impressos com a numeração de 1 a 10. Se você tirar um ingresso da sacola aleatoriamente, qual é a probabilidade deste ingresso ter um número par?

819. Uma sacola contém 10 ingressos impressos com a numeração de 1 a 10. Se você tirar um ingresso da sacola aleatoriamente, qual é a probabilidade do número deste ingresso ser maior do que 6?

820. Uma sacola contém 10 ingressos impressos com a numeração de 1 a 10. Se você tirar dois ingressos da sacola aleatoriamente, qual é a probabilidade dos números destes dois ingressos serem números ímpares?

821. Qual é a probabilidade de sair o número dois em um dado de seis lados?

822. Qual é a probabilidade de sair um número maior do que 2 em um dado de seis lados?

823. Qual é a probabilidade de sair um número *diferente* de dois em um dado de seis lados?

824. Se você lançar dois dados de seis lados, qual é a probabilidade do resultado ser dois números que somam 12?

825. Se você lançar dois dados de seis lados, qual é a probabilidade do resultado ser dois números que somam 10?

826. Se você lançar dois dados de seis lados, qual é a probabilidade do resultado ser dois números que somam 7 ou 11?

827. Se você lançar três dados de seis lados, qual é a probabilidade deles somarem 16?

828. Se você escolher uma carta em um baralho de 52 cartas, qual será a probabilidade do resultado ser um dos quatro ases do baralho?

829. Se você escolher uma carta em um baralho de 52 cartas, qual será a probabilidade do resultado ser uma das 13 cartas de copas?

830. Em um baralho de cartas, uma "carta da corte" é um dos quatro reis, das quatro rainhas e ou dos quatro valetes. Se você escolher uma carta de um baralho de 52, qual é a probabilidade desta ser uma carta da corte?

831. Se você escolher 2 cartas em um baralho de 52, qual será a probabilidade de ambas serem ases?

832. Se você escolher 4 cartas em um baralho de 52, qual será a probabilidade de todas elas serem ases?

833. Três mulheres e três homens chegaram, um de cada vez, para uma entrevista de emprego. Supondo que eles chegaram em uma ordem aleatória qual é a probabilidade da primeira pessoa a chegar ter sido uma mulher?

834. Três mulheres e três homens chegaram, um de cada vez, para uma entrevista de emprego. Supondo que eles chegaram em uma ordem aleatória, qual é a probabilidade das três primeiras pessoas a chegar terem sido todas mulheres?

835. Três mulheres e três homens chegaram, um de cada vez, para uma entrevista de emprego. Supondo que eles chegaram em uma ordem aleatória, qual é a probabilidade de cada homem chegar imediatamente após uma mulher diferente?

Capítulo 19

Teoria dos Conjuntos

A teoria dos conjuntos é, sem muita surpresa, o estudo dos conjuntos — ou seja, uma coleção de coisas. Cada membro de um conjunto é chamado de *elemento* do conjunto. Por exemplo, o conjunto $\{1, 4, 5\}$ possui três elementos. Neste capítulo, você resolverá os problemas que aprimoram seu conhecimento básico sobre a teoria dos conjuntos.

Os Problemas que Encontrará pela Frente

Os problemas deste capítulo focam nas seguintes habilidades:

- Realizando as operações de união, interseção e dos complementos relativos em conjuntos
- Estudando os conjuntos numéricos tais como os números ímpares e pares, positivos e negativos e assim por diante
- Encontrando o complemento do conjunto usando o conjunto dos inteiros como o conjunto universal
- Resolvendo problemas utilizando os diagramas de Venn

Com o que Tomar Cuidado

Eis uma lista das operações básicas e de outros conceitos que precisará para resolver os problemas deste capítulo:

- A *união* ($\cup$) de dois conjuntos inclui cada elemento que se encontra em *qualquer* conjunto.
- A *interseção* ($\cap$) inclui cada elemento que se encontra em *ambos* os conjuntos.

- O *complemento relativo* (–) inclui cada elemento do primeiro conjunto que não é um elemento do segundo.
- O conjunto vazio (∅) não contém elementos.
- O *complemento* de um conjunto é cada elemento do conjunto universal que não é um elemento do conjunto.
- Quando resolver um problema usando os diagramas de Venn, para encontrar o número *total* de elementos em um conjunto, some os dois números no círculo representando aquele conjunto.
- Quando resolver os problemas usando um diagrama de Venn, os números escritos neste diagrama são (da esquerda para a direita) o número de elementos
  - No primeiro conjunto, porém não no segundo
  - De ambos conjuntos
  - No segundo, mas não no primeiro
  - Em nenhum conjunto

Realizando Operações em Conjuntos

836–847 *Conjunto P = {1, 3, 5, 7, 9}, conjunto Q = {6, 7, 8}, conjunto R = {1, 2, 4, 5} e conjunto S = {3, 6, 9}.*

836. Qual é o conjunto $P \cup Q$?

837. Qual é conjunto $P \cap Q$?

838. Qual é o conjunto $P - Q$?

839. Qual é o conjunto $Q - P$?

840. Qual é o conjunto $Q \cup S$?

841. Qual é o conjunto $R \cap S$?

842. Qual é o conjunto $(P \cup Q) \cap R$?

843. Qual é o conjunto $P \cup (Q \cap R)$?

844. Qual é o conjunto $P - (Q \cup S)$?

845. Qual é conjunto $(P - Q) \cup S$?

846. Qual é conjunto $(Q - S) \cap R$?

847. Qual é conjunto $(Q \cup R) \cap (P - S)$?

Relacionamentos de Conjuntos

848–851

848. Qual é a interseção entre o conjunto de números inteiros e o conjunto de números inteiros pares?

849. Qual é o complemento relativo entre o conjunto de números inteiros positivos e o conjunto de números inteiros pares?

850. Qual é a união entre o conjunto de números ímpares negativos inteiros e o conjunto de números pares positivos inteiros?

851. Qual é a interseção entre o conjunto de números inteiros ímpares negativos e o conjunto de números inteiros pares positivos?

Complementos

852–855 *Use o conjunto dos números inteiros {..., –2, –1, 0, 1, 2, ...} como o conjunto universal.*

852. Qual é o complemento de um conjunto de números inteiros maior que 7?

853. Qual é o complemento de um conjunto de números ímpares inteiros?

854. Qual é o complemento de $\varnothing$?

855. Qual é o complemento do conjunto de números inteiros não negativos?

Diagramas de Venn

856–860

856. O diagrama de Venn abaixo mostra o número de alunos do ensino médio da Escola Jefferson Clube que são veteranos, membros do clube de estudantes avançados, ambos e nenhum.

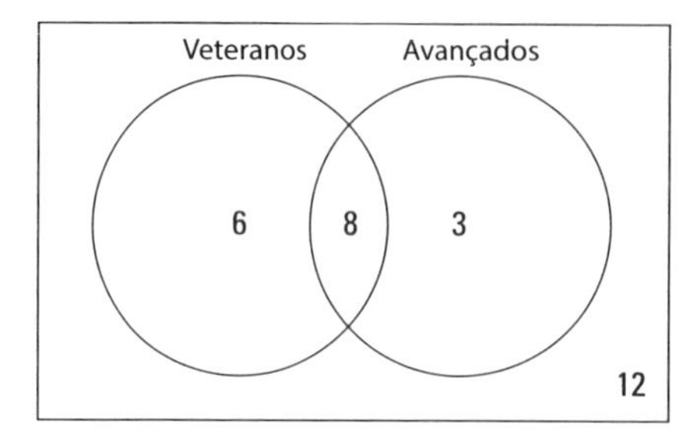

Quantos alunos são membros do clube?

857. O diagrama de Venn abaixo mostra informações sobre o número de pessoas de uma reunião da família Kinney que realmente possuem o sobrenome Kinney, que vivem fora do estado, ambos ou nenhum.

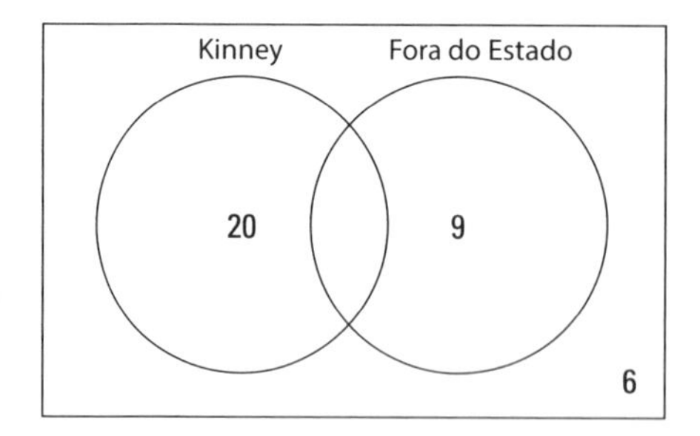

Se 42 pessoas participaram da reunião, quantas possuem o sobrenome Kinney?

858. O diagrama de Venn abaixo mostra informações sobre o número de pessoas de um grupo de teatro que foram escaladas para o elenco das últimas duas peças. O elenco da peça *Doze Homens e Uma Sentença* incluiu 13 pessoas e o elenco da peça *Longa Viagem Noite Adentro* incluiu 5 pessoas.

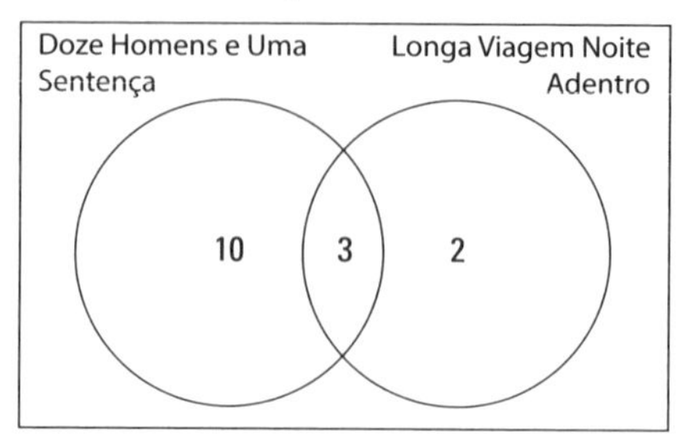

Quantas pessoas foram escaladas para a peça *Longa Viagem Noite Adentro,* porém não foram escaladas para a peça *Doze Homens e Uma Sentença*?

859. Um conselho que compreende 18 pessoas inclui 7 oficiais e 10 pessoas que trabalharam em mais de um contrato. Se exatamente 2 oficiais trabalharam em mais de um contrato, quantas pessoas no conselho são não oficiais que trabalham em seu primeiro contrato?

860. Uma professora perguntou a uma turma de 24 alunos quantos tinham, pelo menos, um gato, e 15 alunos levantaram a mão. Então, ela perguntou quantos tinham, pelo menos, um cachorro, e 10 levantaram a mão. Se três crianças na turma não possuem nem um cachorro e nem um gato, quantos alunos possuem pelo menos um gato mas nenhum cachorro?

Capítulo 20

Expressões Algébricas

A álgebra permite que você resolva problemas que são muito difíceis quando se utiliza apenas a aritmética. Na álgebra, você começa a estudar as *variáveis* (como o x). Cada variável em um problema de álgebra incide sobre um número desconhecido. Neste capítulo, o foco está nas expressões algébricas, que são os blocos de construção das equações algébricas que você estuda no Capítulo 21.

Os Problemas que Encontrará pela Frente

As perguntas aqui abordam três categorias gerais:

- **Avaliação ou cálculo**: Quando você conhece o valor de cada variável em uma expressão algébrica, você pode *avaliar* a expressão incluindo este valor. Por exemplo, se $x = 4$, então, $3x + 6 = 3(4) + 6 = 18$.
- **Simplificação**: Mesmo que você não saiba o valor de cada variável em uma expressão algébrica, você pode frequentemente *simplificá-la*. Por exemplo, $10y - 7y + 2x = 3y + 2x$.
- **Fatoração**: Em alguns casos, você pode *fatorar* uma expressão algébrica dividindo cada termo por um fator comum. Por exemplo, quando você fatorar o número 3 da expressão $3x - 6$, o resultado é $3(x - 2)$.

Com o que Tomar Cuidado

Aqui está uma terminologia adicional que pode ser útil:

- Uma *equação* é uma expressão matemática com um sinal de igualdade, como 2 + 2 = 4. Uma *equação algébrica* inclui pelo menos uma variável — por exemplo, $3x - 6 = 10y - 7y + 2x$.
- Cada equação inclui duas *expressões*, posicionadas em lados opostos do sinal de igualdade. Por exemplo, 2 + 2, 4, $3x + 6$ e $10y$ são quatro exemplos de expressões. Uma *expressão algébrica* inclui pelo menos uma variável — por exemplo, $3x - 6$ e $10y - 7y + 2x$.
- As expressões podem ser separadas em *termos*. Por exemplo, a expressão $3x - 6$ possui dois termos: $3x$ e -6. A expressão $10y - 7y + 2x$ possui três termos: $10y$, $-7y$ e $2x$. Como você pode perceber, cada termo traz o sinal (+ ou –) que o precede.
- Os termos são compostos por *coeficientes* (o número e o sinal) e por *variáveis* (a letra ou as letras). Por exemplo, o termo $3x$ compreende o coeficiente 3 e a variável x. Similarmente, o termo $-7y$ compreende o coeficiente –7 e a variável y. Como você pode perceber, cada coeficiente inclui o sinal (+ ou –) que o precede.

Calculando

861–870

861. Avalie $3x - 5y$, sendo que $x = 9$ e $y = 4$.

862. Avalie $x^2 - 8y + 10$, sendo que $x = 5$ e $y = -2$.

863. Avalie $-2x^2y + 11$, sendo que $x = -6$ e $y = -1$.

864. Avalie $4x^3 + 5xy - y$, sendo que $x = -2$ e $y = 3$.

865. Avalie $3x^2 + 5xy - 0{,}25$, sendo que $x = 0{,}5$ e $y = -0{,}5$.

866. Avalie $5\left(x^2y^2 + x\right)^2$, sendo que $x = 0{,}1$ e $y = 3$.

867. Avalie $0{,}7\left(0{,}1xy + 0{,}2x - 0{,}3y^2\right)$, sendo que $x = 7$ e $y = 9$.

868. Avalie $\frac{x}{y} + \frac{3y}{4x}$, sendo que $x = 5$ e $y = -8$.

869. Avalie $\frac{(10xy + y)^3}{2y}$, sendo que $x = -1$ e $y = 2$.

870. Calcule $\left(\frac{x}{y}\right)^4\left(\frac{2y}{5x}\right)^2$, sendo que $x = -2$ e $y = 3$.

Simplificando

871–893

871. Simplifique combinando os termos semelhantes. $2x+3y+5x-y$

872. Simplifique combinando os termos semelhantes. $2x^3+3x^2+5x-9+6x^3-10x^2-2x-9$

873. Simplifique combinando os termos semelhantes. $8x+0{,}1+5y+3xy+5-0{,}1x-0{,}3+xy$

874. Simplifique combinando os termos semelhantes. $x+\frac{1}{3}x^2-\frac{1}{4}x^3-\frac{2}{5}x+\frac{5}{8}x^3$

875. Simplifique multiplicando. $(4x^3)(5x^4)$

876. Simplifique multiplicando. $(2x^2y^2)(6xy^4)$

877. Simplifique multiplicando. $(7x^2yz)(x^3y)(3yz^4)$

878. Simplifique aplicando a regra da simplificação dos expoentes. $(9x^3)^2$

879. Simplifique aplicando a regra da simplificação dos expoentes. $(6x^2y^4z^5)^3$

880. Simplifique aplicando a regra da simplificação dos expoentes e, então, multiplique. $(4xy)^2(6x^2)(2y^4x)^3$

881. Simplifique dividindo. $\frac{8x^4y^3}{4xy^2}$

882. Simplifique dividindo. $\frac{(4x^5)^2}{(2x^2)^3}$

883. Simplifique dividindo. $\frac{x(4xy^2)^3}{y^5(8x^2)^2}$

884. Simplifique. $x+(3y-x-5)+8$

885. Simplifique.
$3y-(6x+4y-5)+(x-2)$

886. Simplifique.
$3x(6x+4y-8)-(9xy-11)$

887. Simplifique.
$-6xy(7+z)-yz(3x-4)$

888. Simplifique.
$x^2(6x+4)+3x(x+2)-9(x^2-7)$

889. Simplifique multiplicando.
$(x+3)(x-4)$

890. Simplifique multiplicando.
$(2x+1)(5x+3)$

891. Simplifique multiplicando.
$(x^2-2)(x+7)$

892. Simplifique multiplicando.
$4x(x-6)(x-10)$

893. Simplifique multiplicando.
$(x+1)(x-2)(x+4)$

Fatorando

894–909

894. Fatore. x^2-3x

895. Fatore. x^5+x^2

896. Fatore. $6x^8-x^7-4x^6$

897. Fatore. $-12x^9+6x^6+4x^3$

898. Fatore. $24x^{10}+15x^9+9x^4$

899. Fatore. $x^2y^3+x^7y^7+x^4y$

900. Fatore. $8x^{11}y^{14}+20x^9y^8-40x^6y^{10}$

901. Fatore.
$36xyz^5-24xy^8z^4+90x^6y^4z^3$

902. Fatore. $x^2 - 64$

903. Fatore. $9x^2 - 4$

904. Fatore. $49x^2 - 100y^2$

905. Fatore. $x^4 - 16y^{10}$

906. Fatore. $x^2 + 9x + 14$

907. Fatore. $x^2 - 11x + 18$

908. Fatore. $x^2 + x - 20$

909. Fatore. $x^2 - 10x - 24$

Simplificando Por Meio da Fatoração

910–920

910. Simplifique fatorando. $\frac{x}{x^2 + x}$

911. Simplifique fatorando. $\frac{x^2 - x}{x - 1}$

912. Simplifique fatorando. $\frac{x^2 + x^4}{3 + 3x^2}$

913. Simplifique fatorando. $\frac{8x^5 + 4x^2}{10x^7 + 5x^4}$

914. Simplifique fatorando.
$\frac{2x^3 + 6x^2 + 8x}{5x^2 + 15x + 20}$

915. Simplifique fatorando. $\frac{x^2 - 4}{x + 2}$

916. Simplifique fatorando. $\frac{x^2 - y^2}{2x + 2y}$

917. Simplifique fatorando. $\frac{4x^2 - 25}{8x + 20}$

918. Simplifique fatorando. $\frac{x - 2}{16x^3 - 64x}$

919. Simplifique fatorando. $\frac{x^2 - 36}{x^2 - 7x + 6}$

920. Simplifique fatorando.
$\frac{x^2 + 12x + 20}{x^2 - x - 6}$

Capítulo 21

Resolvendo as Equações Algébricas

A álgebra surgiu para explicar os problemas que não poderiam ser facilmente resolvidos apenas pela aritmética. Muitos destes tipos de problemas podem ser apresentados como equações que contêm, pelo menos, uma variável. Resolver uma equação é encontrar o valor da variável nessa equação. Este processo geralmente depende da sua habilidade de lidar com expressões algébricas (veja o Capítulo 20).

Os Problemas que Encontrará pela Frente

Estes são alguns assuntos que verá ao resolver os problemas deste capítulo:

- Resolvendo equações simples apenas olhando para elas
- Resolvendo equações isolando a variável
- Removendo os parênteses de ambos os lados da equação antes de resolvê-la
- Resolvendo equações que contêm números decimais e frações
- Resolvendo equações quadráticas simples por meio da fatoração

Com o que Tomar Cuidado

Veja algumas diretrizes para você se lembrar enquanto resolve as equações algébricas:

- Sempre mantenha as equações equilibradas — qualquer operação que realizar de um lado, deverá realizar do outro.

- Isole todos os termos que contenham a variável em um lado da equação e todos os termos constantes do outro lado, então combine termos de ambos os lados e divida pelo coeficiente do termo com a variável.
- Remova os parênteses de ambos os lados da equação antes de tentar isolar a variável.
- Resolva as equações com decimais assim como você faria com as outras equações.
- Quando resolver as equações que contêm frações, remova primeiro as frações, seja usando a multiplicação em cruz ou multiplicando cada termo pelo denominador comum.
- Resolva as equações quadráticas fatorando e então as divida em duas equações separadas. Por exemplo, converta $x^2 + 2x - 3 = 0$ em $(x - 1)(x + 2) = 0$, então separe em duas equações $x - 1 = 0$ e $x + 2 = 0$. Então a resposta é $x = 1$ e $x = -2$.

Equações Simples

921–924

921. Resolva as cinco equações a seguir apenas olhando para elas.

i. $6 + x = 14$

ii. $21 - x = 9$

iii. $7x = 63$

iv. $x \div 1 = 14$

v. $99 \div x = 9$

922. Resolva as cinco equações a seguir usando as operações inversas.

i. $68 + x = 117$

ii. $x - 83 = 29$

iii. $13x = 585$

iv. $41x = 3.116$

v. $x \div 13 = 19$

923. Resolva a equação $9x + 14 = 122$ pela suposição e verificação.

924. Resolva a equação $30x + 115 = 985$ pela suposição e verificação.

Isolando as Variáveis

925–933

925. $6x - 3 = 27$

926. $9n + 14 = 11n$

927. $v + 18 = -5v$

928. $9k = 3k + 2$

929. $2y + 7 = 3y - 2$

930. $m + 24 = 3m - 8$

931. $7a + 7 = 13a + 27$

932. $3h - 2h + 15 = 5h - 7h$

933. $6x + 4 + 2x = 3 + 9x - 10$

Resolvendo Equações com Números Decimais

934–936

934. $2,3w + 7 = 3,7w$

935. $-1,9p + 7 = 2,1p - 7$

936. $0,8j - 2,4j + 1 = 9,4j + 0,7$

Resolvendo Equações com Parênteses

937–945

937. $3 + (x - 1) = 2x - (5x + 7)$

938. $7u - (10 - 3u) = 5(3u + 4)$

939. $-(2k - 6) = 5(1 + 8k) + 5$

940. $6x(3 + 3x) + 39 = 9x(11 + 2x) - 3x$

941. $1{,}3(5v) = v + 11$

942. $0{,}2(15y + 2) = 0{,}5(8y - 3)$

943. $1{,}75(44m + 36) = 73m$

944. $1{,}8(3n - 5) = 3(4{,}3n + 5)$

945. $4{,}4(3s + 7) = 4s + 4(s - 0{,}2) - 13{,}5s - 5{,}8$

Resolvendo Equações com Frações

946–963

946. $\frac{1}{6}n = 7$

947. $\frac{2}{11}w = 8$

948. $\frac{3}{4}y = \frac{5}{9}$

949. $\frac{q}{7} = \frac{q-1}{9}$

950. $\frac{c+2}{5} = \frac{1-3c}{6}$

951. $\frac{t-10}{3t} = \frac{t}{3t+6}$

952. $\frac{z+1}{z-2} = \frac{z-1}{z+3}$

953. $\frac{3b-4}{6b} = \frac{2b-5}{4b+1}$

954. $p + \frac{p}{9} = 20$

955. $\frac{d}{2} + \frac{d}{3} = 5$

956. $\frac{3s}{2} + \frac{3s}{4} = s + 2$

957. $\frac{2r}{5} + \frac{r+1}{6} = r - 1$

958. $\frac{j}{2} + \frac{3}{4} = \frac{3j}{4}$

959. $\frac{1}{2}+\frac{5k}{8}=\frac{k}{4}$

960. $\frac{8a}{3}+\frac{1}{4}=\frac{a}{6}$

961. $\frac{h}{30}+\frac{3h}{20}=\frac{11}{10}$

962. $\frac{2}{3}k+5=\frac{1}{9}(2k+1)$

963. $\frac{1}{2}(3-y)+\frac{1}{4}=\frac{1}{8}(2y+6)$

Fatorando

964–970

964. Qual valor ou valores além de $x = 0$ resolve(m) a equação $5x^4 = 35x^3$?

965. Qual valor ou valores além de $x = 0$ resolve(m) a equação $45x^6 = 9x^4$?

966. Qual valor ou valores de x resolve(m) a equação $x^2 - 25 = 0$?

967. Qual são os dois valores de x que resolvem a equação $x^2 + 2x - 63 = 0$?

968. Qual são os dois valores de x que resolvem a equação $8x^2 + 7x = 7x^2 + 8$?

969. Qual são os dois valores de x que resolvem a equação $7(x^2 - x + 3) = 3(2x^2 + 2x - 7)$?

970. Qual são os dois valores de x que resolvem a equação $\frac{2x+1}{15}=\frac{x^2-1}{8x}$?

Capítulo 22

Resolvendo os Problemas Algébricos do Dia a Dia

A álgebra surgiu para resolver os problemas que ocorrem no dia a dia, então, saber como solucionar as equações é apenas metade do caminho. Neste capítulo, você resolve os problemas de álgebra do dia a dia que testam sua habilidade não só de resolver equações mas também de montá-las.

Os Problemas que Encontrará pela Frente

Resolver os problemas de álgebra do dia a dia significa construir uma equação que faz sentido em relação à confusão de informações que os problemas possuem. Os problemas a seguir ajudam a desenvolver as habilidades que você necessita, como:

- Declarando uma variável para representar um valor numérico
- Criando expressões algébricas para expressar valores
- Construindo equações algébricas para resolver os problemas do dia a dia
- Desenvolvendo habilidades para resolver os problemas do dia a dia para resolver problemas mais difíceis

Com o que Tomar Cuidado

O segredo para resolver um problema algébrico do dia a dia é a clareza: leia o problema cuidadosamente para que entenda perfeitamente o que ele deseja. Então, escolha a variável que lhe permita representar todos os valores necessários dos problemas como expressões. Veja algumas dicas para auxiliá-lo na leitura dos problemas do dia a dia e para montar as equações algébricas de forma correta e que faça sentido:

- Quando declarar a variável, é útil usar uma letra que faça sentido. Por exemplo, use b para representar a idade de Bob, n para as economias de Nancy e assim por diante.
- Crie cuidadosamente as expressões algébricas, passo a passo. Por exemplo, para representar "três menos que duas vezes x", primeiro multiplique x por 2, depois subtraia 3, resultando na expressão $2x - 3$.
- Em uma equação, use o sinal da igualdade para representar *igual*. Por exemplo, represente a sentença "três menos duas vezes x é igual ao número 21" como $2x - 3 = 21$.
- Nos problemas mais difíceis, certifique-se de escrever o que a variável significa no início do problema. Então, registre uma expressão para representar qualquer outro valor do problema. Por exemplo, se um problema informar que "Carlos possui cinco biscoitos a mais que Ryan, mas Matt possui três vezes a quantidade de biscoitos de Carlos", você pode usar c para representar Carlos. Assim, certifique-se de registrar que Ryan = $c - 5$ e Matt = $3c$.

Problemas do Dia a Dia

971–1001

971. *d* é igual à quantia de dólares que você possui na sua poupança. Se a quantia dobrar e então aumentar em R$1.000, como você pode representar a nova quantia em termos de *d*?

972. *c* é igual ao número de cadeiras de um auditório em um sábado de manhã. Para os eventos matinais, a equipe remove 20 cadeiras. Então, para os sábados à tarde, o novo número de cadeiras é triplicado. Quantas cadeiras estão neste momento no auditório, em termos de *c*?

973. *p* é igual à quantidade de moedas que Penny economizou em seu cofrinho. Se ela retirar 300 moedas do cofrinho hoje e então colocar 66 moedas amanhã, como você pode representar o novo número de moedas em termos de *p*?

974. *t* é a temperatura em graus Celsius na base da Torre Eiffel às 8 horas da manhã. A temperatura é verificada uma vez a cada hora ao longo das horas seguintes. Ela primeiro aumentou 5 graus, depois aumentou outros 2 graus, então, caiu 3 e finalmente caiu 6 graus. Qual é a temperatura, em termos de t, ao final de todas estas mudanças?

975. *p* é igual ao peso de um filhote ao nascer. Ao longo dos meses seguintes, o peso do filhote primeiro triplicou, depois aumentou em seis libras e, então, dobrou resultando no peso adulto. Qual é o peso final do filhote em termos de *p*?

976. *k* é igual a um número cartões de beisebol que Kyle possui em sua coleção. Se Randy tem metade dos cartões de Kyle e Jacob tem 57 a mais que Randy, como você representa o número de cartões que as três crianças possuem em termos de *k*?

977. *a* é igual ao número de alunos do ensino médio da Escola Forest Whitaker. No próximo ano, 28% dos alunos se formarão e a turma de novos alunos incluirá 425 alunos. Represente o número dos alunos que estarão na escola no próximo ano, em termos de *a*.

978. m é igual ao número de milhas que Millie caminhou no primeiro dos cinco dias da viagem do acampamento. Se ela aumentar a sua distância em uma milha todos os dias da viagem, represente o número total de milhas que ela caminhou em termos de m.

979. n é igual a um número ímpar. Qual é a soma de n mais os próximos três números consecutivos ímpares em termos de n?

980. Quando você multiplica um número por 6 e depois subtrai 1, o resultado é 23. Qual é esse número?

981. Quando você multiplica um número por 3, o resultado é o mesmo de quando você soma 8 a este número. Qual é esse número?

982. Quando você multiplica um número por 5, o resultado é o mesmo de quando você multiplica o número por 3 e, então, soma 16. Qual é esse número?

983. Quando você multiplica um número por 2 e, então, soma 7, o resultado é o mesmo de quando você multiplica o número por 3 e, então, soma 9. Qual é esse número?

984. Quando você soma 6 a um número e, então, multiplica o resultado por 2, o total é o mesmo de quando você multiplica o número por 5 e, então, subtrai 9. Qual é esse número?

985. Quando você soma 3 a um número e, então, multiplica 2, o resultado é o mesmo de quando você subtrai 7 do número e, então multiplica por 4. Qual é esse número?

986. Quando você soma 1 a um número e, então, divide por 3, o resultado é o mesmo de quando você subtrai 7 do número e, então, divide por 2. Qual é esse número?

987. Quando você duplica um número, subtrai 1 e divide a diferença por 5, o resultado é o mesmo de quando você divide o número por 3. Qual é esse número?

988. Quando você subtrai 6,5 de um número e, então, multiplica por 4, o resultado é o mesmo de quando você subtrai 4,25 do número. Qual é esse número?

989. Quando você soma 13 a um número e, então, divide por 4, o resultado é o mesmo de quando você soma 11,5 ao número. Qual é esse número?

990. Quando você soma 1,5 a um número e, então, divide por 3, o resultado é o mesmo de quando você multiplica o número por 2 e, então, subtrai 5,5. Qual é esse número?

991. Quando você eleva um número ao quadrado, subtrai 12, e então, divide por 4, o resultado é o mesmo de quando você divide o número por 2, subtrai 1 e, então, eleva o resultado ao quadrado. Qual é esse número?

992. Quando você multiplica um número por $\frac{3}{4}$ e, então, subtrai 2, o resultado é o mesmo de quando você primeiro soma 9 e ainda multiplica o número por $\frac{2}{5}$. Qual é esse número?

993. Lucy possui R$5,00 a mais que seu irmão Peter e eles juntos possuem R$27,00. Quanto em dinheiro Peter possui?

994. O celular de Joannie custa duas vezes mais que seu MP3 player e metade do valor do seu laptop. Se ela pagou R$1.190,00 por todos os equipamentos, quanto ela pagou pelo seu MP3 player?

995. Cody é 8 anos mais velho que Jane e Brent é duas vezes mais velho que Jane. Se Cody é 3 anos mais velho que Brent, quantos anos Jane tem?

996. Uma professora passa metade do horário da sua aula explicando os problemas do dever de casa e um quinto da aula revisando para a prova. Então, ela usa os últimos 42 minutos para um trabalho em sala de aula. Quanto tempo tem essa aula?

997. Se a soma de cinco números inteiros consecutivos for 165, qual é o maior dos cinco números?

998. Um vaso contém duas vezes mais bolinhas vermelhas que azuis, seis vezes mais bolinhas azuis do que amarelas e um terço do número de bolinhas amarelas em relação às bolinhas alaranjadas. Se o vaso possui exatamente 172 bolinhas, quantas bolinhas amarelas e vermelhas existem no vaso?

999. Um trem em direção ao norte está viajando com duas vezes a velocidade de um trem em direção ao sul e 10 milhas por hora mais rápido que um trem em direção a leste. Se o trem em direção ao sul estiver viajando a uma velocidade 40 milhas por hora mais devagar do que o que viaja em direção leste, qual é a velocidade do trem em direção ao sul?

1.000. Se Ken tinha três vezes mais dinheiro em sua poupança e se Walter possuía a metade, então, juntos eles teriam duas vezes mais do que possuem atualmente. Supondo que Ken tem R$100 a mais que Walter, quanto dinheiro Ken possui atualmente?

1.001. Jessica é duas vezes mais velha que sua prima Damar. No entanto, três anos atrás, ela era três anos mais velha que Damar. Quantos anos Jessica tem hoje?

Parte II

As Respostas

1.001 Respostas

Nesta parte...

Você obtém as respostas de todos os seus problemas! Bem, quase todas. Na verdade, você obtém as respostas para todos os 1.001 problemas deste livro, com explicações completas para mostrar como resolvê-los corretamente. Se você achar que alguns desses problemas são demais para a sua cabeça, ou se você usar os conhecimentos matemáticos ou técnicas que desconhece, existem boas notícias. Escrevi outro livro que fornece mais instruções passo a passo para você ter sucesso em matemática:

- Matemática Básica & Pré-Álgebra Para Leigos

E, quando terminar de estudar a matemática básica e a pré-álgebra, estará pronto para a álgebra. Posso sugerir alguns livros adicionais?

- *Álgebra I Para Leigos*
- *1001 Problemas de Álgebra I Para Leigos*
- *Álgebra II Para Leigos*
- *Cálculo Para Leigos*

Visite: `www.altabooks.com.br` para mais informações.

Capítulo 23

As Respostas

1. **140**

O dígito da unidade é 6, então arredonde para cima adicionando 1 ao dígito da dezena (3 + 1 = 4) e alterando de 6 para 0: 136 → 140.

2. **220**

O dígito da unidade é 4, então arredonde para baixo e altere de 4 para 0: 224 → 220.

3. **2.500**

O dígito da dezena é 9, então arredonde para cima somando 1 ao dígito da centena (4 + 1 = 5) e altere o 9 e o 2 para 0: 2.492 → 2.500.

4. **909.100**

O dígito da dezena é 9, então arredonde para cima somando 1 ao dígito da centena (0 + 1 = 1) e altere o 9 para 0: 909.090 → 909.100.

5. **9.000**

O dígito da centena é 0, então arredonde para baixo alterando cada dígito à direita do dígito do milhar para 0: 9.099 → 9.000.

6. **235.000.000**

O dígito da centena de milhar é 5, então arredonde para cima somando 1 ao dígito do milhão (4 + 1 = 5) e altere cada dígito à direita do dígito do milhão para 0: 234.567.890 → 235.000.000.

7. **68**

Empilhe os números e some as colunas da direita para a esquerda.

$$\begin{array}{r} 47 \\ +\ 21 \\ \hline 68 \end{array}$$

8. **266**

Empilhe os números e some as colunas da direita para a esquerda.

$$\begin{array}{r} 136 \\ 53 \\ +\ 77 \\ \hline 266 \end{array}$$

9. **2.310**

Empilhe os números e some as colunas da direita para a esquerda.

$$\begin{array}{r} 735 \\ 246 \\ +\ 1329 \\ \hline 2310 \end{array}$$

10. **9.343**

Empilhe os números e some as colunas da direita para a esquerda.

$$\begin{array}{r} 904 \\ 1024 \\ 6532 \\ +\ 883 \\ \hline 9343 \end{array}$$

11. **406.055**

Empilhe os números e some as colunas da direita para a esquerda.

$$\begin{array}{r} 56702 \\ 821 \\ 5332 \\ 89 \\ +\ 343111 \\ \hline 406055 \end{array}$$

12. **2.353.250**

Empilhe os números e some as colunas da direita para a esquerda.

$$\begin{array}{r} 1609432 \\ 657936 \\ 82844 \\ 2579 \\ +\quad 459 \\ \hline 2353250 \end{array}$$

13. **35**

Empilhe os números e subtraia as colunas da direita para a esquerda.

$$\begin{array}{r} 89 \\ -54 \\ \hline 35 \end{array}$$

14. **321**

Empilhe os números e subtraia as colunas da direita para a esquerda.

$$\begin{array}{r} 373 \\ -\ 52 \\ \hline 321 \end{array}$$

15. **172**

Empilhe os números e subtraia as colunas da direita para a esquerda.

$$\begin{array}{r} 539 \\ -367 \\ \hline 172 \end{array}$$

Quando você tentar subtrair a coluna das dezenas, 3 é menor que 6, então, você deve pegar 1 emprestado da coluna das centenas e alterar de 5 para 4. Depois, posicione este 1 em frente ao 3, alterando-o para 13. Agora, subtraia 13 – 6 = 7:

$$\begin{array}{rrrr} & {}^{4}\not{5} & {}^{1}3 & 9 \\ - & 3 & 6 & 7 \\ \hline & 1 & 7 & 2 \end{array}$$

16. **2.177**

Empilhe os números e subtraia as colunas da direita para a esquerda:

$$\begin{array}{r} 2468 \\ -\ 291 \\ \hline 2177 \end{array}$$

17. **8.333**

Empilhe os números e subtraia as colunas da direita para a esquerda:

$$\begin{array}{r} 34825 \\ -26492 \\ \hline 8333 \end{array}$$

18. **14.768**

Empilhe os números e subtraia as colunas da direita para a esquerda:

$$\begin{array}{r} 71002 \\ -56234 \\ \hline 14768 \end{array}$$

19. **1.832**

Empilhe o primeiro número sobre o segundo:

$$\begin{array}{r} 458 \\ \times\ \ 4 \\ \hline \end{array}$$

Agora, multiplique 4 por todos os números em 458, começando pela direita. Porque $4 \times 8 = 32$, um número de dois dígitos, você escreve o 2 e transfere o 3 para a coluna das dezenas. Na próxima coluna, você multiplica $4 \times 5 = 20$ e soma o 3 que você transferiu, dando um total de 23. Escreva o número 3 e transfira o 2. Multiplique $4 \times 4 = 16$ e some o 2 que você transferiu, obtendo um total de 18:

$$\begin{array}{r} 458 \\ \times\ \ 4 \\ \hline 1832 \end{array}$$

20. 2.590

Empilhe o primeiro número sobre o segundo.

$$\begin{array}{r} 74 \\ \times 35 \\ \hline \end{array}$$

Agora, multiplique 5 por todos os números em 74, começando pela direita. Porque $5 \times 4 = 20$, um número de dois dígitos, você escreve o 0 e transfere o 2 para a coluna das dezenas. Na próxima coluna, multiplique $5 \times 7 = 35$ e some o 2 que você transferiu, dando um total de 37:

$$\begin{array}{r} 74 \\ \times 35 \\ \hline 370 \end{array}$$

Agora, multiplique 3 por todos os números em 74, começando pela direita. Porque $3 \times 4 = 12$, um número de dois dígitos, você escreve o 2 e transfere o 1 para a coluna das dezenas. Na próxima coluna, multiplique $3 \times 7 = 21$ e some o 1 que você transferiu, dando um total de 22.

$$\begin{array}{r} 74 \\ \times 35 \\ \hline 370 \\ 222 \end{array}$$

Para finalizar, some os resultados:

$$\begin{array}{r} 74 \\ \times \ \ 35 \\ \hline 370 \\ +222 \\ \hline 2590 \end{array}$$

21. 11.094

Empilhe o primeiro número sobre o segundo e multiplique como mostra a resposta da Pergunta 20:

$$\begin{array}{r} 129 \\ \times 86 \\ \hline 774 \\ +1032 \\ \hline 11094 \end{array}$$

22. **25.594**

Empilhe o primeiro número sobre o segundo e multiplique como mostra a resposta da Pergunta 20:

$$\begin{array}{r} 382 \\ \times\ 67 \\ \hline 2674 \\ +2292 \\ \hline 25594 \end{array}$$

23. **335.784**

Empilhe o primeiro número sobre o segundo e multiplique como mostra a resposta da Pergunta 20:

$$\begin{array}{r} 9876 \\ \times\ \ 34 \\ \hline 39504 \\ +29628 \\ \hline 335784 \end{array}$$

24. **38.062.898**

Empilhe o primeiro número sobre o segundo e multiplique como mostra a resposta da Pergunta 20:

$$\begin{array}{r} 23834 \\ \times\ 1597 \\ \hline 166838 \\ 214506 \\ 119170 \\ +23834 \\ \hline 38062898 \end{array}$$

25. **287**

Comece escrevendo este problema:

$$3\overline{)861}$$

Para iniciar, pergunte quantas vezes 3 cabem em 8 — ou seja, quanto é $8 \div 3$? A resposta é 2 (com um pequeno resto), então, escreva o número 2 imediatamente acima do 8. Agora, multiplique $2 \times 3 = 6$, coloque a resposta imediatamente abaixo de 8 e faça uma linha abaixo dela:

$$\begin{array}{r} 2 \\ 3\overline{)861} \\ \underline{-6} \end{array}$$

Subtraia 8 – 6 = 2. (**Nota**: Após a subtração, o resultado deve ser menor que o divisor, que é 3.) Então, use o próximo dígito (6) para compor um novo número, 26:

$$\begin{array}{r} 2 \\ 3\overline{)861} \\ \underline{-6} \\ 26 \end{array}$$

Esses passos realizam um ciclo completo. Para completar o problema, você precisa apenas repetir o ciclo. Agora, pergunte quantas vezes 3 cabem em 26 — ou seja, quanto é 26 ÷ 3? A resposta é 8 (com um pequeno resto). Então, escreva o número 8 imediatamente acima do 6 e multiplique 8 × 3 = 24. Escreva a resposta abaixo do número 26:

$$\begin{array}{r} 28 \\ 3\overline{)861} \\ \underline{-6} \\ 26 \\ \underline{-24} \end{array}$$

Subtraia 26 – 24 = 2. Então, use o próximo dígito (1) para compor um novo número, 21:

$$\begin{array}{r} 28 \\ 3\overline{)861} \\ \underline{-6} \\ 26 \\ \underline{-24} \\ 21 \end{array}$$

Outro ciclo se completa, então, comece o próximo ciclo perguntando quantas vezes 3 cabem em 21 — ou seja, quanto é 21 ÷ 3? A resposta é 7. Então, escreva o número 7 acima do 1 e multiplique 7 × 3 = 21. Escreva a resposta sob o número 21:

$$\begin{array}{r} 287 \\ 3\overline{)861} \\ \underline{-6} \\ 26 \\ \underline{-24} \\ 21 \\ 21 \end{array}$$

Agora, subtraia 21 – 21 = 0. Porque você não possui mais números para utilizar, você terminou e a resposta (ou seja, o *quociente*) é o número no topo do problema:

$$\begin{array}{r} 287 \\ 3\overline{)861} \\ \underline{-6} \\ 26 \\ \underline{-24} \\ 21 \\ \underline{-21} \\ 0 \end{array}$$

26. **268**

Use o método esboçado na Pergunta 25:

$$\begin{array}{r} 268 \\ 7\overline{)1876} \\ \underline{-14} \\ 47 \\ \underline{-42} \\ 56 \\ \underline{-56} \\ 0 \end{array}$$

27. **412 *r* 4**

Use o método esboçado na Pergunta 25:

$$\begin{array}{r} 412 \\ 15\overline{)6184} \\ \underline{-60} \\ 18 \\ \underline{-15} \\ 34 \\ \underline{-30} \\ 4 \end{array}$$

O quociente é 412 e o resto é 4.

28. **1.147 *r* 12**

Use o método esboçado na Pergunta 25:

$$\begin{array}{r} 1147 \\ 22\overline{)25246} \\ \underline{-22} \\ 32 \\ \underline{-22} \\ 104 \\ \underline{-88} \\ 166 \\ \underline{-154} \\ 12 \end{array}$$

O quociente é 1.147 e o resto é 12.

29. **1.132 *r* 4**

Use o método esboçado na Pergunta 25:

$$\begin{array}{r} 1132 \\ 53\overline{)60000} \\ \underline{-53} \\ 70 \\ \underline{-53} \\ 170 \\ \underline{-159} \\ 110 \\ \underline{-106} \\ 4 \end{array}$$

O quociente é 1.132 e o resto é 4.

30. **1.024 *r* 1**

Use o método esboçado na Pergunta 25:

$$\begin{array}{r} 1024 \\ 256\overline{)262145} \\ \underline{-256} \\ 614 \\ \underline{-512} \\ 1025 \\ \underline{-1024} \\ 1 \end{array}$$

O quociente é 1.024 e o resto é 1.

31. i. –3, ii. –5, iii. –1, iv. –14 e v. –11

Em cada caso, quando você subtrai um número menor por um número maior, o resultado é um número negativo. Uma maneira fácil de encontrar este resultado é reverter a subtração e, então, transformar o resultado em um número negativo. Por exemplo, $6 - 3 = 3$, então $3 - 6 = -3$.

i. $3 - 6 = -3$

ii. $7 - 12 = -5$

iii. $14 - 15 = -1$

iv. $2 - 16 = -14$

v. $20 - 31 = -11$

32. i. –11, ii. –10, iii. –15, iv. –17, v. –14

Em cada caso, quando você subtrai um número positivo de um número negativo, você soma dois números e o resultado é negativo.

i. $-7 - 4 = -11$

ii. $-1 - 9 = -10$

iii. $-9 - 6 = -15$

iv. $-11 - 6 = -17$

v. $-1 - 13 = -14$

33. i. 3, ii. –3, iii. –13, iv. 13, v. –14

Em cada caso, quando você soma um número positivo a um número negativo, você subtrai o menor pelo maior e o resultado possui o mesmo sinal do número que se encontra mais longe de 0.

i. $-5 + 8 = 3$

ii. $-8 + 5 = -3$

iii. $-14 + 1 = -13$

iv. $-1 + 14 = 13$

v. $-20 + 6 = -14$

34. **i. –10, ii. 3, iii. –12, iv. 10, v. –20**

Em cada caso, quando você soma um número negativo (a um número positivo ou negativo), o resultado é o mesmo de quando você subtrai um número positivo.

i. $-2+(-8)=-2-8=-10$

ii. $6+(-3)=6-3=3$

iii. $-9+(-3)=-9-3=-12$

iv. $15+(-5)=15-5=10$

v. $-19+(-1)=-19-1=-20$

35. **i. 6, ii. –8, iii. –7, iv. 19, v. 13**

Em cada caso, quando você subtrai um número negativo (de um número positivo ou negativo), o resultado é o mesmo de quando você soma um número positivo.

i. $4-(-2)=4+2=6$

ii. $-9-(-1)=-9+1=-8$

iii. $-10-(-3)=-10+3=-7$

iv. $8-(-11)=8+11=19$

v. $-3-(-16)=-3+16=13$

36. **–64**

Quando você soma um número negativo (a um número positivo ou negativo), o resultado é o mesmo de quando você subtrai um número positivo. Neste caso, ambos os valores são negativos, então, você soma os números e o resultado é negativo:

$$-29+(-35)=-29-35=-64$$

37. **135**

Quando você subtrai um número negativo (a um número positivo ou negativo), o resultado é o mesmo de quando você soma um número positivo.

$$46-(-89)=46+89=135$$

38. **–56**

Quando você soma um número negativo (a um número positivo ou negativo), o resultado é o mesmo de quando você subtrai um número positivo:

$$81+(-137)=81-137$$

Agora, você está subtraindo um número menor por um maior, então o resultado é negativo.

$$81 - 137 = -56$$

39. **–1.154**

Quando você subtrai um número positivo de um número negativo, você soma os dois números e o resultado é negativo.

$$-212-942=-1.154$$

40. **–1.519**

Quando você subtrai um número menor menos um número maior, o resultado é negativo.

$$1.024-2.543=-1.519$$

41. **–10.365**

Quando você subtrai um número negativo (de um número positivo ou negativo), o resultado é o mesmo de quando você soma um número positivo.

$$-10.654-(-289)=-10.654+289$$

Agora, porque o número negativo é mais distante de 0 que o número positivo, o resultado é negativo.

$$-10.654 + 289 = -10.365$$

42. **Veja abaixo.**

Em cada caso, um número negativo em um problema de multiplicação resulta em um número negativo; dois números negativos resultam em um número positivo.

i. $-6\times 9=-54$

ii. $-8\times(-7)=56$

iii. $-9\times(-7)=63$

iv. $7 \times (-8) = -56$

v. $-9 \times (-6) = 54$

43. **–135**

Quando você multiplica um número negativo por um número positivo, o resultado é negativo.

$$-15 \times 9 = -135$$

44. **352**

Quando você multiplica dois números negativos, o resultado é positivo.

$$-32 \times (-11) = 352$$

45. **–1.638**

Quando você multiplica um número positivo por um número negativo, o resultado é negativo.

$$91 \times (-18) = -1.638$$

46. **210**

Quando você multiplica um número par de números negativos por qualquer número de números positivos, o resultado é positivo. Neste caso, existem dois números negativos, então o produto é positivo.

$$-7 \times (-6) \times 5 = 210$$

47. **–400**

Quando você multiplica um número ímpar de números negativos por qualquer número de números positivos, o resultado é negativo. Neste caso, existem três números negativos, então o produto é negativo.

$$2 \times (-4) \times (-10) \times (-5) = -400$$

48. **–120**

Quando você multiplica um número ímpar de números negativos por qualquer número de números positivos, o resultado é negativo. Neste caso, existem cinco números negativos, então o produto é negativo.

$$-1 \times (-2) \times 3 \times (-4) \times (-5) \times (-1) = -120$$

49. **Veja abaixo.**

Em cada caso, um número negativo em um problema de divisão resulta em um número negativo; dois números negativos resultam em um número positivo.

i. $35 \div (-5) = -7$

ii. $-28 \div (-4) = 7$

iii. $32 \div (-4) = -8$

iv. $-48 \div -6 = 8$

v. $-36 \div 6 = -6$

50. **–22**

Quando você divide um número positivo por um número negativo, o resultado é negativo.

$$176 \div (-8) = -22$$

51. **–31**

Quando você divide um número negativo por um número positivo, o resultado é negativo.

$$-403 \div 13 = -31$$

52. **25**

Quando você divide um número negativo por outro número negativo, o resultado é positivo.

$$-275 \div (-11) = 25$$

53. **62**

Quando você divide um número negativo por outro número negativo, o resultado é positivo.

$$-1.054 \div (-17) = 62$$

54. **Veja abaixo.**

Em cada caso, o valor absoluto de qualquer número é seu valor positivo; o valor absoluto de 0 é 0.

i. $|4-4| = |0| = 0$

ii. $|6-2| = |4| = 4$

iii. $|7-9| = |-2| = 2$

iv. $|9-1| = |8| = 8$

v. $|1-8| = |-7| = 7$

55. **61**

O valor absoluto de qualquer número é seu valor positivo.

$$|38-99| = |-61| = 61$$

56. **118**

O valor absoluto de qualquer número é seu valor positivo.

$$|206-88| = |118| = 118$$

57. **86**

O valor absoluto de qualquer número é seu valor positivo.

$$|543-629| = |-86| = 86$$

58. **i. 36, ii. 144, iii. 64, iv. 81, v. 1**

i. $6^2 = 6 \times 6 = 36$

ii. $12^2 = 12 \times 12 = 144$

iii. $2^6 = 2 \times 2 \times 2 \times 2 \times 2 \times 2 = 64$

iv. $3^4 = 3 \times 3 \times 3 \times 3 = 81$

v. $71^0 = 1$ (Qualquer número [exceto 0] elevado à potência de 0 é igual a 1).

59. **676**

Expresse o expoente como multiplicação e então calcule.

$$26^2 = 26 \times 26 = 676$$

60. **1.728**

Expresse o expoente como multiplicação e então calcule o produto.

$$12^3 = 12 \times 12 \times 12 = 1.728$$

61. **1.000.000**

Expresse o expoente como multiplicação.

$$10^6 = 10 \times 10 \times 10 \times 10 \times 10 \times 10$$

Agora, calcule a multiplicação.

$$10 \times 10 \times 10 \times 10 \times 10 \times 10 = 1.000.000$$

62. **3.200.000**

Expresse o expoente como multiplicação.

$$20^5 = 20 \times 20 \times 20 \times 20 \times 20$$

Agora, calcule a multiplicação.

$$20 \times 20 \times 20 \times 20 \times 20 = 3.200.000$$

63. **100.000.000**

Expresse o expoente como multiplicação.

$$100^4 = 100 \times 100 \times 100 \times 100$$

Agora, calcule a multiplicação.

$$100 \times 100 \times 100 \times 100 = 100.000.000$$

64. **1.030.301**

Expresse o expoente como multiplicação.

$$101^3 = 101 \times 101 \times 101$$

Agora, calcule a multiplicação

$$101 \times 101 \times 101 = 1.030.301$$

65. **Veja abaixo.**

i. $(-5)^2 = (-5) \times (-5) = 25$

ii. $(-4)^3 = (-4) \times (-4) \times (-4) = -64$

iii. $(-10)^5 = (-10) \times (-10) \times (-10) \times (-10) \times (-10) = -100.000$

iv. $(-1)^{12} = 1$ (–1 elevado a uma potência que seja um número par é sempre igual a 1.)

v. $(-1)^{27} = -1$ (–1 elevado a uma potência que seja um número ímpar é sempre igual –1)

66. **14.641**

Expresse o expoente como multiplicação.

$$(-11)^4 = (-11) \times (-11) \times (-11) \times (-11)$$

Agora, calcule a multiplicação.

$$(-11) \times (-11) \times (-11) \times (-11) = 14.641$$

67. **–3.375**

Expresse o expoente como multiplicação.

$$(-15)^3 = (-15) \times (-15) \times (-15)$$

Agora, calcule a multiplicação.

$$(-15) \times (-15) \times (-15) = -3.375$$

68. **–102.400.000**

Expresse o expoente como multiplicação.

$$(-40)^5 = (-40) \times (-40) \times (-40) \times (-40) \times (-40)$$

Agora, calcule a multiplicação.

$$(-40) \times (-40) \times (-40) \times (-40) \times (-40) = -102.400.000$$

69. **Veja abaixo.**

i. $\left(\frac{1}{6}\right)^2 = \frac{1}{6} \times \frac{1}{6} = \frac{1}{36}$

ii. $\left(\frac{1}{3}\right)^3 = \frac{1}{3} \times \frac{1}{3} \times \frac{1}{3} = \frac{1}{27}$

iii. $\left(\frac{7}{11}\right)^2 = \frac{7}{11} \times \frac{7}{11} = \frac{49}{121}$

iv. $\left(\frac{2}{5}\right)^4 = \frac{2}{5} \times \frac{2}{5} \times \frac{2}{5} \times \frac{2}{5} = \frac{16}{625}$

v. $\left(\frac{1}{10}\right)^5 = \frac{1}{10} \times \frac{1}{10} \times \frac{1}{10} \times \frac{1}{10} \times \frac{1}{10} = \frac{1}{100.000}$

70. $\mathbf{\frac{81}{484}}$

Primeiro, expresse o expoente como multiplicação de fração.

$$\left(\frac{9}{22}\right)^2 = \frac{9}{22} \times \frac{9}{22}$$

Agora, resolva a multiplicação, multiplicando os numeradores (números de cima) para encontrar o numerador da resposta e faça o mesmo com os denominadores (números de baixo) para encontrar o denominador da resposta.

$$\frac{9}{22} \times \frac{9}{22} = \frac{9 \times 9}{22 \times 22} = \frac{81}{484}$$

71. $\mathbf{\frac{343}{27.000}}$

Primeiro, expresse o expoente como multiplicação de fração.

$$\left(\frac{7}{30}\right)^3 = \frac{7}{30} \times \frac{7}{30} \times \frac{7}{30}$$

Agora, resolva a multiplicação, multiplicando os numeradores (números de cima) para encontrar o numerador da resposta e faça o mesmo com os denominadores (números de baixo) para encontrar o denominador da resposta.

$$\frac{7}{30} \times \frac{7}{30} \times \frac{7}{30} = \frac{7 \times 7 \times 7}{30 \times 30 \times 30} = \frac{343}{27.000}$$

72. $\mathbf{\frac{128}{2.187}}$

Primeiro, expresse o expoente como multiplicação de fração.

$$\left(\frac{2}{3}\right)^7 = \frac{2}{3} \times \frac{2}{3} \times \frac{2}{3} \times \frac{2}{3} \times \frac{2}{3} \times \frac{2}{3} \times \frac{2}{3}$$

Agora, resolva a multiplicação multiplicando os numeradores (números de cima) para encontrar o numerador da resposta e faça o mesmo com os denominadores (números de baixo) para encontrar o denominador da resposta.

$$= \frac{2\times2\times2\times2\times2\times2\times2}{3\times3\times3\times3\times3\times3\times3} = \frac{128}{2.187}$$

73. **i. 3, ii. 6, iii. 8, iv. 12, v. 17**

i. $\sqrt{9} = 3$ porque $3\times3 = 9$.

ii. $\sqrt{36} = 6$ porque $6\times6 = 36$.

iii. $\sqrt{64} = 8$ porque $8\times8 = 64$.

iv. $\sqrt{144} = 12$ porque $12\times12 = 144$.

v. $\sqrt{289} = 17$ porque $17\times17 = 289$.

74. **i. 8, ii. 15, iii. 60, iv. 99, v. 300**

i. $2\sqrt{16} = 2\times4 = 8$

ii. $3\sqrt{25} = 3\times5 = 15$

iii. $6\sqrt{100} = 6\times10 = 60$

iv. $9\sqrt{121} = 9\times11 = 99$

v. $20\sqrt{225} = 20\times15 = 300$

75. $\mathbf{2\sqrt{2}}$

Fatore o maior número quadrado possível da raiz quadrada:

$$\sqrt{8} = \sqrt{4}\sqrt{2}$$

Agora, calcule $\sqrt{4}$:

$$= 2\sqrt{2}$$

76. $\mathbf{4\sqrt{2}}$

Fatore o maior número quadrado possível da raiz quadrada:

$$\sqrt{32} = \sqrt{16}\sqrt{2}$$

Agora, calcule $\sqrt{16}$:

$$= 4\sqrt{2}$$

77. $3\sqrt{6}$

Fatore o maior número quadrado possível da raiz quadrada:

$$\sqrt{54} = \sqrt{9}\sqrt{6}$$

Agora, calcule $\sqrt{9}$:

$$= 3\sqrt{6}$$

78. $4\sqrt{5}$

Fatore o maior número quadrado possível da raiz quadrada:

$$\sqrt{80} = \sqrt{16}\sqrt{5}$$

Agora, calcule $\sqrt{16}$:

$$= 4\sqrt{5}$$

79. $10\sqrt{3}$

Fatore o maior número quadrado possível da raiz quadrada:

$$\sqrt{300} = \sqrt{100}\sqrt{3}$$

Agora, calcule $\sqrt{100}$:

$$= 10\sqrt{3}$$

80. i. 2, ii. 7, iii. 9, iv. 13, v. 20

i. $4^{\frac{1}{2}} = \sqrt{4} = 2$

ii. $49^{\frac{1}{2}} = \sqrt{49} = 7$

iii. $81^{\frac{1}{2}} = \sqrt{81} = 9$

iv. $169^{\frac{1}{2}} = \sqrt{169} = 13$

v. $400^{\frac{1}{2}} = \sqrt{400} = 20$

81. $3\sqrt{3}$

Converta o expoente fracionário em uma raiz quadrada:

$$27^{\frac{1}{2}} = \sqrt{27}$$

Agora, fatore o maior número quadrado possível da raiz quadrada e simplifique:

$$= \sqrt{9}\sqrt{3} = 3\sqrt{3}$$

82. $2\sqrt{13}$

Converta o expoente fracionário em uma raiz quadrada:

$$52^{\frac{1}{2}} = \sqrt{52}$$

Agora, fatore o maior número quadrado possível da raiz quadrada e simplifique:

$$= \sqrt{4}\sqrt{13} = 2\sqrt{13}$$

83. $6\sqrt{2}$

Converta o expoente fracionário em uma raiz quadrada:

$$72^{\frac{1}{2}} = \sqrt{72}$$

Agora, fatore o maior número quadrado possível da raiz quadrada e simplifique:

$$= \sqrt{36}\sqrt{2} = 6\sqrt{2}$$

84. $3\sqrt{11}$

Converta o expoente fracionário em uma raiz quadrada:

$$99^{\frac{1}{2}} = \sqrt{99}$$

Agora, fatore o maior número quadrado possível da raiz quadrada e simplifique:

$$= \sqrt{9}\sqrt{11} = 3\sqrt{11}$$

85. Veja abaixo.

Para elevar qualquer número à potência de –1, coloque tal número no denominador (número de baixo) de uma fração com um numerador (número de cima) de 1.

i. $3^{-1} = \frac{1}{3}$

ii. $4^{-1} = \frac{1}{4}$

iii. $10^{-1} = \frac{1}{10}$

iv. $16^{-1} = \frac{1}{16}$

v. $100^{-1} = \frac{1}{100}$

86. $\mathbf{\frac{1}{49}}$

Primeiro, troque o expoente negativo pelo positivo colocando o número no denominador da fração:

$$7^{-2} = \frac{1}{7^2}$$

Agora, calcule o expoente:

$$= \frac{1}{49}$$

87. $\mathbf{\frac{1}{64}}$

Primeiro, troque o expoente negativo pelo positivo colocando o número no denominador da fração:

$$2^{-6} = \frac{1}{2^6}$$

Agora, calcule o expoente:

$$= \frac{1}{64}$$

88. $\mathbf{\frac{1}{625}}$

Primeiro, troque o expoente negativo pelo positivo colocando o número no denominador da fração:

$$5^{-4} = \frac{1}{5^4}$$

Agora, calcule o expoente:

$$= \frac{1}{625}$$

89. $\mathbf{\frac{1}{169}}$

Primeiro, troque o expoente negativo pelo positivo colocando o número no denominador da fração:

$$13^{-2} = \frac{1}{13^2}$$

Agora, calcule o expoente:

$$= \frac{1}{169}$$

90. $\mathbf{\frac{1}{1.000.000}}$

Primeiro, troque o expoente negativo pelo positivo colocando o número no denominador da fração:

$$10^{-6} = \frac{1}{10^6}$$

Agora, calcule o expoente:

$$= \frac{1}{1.000.000}$$

91. **14**

Todas são operações de adição e subtração, então calcule da esquerda para a direita:

$$8 + 9 - 3$$

$$= 17 - 3$$

$$= 14$$

92. **–16**

Todas são operações de adição e subtração, então calcule da esquerda para a direita:

$$-5 - 10 + 3 - 4$$

$$= -15 + 3 - 4$$

$$= -12 - 4$$

$$= -16$$

93. **3**

Todas são operações de multiplicação e divisão, então calcule da esquerda para a direita:

$$4 \times 6 \div 8$$
$$= 24 \div 8$$
$$= 3$$

94. 8

Todas são operações de multiplicação e divisão, então calcule da esquerda para a direita:

$$28 \div 7 \times 4 \div 2$$
$$= 4 \times 4 \div 2$$
$$= 16 \div 2$$
$$= 8$$

95. 30

Todas são operações de multiplicação e divisão, então calcule da esquerda para a direita:

$$-35 \div 7 \times (-6)$$
$$= -5 \times (-6)$$
$$= 30$$

96. 16

Todas são operações de multiplicação e divisão, então calcule da esquerda para a direita:

$$72 \div (-9) \times (-4) \div 2$$
$$= -8 \times (-4) \div 2$$
$$= 32 \div 2$$
$$= 16$$

97. 9

As operações incluem a multiplicação/divisão e a adição/subtração. Comece calculando todas as multiplicações/divisões da esquerda para a direita:

$$56 \div 7 + 1 = 8 + 1$$

Depois, calcule todas as operações de adição/subtração:

$$= 9$$

98. –1

As operações incluem a multiplicação/divisão e a adição/subtração. Comece calculando todas as multiplicações/divisões da esquerda para a direita:

$$15 - 8 \times 2 = 15 - 16$$

Depois, calcule todas as operações de adição/subtração:

$$= -1$$

99. **16**

As operações incluem a multiplicação/divisão e a adição/subtração. Comece calculando todas as multiplicações/divisões da esquerda para a direita:

$$12 + 10 \div 2 - 1 = 12 + 5 - 1$$

Depois, calcule todas as operações de adição/subtração da esquerda para a direita:

$$= 17 - 1$$

$$= 16$$

100. **26**

As operações incluem a multiplicação/divisão e a adição/subtração. Comece calculando todas as multiplicações/divisões da esquerda para a direita:

$$18 + 36 \div 9 \times 2$$
$$= 18 + 4 \times 2$$
$$= 18 + 8$$

Depois, calcule todas as operações de adição/subtração:

$$= 26$$

101. **–41**

As operações incluem a multiplicação/divisão e a adição/subtração. Comece calculando todas as multiplicações/divisões da esquerda para a direita:

$$75 \div (-5) \times 3 + 4$$
$$= -15 \times 3 + 4$$
$$= -45 + 4$$

Depois, calcule todas as operações de adição/subtração:

$$= -41$$

102. **–54**

As operações incluem a multiplicação/divisão e a adição/subtração. Comece calculando todas as multiplicações/divisões da esquerda para a direita:

$$-6 \times 7 + (-36) \div 3$$
$$= -42 + (-36) \div 3$$
$$= -42 + (-12)$$

Depois, calcule todas as operações de adição/subtração:

$$-42 - 12 = -54$$

103. 400

As operações incluem os expoentes e a multiplicação/divisão. Comece calculando todos os expoentes da esquerda para a direita:

$$4 \times 10^2$$
$$= 4 \times 100$$

Depois, calcule todas as operações de multiplicação/divisão:

$$= 400$$

104. 140

As operações incluem os expoentes e a multiplicação/divisão. Comece calculando todos os expoentes:

$$56 \div 2^3 \times 20$$
$$= 56 \div 8 \times 20$$

Depois, calcule todas as operações de multiplicação/divisão da esquerda para a direita:

$$= 7 \times 20$$
$$= 140$$

105. 22

As operações incluem os expoentes e a adição/subtração. Comece calculando todos os expoentes:

$$1 + 5^2 - 4$$
$$= 1 + 25 - 4$$

Depois, calcule todas as operações de adição/subtração da esquerda para a direita:

$$= 26 - 4$$

$$= 22$$

106. 25

As operações incluem os expoentes e a adição/subtração. Comece calculando todos os expoentes da esquerda para a direita:

$$3^3 + 2^3 - 10$$
$$= 27 + 2^3 - 10$$
$$= 27 + 8 - 10$$

Depois, calcule todas as operações de adição/subtração da esquerda para a direita:

$$= 35 - 10$$

$$= 25$$

107. –23

As operações incluem os expoentes e a adição/subtração. Comece calculando todos os expoentes da esquerda para a direita:

$$-2^5 + 3^2$$
$$= -32 + 3^2$$
$$= -32 + 9$$

Depois, calcule todas as operações de adição/subtração:

$$= -23$$

108. 46

As operações incluem expoentes, multiplicação/divisão e adição/subtração. Comece calculando todos os expoentes da esquerda para a direita:

$$7^2 - 6^0 \times 3$$
$$= 49 - 6^0 \times 3$$
$$= 49 - 1 \times 3$$

Depois, calcule todas as operações de multiplicação/divisão:

$$= 49 - 3$$

Por fim, calcule todas as operações de adição/subtração:

$$= 46$$

109. 0

As operações incluem expoentes, multiplicação/divisão e adição/subtração. Comece calculando todos os expoentes da esquerda para a direita:

$$\begin{aligned}&10^5 \div 10^4 - 10\\&= 100.000 \div 10^4 - 10\\&= 100.000 \div 10.000 - 10\end{aligned}$$

Depois, calcule todas as operações de multiplicação/divisão:

$$= 10 - 10$$

Por fim, calcule todas as operações de adição/subtração:

$$= 0$$

110. 500

As operações incluem expoentes, multiplicação/divisão e adição/subtração. Comece calculando todos os expoentes da esquerda para a direita:

$$\begin{aligned}&-20 \times 25 + 2^3 \times 5^3\\&= -20 \times 25 + 8 \times 5^3\\&= -20 \times 25 + 8 \times 125\end{aligned}$$

Depois, calcule todas as operações de multiplicação/divisão da esquerda para a direita:

$$\begin{aligned}&= -500 + 8 \times 125\\&= -500 + 1000\end{aligned}$$

Por fim, calcule todas as operações de adição/subtração:

$$= 500$$

111. 120

As operações incluem expoentes, multiplicação/divisão e adição/subtração. Comece calculando todos os expoentes da esquerda para a direita:

$$\begin{aligned}&(-8)^2 \div 2^3 \times 40 + (-200)\\&= 64 \div 2^3 \times 40 + (-200)\\&= 64 \div 8 \times 40 + (-200)\end{aligned}$$

Depois, calcule todas as operações de multiplicação/divisão da esquerda para a direita:

$$= 8 \times 40 + (-200)$$
$$= 320 + (-200)$$

Por fim, calcule todas as operações de adição/subtração:

$$= 120$$

112. **5**

As operações incluem expoentes, multiplicação/divisão e adição/subtração. Comece calculando todos os expoentes da esquerda para a direita:

$$-1^3 \times (-2) + 9^2 \div 3^3$$
$$= -1 \times (-2) + 9^2 \div 3^3$$
$$= -1 \times (-2) + 81 \div 3^3$$
$$= -1 \times (-2) + 81 \div 27$$

Depois, calcule todas as operações de multiplicação/divisão da esquerda para a direita:

$$= 2 + 81 \div 27$$
$$= 2 + 3$$

Por fim, calcule todas as operações de adição/subtração:

$$= 5$$

113. **147**

Comece calculando a expressão que está dentro dos parênteses:

$$7^2 \times (6 - 3)$$
$$= 7^2 \times 3$$

As operações restantes incluem expoentes e multiplicação/divisão. Comece calculando todos os expoentes:

$$= 49 \times 3$$

Em seguida, calcule todas as operações de multiplicação/divisão:

$$= 147$$

114. –75

Comece calculando a expressão de dentro dos parênteses usando a ordem correta das operações:

$$5\times(3-9\times2)$$
$$=5\times(3-18)$$
$$=5\times(-15)$$

Depois, calcule a multiplicação:

$$=-75$$

115. –1

Comece calculando as expressões de dentro de cada parênteses, começando pela primeira, usando a ordem correta das operações em cada caso:

$$(-9\div3)\div\left((-6)^2\div12\right)$$
$$=-3\div\left(-6^2\div12\right)$$
$$=-3\div(36\div12)$$
$$=-3\div3$$

Depois, calcule a divisão restante:

$$=-1$$

116. 28

Comece calculando a expressão de dentro do primeiro conjunto de parênteses usando a ordem correta das operações:

$$(5\times3-1)\times\left(50\div5^2\right)$$
$$=(15-1)\times\left(50\div5^2\right)$$
$$=14\times\left(50\div5^2\right)$$

Depois, calcule a expressão dentro do segundo conjunto de parênteses usando a ordem correta das operações:

$$=14\times(50\div25)$$
$$=14\times2$$

Por fim, calcule a multiplicação restante:

$$=28$$

117. 2

Comece calculando as expressões dentro de cada conjunto de parênteses, começando pelo primeiro, usando a ordem correta das operações em cada caso:

$$\begin{aligned}&(11-3)^2 \div (6^2-4)\\&=8^2 \div (6^2-4)\\&=8^2 \div (36-4)\\&=8^2 \div 32\end{aligned}$$

Depois, calcule o expoente e então a divisão:

$$=64 \div 32 = 2$$

118. –123

Comece calculando a expressão dentro dos colchetes:

$$\begin{aligned}&[12 \div (-4)] \times (10 \times 2^2 + 1)\\&=-3 \times (10 \times 2^2 + 1)\end{aligned}$$

Depois, calcule a expressão dentro dos parênteses, usando a ordem correta das operações:

$$\begin{aligned}&=-3 \times (10 \times 4 + 1)\\&=-3 \times (40 + 1)\\&=-3 \times 41\end{aligned}$$

Finalmente, realize a multiplicação restante:

$$=-123$$

119. 20

Comece calculando a expressão dentro do primeiro conjunto de parênteses, usando a ordem correta das operações:

$$\begin{aligned}&(-1^3-5)^2-(6-4\div 2)^2\\&=(-1-5)^2-(6-4\div 2)^2\\&=(-6)^2-(6-4\div 2)^2\end{aligned}$$

Depois, calcule a expressão dentro do segundo conjunto de parênteses:

$$\begin{aligned}&=(-6)^2-(6-2)^2\\&=(-6)^2-(4)^2\end{aligned}$$

Então, calcule os expoentes:

$$= 36 - (4)^2$$
$$= 36 - 16$$

Finalmente, calcule a subtração:

$$= 20$$

120. **13**

Comece calculando a expressão dentro do conjunto de parênteses mais interno:

$$[(5-2)\times 4]+1$$
$$=[3\times 4]+1$$

Depois, calcule a expressão dentro do conjunto restante de colchetes e então, realize a adição:

$$=12+1=13$$

121. **86**

Comece calculando a expressão de dentro do conjunto de parênteses mais interno:

$$50-[(-6+2)\times 3^2]$$
$$=50-[-4\times 3^2]$$

Depois, calcule a expressão dentro do conjunto de colchetes, usando a ordem correta das operações:

$$=50-[-4\times 9]$$
$$=50-[-36]$$

Finalmente, calcule a subtração:

$$=50+36=86$$

122. **300**

Comece calculando a expressão dentro do conjunto de parênteses mais interno:

$$3\times[4\times(-3+8)^2]$$
$$=3\times[4\times(-5)^2]$$

Depois, calcule a expressão dentro do conjunto de colchetes:

$$= 3 \times [4 \times 25]$$
$$= 3 \times 100$$

Finalmente, calcule a multiplicação:

$$= 300$$

123. **–2**

Comece calculando a expressão dentro dos conjuntos mais interno de parênteses começando pelo primeiro:

$$-24 \div \left[(-2-10)\times\left(7-2^3\right)\right]$$
$$= -24 \div \left[-12\times\left(7-2^3\right)\right]$$

Depois, calcule a expressão dentro do conjunto interno restante de parênteses, usando a ordem correta das operações:

$$= -24 \div [-12\times(7-8)]$$
$$= -24 \div [-12\times(-1)]$$

Agora, calcule a expressão dentro dos colchetes:

$$= -24 \div 12$$

Finalmente, calcule a divisão:

$$= -2$$

124. **6**

Comece calculando a expressão dentro dos parênteses mais interno e continue calculando para fora:

$$4+\{[(5-1)\times 7]\div 14\}$$
$$= 4+\{[4\times 7]\div 14\}$$
$$= 4+\{28\div 14\}$$
$$= 4+2$$
$$= 6$$

125. **2**

Comece calculando a raiz quadrada e então calcule a divisão:

$$\sqrt{64}\div 4$$
$$= 8\div 4$$
$$= 2$$

126. 4

Comece calculando as duas raízes quadradas:

$$\sqrt{100} - \sqrt{36}$$
$$= 10 - \sqrt{36}$$
$$= 10 - 6$$

Então, calcule a subtração:

$$= 4$$

127. 0

Comece calculando a raiz quadrada:

$$-1 + \sqrt{81} \div 9$$
$$= -1 + 9 \div 9$$

Depois, calcule a divisão e finalmente a adição:

$$= -1 + 1 = 0$$

128. 7

Comece calculando a expressão dentro da raiz quadrada:

$$\sqrt{4 \times 9} \div 2 + 4$$
$$= \sqrt{36} \div 2 + 4$$

Depois, calcule a raiz quadrada:

$$= 6 \div 2 + 4$$

Então, calcule a divisão e finalmente a adição:

$$= 3 + 4 = 7$$

129. –13

Comece calculando a expressão dentro da raiz quadrada, realizando primeiro a divisão e depois a adição:

$$-8 - \sqrt{24 + 3 \div 3}$$
$$= -8 - \sqrt{24 + 1}$$
$$= -8 - \sqrt{25}$$

Depois, calcule a raiz quadrada e então a subtração:

$$= -8 - 5 = -13$$

130. **7**

Comece calculando a expressão dentro da raiz quadrada, iniciando dentro dos parênteses:

$$\sqrt{-20 \div (-7+2)} + 5$$
$$= \sqrt{-20 \div (-5)} + 5$$
$$= \sqrt{4} + 5$$

Depois, calcule a raiz quadrada e então a adição:

$$= 2 + 5 = 7$$

131. **1**

Comece calculando a expressão dentro da raiz quadrada, iniciando pelo expoente e então, realize a multiplicação:

$$\sqrt{79 - 5 \times 2^4 + 2}$$
$$= \sqrt{79 - 5 \times 16 + 2}$$
$$= \sqrt{79 - 80 + 2}$$

Depois, calcule a operação de adição/subtração da esquerda para a direita:

$$= \sqrt{-1+2}$$
$$= \sqrt{1}$$

Finalmente, calcule a raiz quadrada:

$$= 1$$

132. **19**

Comece calculando a expressão dentro da primeira raiz quadrada, iniciando com os expoentes e então realize a multiplicação:

$$\sqrt{5^2 \times 3^2} + \sqrt{5^2 - 3^2}$$
$$= \sqrt{25 \times 9} + \sqrt{5^2 - 3^2}$$
$$= \sqrt{225} + \sqrt{5^2 - 3^2}$$

Depois, calcule a expressão dentro da segunda raiz quadrada, comece pelos expoentes e então, realize a subtração:

$$= \sqrt{225} + \sqrt{25 - 9}$$
$$= \sqrt{225} + \sqrt{16}$$

Finalmente, calcule as duas raízes quadradas e depois a adição:

$$= 15 + 4 = 19$$

133. 100

Comece calculando a raiz quadrada, usando a ordem correta das operações:

$$\left[\sqrt{(13+5)\times 2} - 4^2\right]^2$$
$$= \left[\sqrt{18\times 2} - 4^2\right]^2$$
$$= \left[\sqrt{36} - 4^2\right]^2$$
$$= \left[6 - 4^2\right]^2$$

Depois, calcule a expressão dentro dos parênteses, começando pelo expoente e então realizando a subtração:

$$= [6 - 16]^2$$
$$= [-10]^2$$

Finalmente, calcule o expoente:

$$= 100$$

134. –27

Comece calculando a raiz quadrada mais interna, usando a ordem correta das operações:

$$\left(\sqrt{4 + \sqrt{4^2 \times 2^4} \times 2} - 3^2\right)^3$$
$$= \left(\sqrt{4 + \sqrt{16\times 16} \times 2} - 3^2\right)^3$$
$$= \left(\sqrt{4 + \sqrt{256} \times 2} - 3^2\right)^3$$
$$= \left(\sqrt{4 + 16\times 2} - 3^2\right)^3$$

Agora, calcule a raiz quadrada restante:

$$= \left(\sqrt{4 + 32} - 3^2\right)^3$$
$$= \left(\sqrt{36} - 3^2\right)^3$$
$$= \left(6 - 3^2\right)^3$$

Depois, calcule o valor nos parênteses:

$$=(6-9)^3$$
$$=(-3)^3$$

Finalmente, calcule o expoente:

$$=-27$$

135. **3**

Comece calculando as expressões no numerador (número de cima) e no denominador (número de baixo) da fração:

$$\frac{8-2}{16\div 8}=\frac{6}{2}$$

Depois, calcule a fração dividindo o numerador pelo denominador:

$$=6\div 2=3$$

136. **–4**

Comece calculando a expressão no numerador (número de cima) da fração:

$$\frac{4\times\sqrt{25}}{-7-(-2)}$$
$$=\frac{4\times 5}{-7-(-2)}$$
$$=\frac{20}{-7-(-2)}$$

Agora, calcule o denominador (número de baixo):

$$=\frac{20}{-7+2}$$
$$=\frac{20}{-5}$$

Depois, calcule a fração, dividindo o numerador pelo denominador:

$$=20\div -5=-4$$

137. 1

Comece calculando todos os expoentes no numerador (número de cima) da fração e então realize a adição e a subtração da esquerda para a direita:

$$\frac{2^5 - 2^4 + 2^3}{2^4 + 2^3}$$
$$= \frac{32 - 16 + 8}{2^4 + 2^3}$$
$$= \frac{24}{2^4 + 2^3}$$

Agora, calcule o denominador (número de baixo) da mesma maneira:

$$= \frac{24}{16 + 8}$$
$$= \frac{24}{24}$$

Depois, calcule a fração, dividindo o numerador pelo denominador:

$$= 24 \div 24 = 1$$

138. -2

Comece calculando as expressões no numerador (número de cima):

$$\frac{3^3 + 17}{-6 + (-8 \times 2)}$$
$$= \frac{27 + 17}{-6 + (-8 \times 2)}$$
$$= \frac{44}{-6 + (-8 \times 2)}$$

Agora, calcule o denominador (número de baixo) da fração:

$$= \frac{44}{-6 + (-8 \times 2)}$$
$$= \frac{44}{-6 + (-16)}$$
$$= \frac{44}{-22}$$

Depois, calcule a fração dividindo o numerador pelo denominador:

$$= 44 \div (-22) = -2$$

139. **2**

Comece calculando as expressões no numerador (número de cima):

$$\frac{\sqrt{2^5-(-4)}}{[12-(1-7)]\div 6}$$
$$=\frac{\sqrt{32-(-4)}}{[12-(1-7)]\div 6}$$
$$=\frac{\sqrt{36}}{[12-(1-7)]\div 6}$$
$$=\frac{6}{[12-(1-7)]\div 6}$$

Agora, calcule o denominador (número de baixo):

$$=\frac{6}{[12-(-6)]\div 6}$$
$$=\frac{6}{18\div 6}$$
$$=\frac{6}{3}$$

Calcule a fração, dividindo o numerador pelo denominador:

$$=6\div 3=2$$

140. **2**

Comece calculando as expressões dentro dos parênteses mais internos no numerador (número de cima):

$$\sqrt{\frac{[22\div(7+2^2)]+(7^2-15)}{\sqrt{4^3+2^4-(-1^3)}}}$$
$$=\sqrt{\frac{[22\div(7+4)]+(7^2-15)}{\sqrt{4^3+2^4-(-1^3)}}}$$
$$=\sqrt{\frac{[[22\div 11]+(7^2-15)}{\sqrt{4^3+2^4-(-1^3)}}}$$
$$=\sqrt{\frac{2+(7^2-15)}{\sqrt{4^3+2^4-(-1^3)}}}$$

Continue calculando o numerador:

$$= \sqrt{\frac{2+(49-15)}{\sqrt{4^3+2^4-(-1^3)}}}$$
$$= \sqrt{\frac{2+34}{\sqrt{4^3+2^4-(-1^3)}}}$$
$$= \sqrt{\frac{36}{\sqrt{4^3+2^4-(-1^3)}}}$$

Depois, calcule o denominador (número de baixo):

$$= \sqrt{\frac{36}{\sqrt{64+16-(-1)}}}$$
$$= \sqrt{\frac{36}{\sqrt{64+16+1}}}$$
$$= \sqrt{\frac{36}{\sqrt{81}}}$$
$$= \sqrt{\frac{36}{9}}$$

Finalmente, calcule a fração e a raiz quadrada restante:

$$= \sqrt{4} = 2$$

141. –6

Comece calculando as expressões dentro do valor absoluto:

$$|-8+2\times(-5)|\div(-3)$$
$$= |-8-10|\div(-3)$$
$$= |-18|\div(-3)$$

Agora, calcule o valor absoluto e realize a divisão:

$$= 18\div(-3) = -6$$

142. –20

Comece calculando a expressão dentro do valor absoluto, iniciando dentro dos parênteses:

$$|(7-11)\div 2|\times(3-13)$$
$$= |-4\div 2|\times(3-13)$$
$$= |-2|\times(3-13)$$
$$= 2\times(3-13)$$

Agora, calcule a expressão dentro dos parênteses restantes e então realize a multiplicação:

$$= 2 \times (-10) = -20$$

143. 56

Comece calculando a expressão dentro do primeiro valor absoluto:

$$\begin{aligned}
&|4-9| \times (17-5) - |8 \div (-2)| \\
&= |-5| \times (17-5) - |8 \div (-2)| \\
&= 5 \times (17-5) - |8 \div (-2)|
\end{aligned}$$

Depois, calcule a expressão dentro dos parênteses:

$$= 5 \times 12 - |8 \div (-2)|$$

Agora, calcule a expressão do valor absoluto restante:

$$\begin{aligned}
&= 5 \times 12 - |-4| \\
&= 5 \times 12 - 4
\end{aligned}$$

Para finalizar, realize a multiplicação e então a subtração.

$$= 60 - 4 = 56$$

144. –1

Comece calculando o numerador (número de cima) da fração. Inicie com o primeiro valor absoluto dentro da raiz quadrada:

$$\begin{aligned}
&\frac{\sqrt{|44-85| + |(5-70) \div 13| - (-3)}}{[7 \div (10-3)] + (-8)} \\
&= \frac{\sqrt{|-41| + |(5-70) \div 13| - (-3)}}{[7 \div (10-3)] + (-8)} \\
&= \frac{\sqrt{41 + |(5-70) \div 13| - (-3)}}{[7 \div (10-3)] + (-8)}
\end{aligned}$$

Continue calculando o valor absoluto restante dentro da raiz quadrada:

$$= \frac{\sqrt{41 + |-65 \div 13| - (-3)}}{[7 \div (10-3)] + (-8)}$$

$$= \frac{\sqrt{41 + |-5| - (-3)}}{[7 \div (10-3)] + (-8)}$$

$$= \frac{\sqrt{41 + 5 - (-3)}}{[7 \div (10-3)] + (-8)}$$

Agora, calcule a raiz quadrada:

$$= \frac{\sqrt{46 - (-3)}}{[7 \div (10-3)]] + (-8)}$$

$$= \frac{\sqrt{49}}{[7 \div (10-3)] + (-8)}$$

$$= \frac{7}{[7 \div (10-3)] + (-8)}$$

Agora, calcule o denominador (número de baixo) da fração, iniciando pelo conjunto de parênteses mais interno:

$$= \frac{7}{[7 \div 7] + (-8)}$$

$$= \frac{7}{1 + (-8)}$$

$$= \frac{7}{-7}$$

Para finalizar, calcule a fração como uma divisão.

$$7 \div (-7) = -1$$

145. **290 minutos**

Os três filmes têm 80 minutos, 95 minutos e 115 minutos, então, calcule como a seguir:

$$80 + 95 + 115 = 290$$

146. **1.454 pés**

O Burj Khalifa tem 2.717 pés e é 1.263 pés mais alto que o Empire State Building, então, faça a subtração desta forma:

2.717 pés – 1.263 pés = 1.454 pés

147. 10

Cinco dúzias de ovos são iguais a 60 ovos no total (porque $12 \times 5 = 60$). Esses 60 ovos são divididos igualmente entre as seis crianças, então, cada criança recebe $60 \div 6 = 10$ ovos.

148. R$90

Na primeira semana, Arturo trabalhou 40 horas por R$12 a hora, então ele ganhou R$12 × 40 = R$480. Na segunda semana, ele trabalhou 30 horas por R$13 a hora, portanto, ele recebeu R$13 × 30 = R$390. Para descobrir quanto dinheiro a mais ele recebeu pela primeira semana de trabalho, calcule como a seguir:

R$480 - R$390 = R$90

Portanto, ele ganhou R$90 a mais pela primeira semana em relação à segunda.

149. 180 pessoas

O restaurante possui 5 mesas de 8 lugares, então essas mesas comportam $5 \times 8 = 40$ pessoas. Este restaurante possui 16 mesas que comportam 6 pessoas, então essas mesas comportam $16 \times 6 = 96$ pessoas. E possui 11 mesas de 4 lugares, então essas mesas comportam $11 \times 4 = 44$ pessoas. A capacidade total de todas as mesas é a soma de todos os totais. Calcule como a seguir:

$$40 + 96 + 44 = 180$$

Portanto, as mesas comportam 180 pessoas ao todo.

150. 320 libras

Uma pinta de água mede 1 libra e um galão contém 8 pintas, então um galão de água pesa 8 libras. Assim, 40 galões de água pesam $40 \times 8 = 320$ libras.

151. R$23

O suéter foi vendido por R$86, com 50% de desconto, então Antonia o comprou por R$86 ÷ 2 = R$ 43. Ela usou um cartão presente, portanto, pagou R$43 – R$20 = R$23 do seu próprio bolso.

152. **R$4,50**

Almonte e Karan compraram seis cadernos. Porém, Karan comprou dois grandes e Almonte comprou cinco deles. Então, Almonte comprou três cadernos grandes a mais que Karan, portanto, ele gastou R$1,50 × 3 = R$4,50 a mais que Karan.

153. **8 meses**

Cada venda devolve R$35 do investimento de R$7.000.000 então, 200.000 vendas são necessárias para igualar esse valor (porque 7.000.000 ÷ 35 = 200.000). E 25.000 são vendidos a cada mês, portanto, levará 8 meses para pagar o investimento (200.000 ÷ 25.000 = 8).

154. **R$ 3**

Jessica quer comprar 40 canetas, portanto, ela tem que comprar 5 pacotes com 8 canetas (porque 8 × 5 = 40) ou 4 pacotes com 10 canetas (porque 10 × 4 = 40). Se ela comprar 5 pacotes com 8 canetas por R$7 cada, ela pagará R$7 × 5 = R$35. Contudo, se ela comprar 4 pacotes com 10 por R$8 por pacote, ela pagará R$8 × 4 = R$32. Assim, Jessica economizará R$35 – R$32 = R$3.

155. **58**

Jim comprou uma caixa de 10 onças e três de 16 onças, então, calcule como a seguir:

$$(1 \times 10) + (3 \times 16) = 10 + 48 = 58$$

156. **32**

Mina caminhou 3 milhas em cada um dos 4 dias e 5 milhas em cada um dos outros 4 dias, então, ela caminhou um total de:

$$(3 \times 4) + (5 \times 4) = 12 + 20 = 32$$

157. **70**

A maratona de bicicleta equivale a 250 milhas. O primeiro dia conta por 100 milhas e o segundo 100 – 20 = 80 milhas, então a distância do terceiro dia é:

$$250 - 100 - 80 = 70$$

158. R$63

Seis camisetas são vendidas a R$42, então cada uma delas é vendida a R$42 ÷ 6 = R$7. Calcule o custo das nove camisetas como a seguir:

$$R\$7 \times 9 = R\$63$$

159. 135

Kenny fez 25 flexões, Sal fez 25 × 2 = 50 flexões e Natalie fez 50 + 10 = 60 flexões. Calcule o total de flexões como a seguir:

$$25 + 50 + 60 = 135$$

160. 10 centavos

Para descobrir o preço de cada barra de chocolate quando você compra um pacote com 2, divida 90 por 2:

$$90 \div 2 = 45$$

Para descobrir o preço de 1 barra de chocolate quando você compra um pacote com 3 por R$1,05, divida 105 por 3:

$$105 \div 3 = 35$$

Portanto, você pode economizar 45 – 35 = 10 centavos por barra de chocolate, comprando um pacote com 3:

161. 49

Os dois números quadrados são menores que 130, então nenhum é maior que 121. Ainda, o maior dos dois números deve ser pelo menos 64, porque, caso contrário, os dois números não poderiam somar 130. Comece subtraindo os números quadrados de 130 para encontrar pares de números quadrados que sirvam:

$$130 - 121 = 9$$

$$130 - 100 = 30$$

$$130 - 81 = 49$$

$$130 - 64 = 66$$

Então, as duas possibilidades de números que somam 130 são:

$$9 + 121 = 130$$

$$49 + 81 = 130$$

Porém, $121 - 9 = 112$, o que não está correto. Contudo, $81 - 49 = 32$, portanto a resposta correta é 49.

162. **96 minutos**

Donna leu 60 páginas em 20 minutos, então, ela levou um minuto para ler 3 páginas (porque $60 \div 20 = 3$). Assim, calcule como a seguir, para descobrir quanto tempo ela levou para ler 288 páginas:

$$288 \div 3 = 96$$

Portanto, ela levou 96 minutos.

163. **500 caixas**

Kendra vendeu 50 caixas de biscoitos em 20 dias, então, neste ritmo, ela venderia 100 caixas em 40 dias. Alicia vendeu o dobro das caixas na metade dos dias, portanto, ela vendeu 100 caixas em 10 dias. Deste modo, no mesmo ritmo, ela venderia 400 caixas em 40 dias. Portanto, ao todo elas venderiam $100 + 400 = 500$ caixas de biscoitos em 40 dias.

164. **5**

O grupo de 70 alunos contém 3 meninas para cada 4 meninos, então, ele contém 30 meninas e 40 meninos. Destes, 6 meninas formam pares com 6 meninos, deixando 24 meninas e 34 meninos de fora. Estas crianças formam 12 pares de meninas ($24 \div 2 = 12$) e 17 pares de meninos ($34 \div 2 = 17$). Portanto, existem 5 pares de meninos a mais que de meninas.

165. **21**

O livro e o jornal custam R$11 ao todo e o livro custa R$10 a mais que o jornal. Então, o livro custa R$10,50 e o jornal R$0,50. Portanto, você poderia comprar 21 jornais pelo mesmo preço de um livro (porque $1.050 \div 50 = 21$).

166. **R$263.000**

O pagamento de Yanni foi de R$1.800 ao longo de 30 anos, com 12 pagamentos por ano. Então, calcule como a seguir:

$$1.800 \times 30 \times 12 = \text{R\$}648.000$$

Esse valor é maior que a quantia de R$385.000, assim, calcule o total de juros como a seguir:

R$648.000 – R$385.000 = R$263.000

Portanto, Yianni terá pago R$263.000 de juros.

167. 450 mph

O avião viajando de oeste para leste, de San Diego para Nova York, se move a uma velocidade de 540 milhas por hora. Assim, você pode calcular esse tempo em horas, dividindo o total da distância pela velocidade que ele viaja como a seguir:

$2.700 \div 540 = 5$

Então, o avião viaja por cinco horas. Quando viaja de leste para oeste, o voo leva uma hora a mais, ou seja, seis horas. Assim, você pode calcular a velocidade em milhas por hora, dividindo o total da distância pelo tempo que leva, como a seguir:

$2.700 \div 6 = 450$

Portanto, sob as mesmas condições, o avião que viaja de Nova York para San Diego se move a uma velocidade de 450 milhas por hora.

168. Ganhou R$40

Arlo perdeu R$65 e ganhou R$120, depois perdeu R$45 e ganhou R$30, então, calcule como a seguir:

–R$65 + R$120 – R$45 + 30 = R$40

Portanto, Arlo ganhou R$40.

169. R$400

Clarissa comprou o diamante por R$1.000 e o vendeu por R$1.100, então, ela lucrou R$100 nesta primeira transação. Depois, ela comprou o mesmo diamante por R$900 e o vendeu por R$1.200, então, ela teve um lucro maior de R$300. Portanto, ela teve um total de lucro de R$400.

170. 96 minutos

Angela consegue fazer 4 sanduíches em 3 minutos, então, neste ritmo, ela consegue fazer 16 sanduíches em 12 minutos. Basil consegue fazer 3 sanduíches em 4 minutos, assim, neste ritmo, ele consegue fazer 9 sanduíches em 12 minutos. Portanto, trabalhando juntos, eles conseguem fazer 25 sanduíches em 12 minutos. Se eles fizerem isso 8 vezes seguidas, conseguem fazer 200 sanduíches (porque $25 \times 8 = 200$) e isso levará 96 minutos (porque $12 \times 8 = 96$).

171. 9

Cada uma das 16 crianças tem pelo menos 2 irmãos, então, a conta é: $16 \times 2 = 32$ irmãos. Existem 41 irmãos no total, assim, $41 - 32 = 9$ irmãos que não foram contados. Portanto, 9 das crianças da turma da Sra. Morrow possuem um irmão a mais. Dessa forma, 9 crianças possuem exatamente 3 irmãos.

172. 5.050

Comece emparelhando o primeiro e o último números, o segundo e o penúltimo, o terceiro e o antepenúltimo, e assim por diante:

$$1 + 100 = 101$$

$$2 + 99 = 101$$

$$3 + 98 = 101$$

...

Todos estes pares somam 101. Além disso, perceba que você pode continuar formando estes pares até alcançar os dois números do meio:

...

$$48 + 53 = 101$$

$$49 + 52 = 101$$

$$50 + 51 = 101$$

Como você pode ver, o resultado apresenta 50 pares de números, cada um somando 101. Então, você pode encontrar o valor total de todos esses pares como a seguir:

$$101 \times 50 = 5.050$$

173. R$6.850

A meta de Louise era de R$1.200 por dia, então, era de R$1.200 × 5 = R$6.000 em cinco dias. Ela excedeu essa quantia em R$540 na segunda-feira, R$650 na terça-feira e não alcançou por R$250 na sexta-feira, então calcule seu total semanal como a seguir:

R$6.000 + R$450 + R$650 – R$250 = R$6.850

174. 30 segundos

Supondo que ele poderia continuar nadando a um ritmo constante de 3 milhas por hora, Jordy poderia ter nadado 120 comprimentos da piscina em 1 hora (porque $3 \times 40 = 120$). Portanto, nesse ritmo, ele poderia nadar 2 comprimentos por minutos (porque $120 \div 60 = 2$) ou 1 comprimento em 30 segundos.

175. 45

Para começar, escolha uma pessoa do grupo e a chame de Pessoa #1. O grupo possui 10 pessoas, então a Pessoa #1 pode apertar as mãos de 9 pessoas diferentes (da Pessoa #2 até a #10). Isso conta todos os apertos de mão que envolvem a Pessoa #1, então, deixe-a de lado.

Agora, considere que a Pessoa #2 pode apertar as mãos de 8 diferentes pessoas (da Pessoa #3 até a #10) antes de ser deixada de lado. E a Pessoa #3 pode apertar a mão de 7 pessoas diferentes, e assim por diante. Isso continua até a Pessoa #9 que aperta a mão da Pessoa #10. Neste momento, todos os pares estão completos.

Então, calcule como a seguir:

$$9 + 8 + 7 + 6 + 5 + 4 + 3 + 2 + 1 = 45$$

176. 6 libras

A primeira medição que Marion realizou foi feita como a seguir:

3 tijolos vermelhos + 1 tijolo branco = 23 libras

Depois, ela retirou um tijolo vermelho e adicionou dois brancos. A segunda medição foi 4 libras maior:

2 tijolos vermelhos + 3 tijolos brancos = 27 libras

Dessa forma, cada vez que ela retira um tijolo vermelho e adiciona dois brancos, você pode esperar que o peso aumente 4 libras:

1 tijolo vermelho + 5 tijolos brancos = 31 libras

7 tijolos brancos = 35 libras

Assim, 35 ÷ 7 = 35:

1 tijolo branco = 5 libras

5 tijolos brancos = 25 libras

Portanto:

1 tijolo vermelho + 5 tijolos brancos = 31 libras

1 tijolo vermelho + 25 libras = 31 libras

1 tijolo vermelho = 6 libras

177. R$60,36

Calcule as quatro quantias multiplicando o número de moedas pelo valor de cada tipo de moeda como a seguir:

$$891 \times 0{,}1 = 8{,}91$$
$$342 \times 0{,}5 = 17{,}10$$
$$176 \times 0{,}10 = 17{,}60$$
$$67 \times 0{,}25 = 16{,}75$$

Agora, some os resultados:

$$8{,}91 + 17{,}10 + 17{,}60 + 16{,}75 = 60{,}36$$

Portanto, o cofrinho contém um total de R$60,36.

178. 55 mph

Joel dirigiu por um total de 2 horas + 1 hora + 2 horas + 3 horas = 8 horas. Ele fez um total de paradas de 15 minutos + 45 minutos = 60 minutos = 1 hora, então, o tempo total da viagem é de 8 horas + 1 hora = 9 horas.

Ele dirigiu a 70 mph por 2 horas, 60 mph por 1 hora, 35 mph por 2 horas e 75 mph por 3 horas, então, calcule a distância total como a seguir:

$$(70 \times 2) + (60 \times 1) + (35 \times 2) + (75 \times 3)$$
$$= 140 + 60 + 70 + 225$$
$$= 495$$

Assim, ele dirigiu 495 milhas em 9 horas. Para encontrar a velocidade média, divida 495 por 9:

$495 \div 9 = 55$

Portanto, a velocidade média para toda a viagem, incluindo as paradas, foi de 55 mph.

179. 54

A barra de chocolate geralmente é vendida a um preço de duas por 90 centavos, o que significa 45 centavos por barra (porque $90 \div 2 = 45$). O preço promocional é de 3 barras por R$1,05, o que significa 35 centavos por barra (porque $105 \div 3 = 35$). Assim, Heidi economizou 10 centavos em cada barra que comprou. Se ela economizou R$5,40, então, ela comprou 54 barras (porque $540 \div 10 = 54$).

180. 15 dias

Faça uma lista de quanto dinheiro você economizará ao final de cada dia:

1 dia = R$1

2 dias = R$1 + R$2 = R$3

3 dias = R$3 + R$4 = R$7

4 dias= R$7 + R$8 = R$15

5 dias = R$15 + R$16 = R$31

Perceba o padrão: Multiplicar o número 2 por ele mesmo quantas vezes forem o número de dias e então, subtrair 1. Por exemplo, para descobrir a quantia do 6º dia:

$$2 \times 2 \times 2 \times 2 \times 2 \times 2 - 1$$
$$= 2^6 - 1$$
$$= 64 - 1 = 63$$

Assim, o sexto dia equivale a R$63. Esses números aumentam muito rápido. Por exemplo, esta é a quantia para o 10º dia:

$$2^{10} - 1$$
$$= 1.024 - 1 = 1.023$$

Esta é a quantia para o 14º dia:

$$2^{14} - 1$$
$$= 16.384 - 1 = 16.383$$

E esta é a quantia para o 15º dia:

$$2^{15} - 1$$
$$= 32.678 - 1 = 32.677$$

181. i. Sim ii. Sim iii. Não iv. Não v. Sim

Um número é divisível por 2 se, e somente se, este for um número par — ou seja, seu último dígito é 2, 4, 6, 8 ou 0.

i. 32 termina em 2, que é par, então, é divisível por 2.

ii. 70 termina em 0, que é par, então, é divisível por 2.

iii. 109 termina em 9, que é ímpar, então, não é divisível por 2.

iv. 8.645 termina em 5, que é ímpar, então, não é divisível por 2.

v. 231.996 termina em 6, que é par, então, é divisível por 2.

182. i. Sim ii. Não iii. Sim iv. Sim v. Não

Um número é divisível por 3 se, e somente se, seus dígitos somarem um número que seja divisível por 3.

i. Os dígitos do número 51 somam 5 + 1 = 6, que é um número divisível por 3, então 51 é divisível por 3.

ii. Os dígitos do número 77 somam 7 + 7 = 14, que não é um número divisível por 3, então 77 não é divisível por 3.

iii. Os dígitos do número 138 somam 1 + 3 + 8 = 12, que é um número divisível por 3, então 138 é divisível por 3.

iv. Os dígitos do número 1.998 somam 1 + 9 + 9 +8 = 27, que é um número divisível por 3, então 1.998 é divisível por 3.

v. Os dígitos do número 100.111 somam 1 + 0 + 0 + 1 + 1 + 1 = 4, que não é um número divisível por 3, então 100.111 não é divisível por 3.

183. i. Não ii. Sim iii. Sim iv. Sim v. Não

Um número é divisível por 4 se, e somente se, for um número par que possua os últimos dois dígitos formando um número divisível por 4.

i. 57 é um número ímpar, então não é divisível por 4.

ii. Os dois últimos dígitos de 552 são 52, que é divisível por 4 (52 ÷ 4 = 13), então 552 é divisível por 4.

iii. Os dois últimos dígitos de 904 são 04, que é divisível por 4 (4 ÷ 4 = 1), então 904 é divisível por 4.

iv. Os dois últimos dígitos de 12.332 são 32, que é divisível por 4 ($32 \div 4 = 8$), então 12.332 é divisível por 4.

v. Os dois últimos dígitos de 7.435.830 são 30, que não é divisível por 4 ($30 \div 4 = 7r2$), então 7.435.830 não é divisível por 4.

184.

i. Sim ii. Não iii. Sim iv. Sim v. Não

Um número é divisível por 5 se, e somente se, seu último dígito for 5 ou 0.

i. 190 termina em 0, então é divisível por 5.

ii. 723 termina em 3, então não é divisível por 5.

iii. 1.005 termina em 5, então é divisível por 5.

iv. 252.525 termina em 5, então é divisível por 5.

v. 505.009 termina em 9, então não é divisível por 5.

185.

i. Não ii. Não iii. Sim iv. Sim v. Sim

Um número é divisível por 6 se, e somente se, for divisível por 2 e por 3 — o que significa que é um número par cujos dígitos somam um número que é divisível por 3.

i. 61 é um número ímpar, então não é divisível por 6.

ii. 88 é um número par cujos dígitos somam $8 + 8 = 16$, que não é divisível por 3, então 88 não é divisível por 6.

iii. 372 é um número par cujos dígitos somam $3 + 7 + 2 = 12$, que é divisível por 3, então 372 é divisível por 6.

iv. 8.004 é um número par cujos dígitos somam $8 + 0 + 0 + 4 = 12$, que é divisível por 3, então 8.004 é divisível por 6.

v. 1.001.010 é um número para cujos dígitos somam $1 + 0 + 0 + 1 + 0 + 1 + 0 = 3$, que é divisível por 3, então 1.001.010 é divisível por 6.

186.

i. Não ii. Não iii. Sim iv. Não v. Sim

Um número é divisível por 8 se, e somente se, for um número par divisível por 4 cujos últimos três dígitos formam um número divisível por 8.

i. 881 é um número ímpar, então não é divisível por 8.

ii. Os últimos três dígitos de 1.914 são 914, que não é um número divisível por 8, então 1.914 não é divisível por 8.

iii. Os últimos três dígitos de 39.888 são 888, que é um número divisível por 8 ($888 \div 8 = 111$), então 39.888 é divisível por 8.

iv. Os últimos três dígitos de 711.124 são 124, que não é um número divisível por 8 ($124 \div 8 = 15r4$), então 711.124 não é divisível por 8.

v. Os últimos três dígitos de 43.729.408 são 408, que é um número divisível por 8 ($408 \div 8 = 51$), então 43.729.408 é divisível por 8.

187. **i. Não ii. Sim iii. Não iv. Não v. Sim**

Um número é divisível por 9 se, e somente se, seus dígitos somarem um número divisível por 9.

i. Os dígitos de 98 somam $9 + 8 = 17$, que não é um número divisível por 9, então 98 não é divisível por 9.

ii. Os dígitos de 324 somam $3 + 2 + 4 = 9$, que é um número divisível por 9, então 324 é divisível por 9.

iii. Os dígitos de 6.009 somam $6 + 0 + 0 + 9 = 15$, que não é um número divisível por 9, então 6.009 não é divisível por 9.

iv. Os dígitos de 54.321 somam $5 + 4 + 3 + 2 + 1 = 15$, que não é um número divisível por 9, então 54.321 não é divisível por 9.

v. Os dígitos de 993.996 somam $9 + 9 + 3 + 9 + 9 + 6 = 45$, que é um número divisível por 9, então 993.996 é divisível por 9.

188. **i. Sim ii. Não iii. Não iv. Sim v. Sim**

Um número é divisível por 10 se, e somente se, terminar em 0.

i. 340 termina em 0, então é divisível por 10.

ii. 8.245 termina em 5, então não é divisível por 10.

iii. 54.002 termina em 2, então não é divisível por 10.

iv. 600.010 termina em 0, então é divisível por 10.

v. 1.010.100 termina em 0, então é divisível por 10.

189. **i. Não ii. Sim iii. Não iv. Sim v. Sim**

Um número é divisível por 11 se, e somente se, a diferença alternada e a soma dos seus dígitos resultar em um número que é divisível por 11 (incluindo 0 e os números negativos).

i. $1 - 3 + 4 = 2$, que não é um número divisível por 11, então 134 não é divisível por 11.

ii. $2 - 0 + 9 = 11$, que é um número divisível por 11, então 209 é divisível por 11.

iii. $6 - 8 + 1 = -1$, que não é um número divisível por 11, então 681 não é divisível por 11.

iv. $1 - 9 + 2 - 5 = -11$, que é um número divisível por 11, então 1.925 é divisível por 11.

v. $8 - 1 + 9 - 2 + 8 = 22$, que é um número divisível por 11, então 81.928 é divisível por 11.

190. **i. Não ii. Sim iii. Não iv. Sim v. Não**

Um número é divisível por 12 se, e somente se, for divisível por 3 e por 4 — ou seja, se seus dígitos somarem um número que seja divisível por 3 e ainda seja um número par cujos últimos dois dígitos formam um número divisível por 4.

i. 81 é um número ímpar, então não é divisível por 12.

ii. A soma dos dígitos de 132 é $1 + 3 + 2 = 6$, que é divisível por 3, então 132 é divisível por 3. E os dois últimos dígitos de 132 é o número 32 que é divisível por 4 ($32 \div 4 = 8$), então 132 é divisível por 4. Assim, 132 é divisível por 12.

iii. A soma dos dígitos de 616 é $6 + 1 + 6 = 13$, que não é divisível por 3, então 616 não é divisível por 3. Portanto, não é divisível por 12.

iv. Os dois últimos dígitos de 123.456 é o número 56, que é divisível por 4 ($56 \div 4 = 14$), então, 123.456 é divisível por 4. A soma dos dígitos de 123.456 é $1 + 2 + 3 + 4 + 5 + 6 = 21$, que é divisível por 3, então 123.456 é divisível por 3. Portanto, 123.456 é divisível por 12.

v. Os dois últimos dígitos de 12.345.678 são o número 78, que não é divisível por 4 ($78 \div 4 = 19r2$), então 12.345.678 não é divisível por 4. Portanto, não é divisível por 12.

191. **1.000**

O número 87.000 termina em 3 zeros, então, seu maior fator, que é uma potência de 10, também tem 3 zeros. Portanto, este número é 1.000.

192. **100.000**

O número 9.200.000 termina em 5 zeros, então, seu maior fator, que é uma potência de 10, também tem 5 zeros. Portanto, este número é 100.000.

193. **10**

O número 30.940.050 termina em 1 zero, então, seu maior fator, que é uma potência de 10, também tem 1 zero. Portanto, este número é 10.

194. **2, 3 e 6**

O número 78 é par, então é divisível por 2.

Seus dígitos somam $7 + 8 = 15$, que é divisível por 3, então 78 é divisível por 3.

Seus dois últimos dígitos formam o número 78, que não é divisível por 4, então 78 não é divisível por 4.

Ele termina em 8, assim, não é divisível por 5.

E é divisível por ambos 2 e 3, portanto, também é divisível por 6.

195. **2 e 4**

O número 128 é par, então é divisível por 2.

Seus dígitos somam $1 + 2 + 8 = 11$, que não é divisível por 3, então 128 não é divisível por 3 e 6.

Seus dois últimos dígitos formam o número 28, que é divisível por 4, então 128 é divisível por 4.

Ele termina em 8, portanto, não é divisível por 5.

196. **2, 4 e 5**

O número 380 é par, então é divisível por 2.

Seus dígitos somam $3 + 8 + 0 = 11$, que não é divisível por 3, então 380 não é divisível por 3 ou 6.

Seus dois últimos dígitos formam o número 80 que é divisível por 4, então 380 é divisível por 4.

E termina em 0, então é divisível por 5.

197. 3 e 5

O número 6.915 é ímpar, então não é divisível por 2, 4 ou 6.

Seus dígitos somam $6 + 9 + 1 + 5 = 21$, que é divisível por 3, então 6.915 é divisível por 3.

Ele termina em 5, então é divisível por 5.

198. 3

O número 59 é três números maior que 56. Então, quando você divide $59 \div 7$, o resto é 3.

199. 8

O número 611 é um número menor que 612. Então, quando você divide $611 \div 9$, o resto é apenas uma unidade menor que 9, portanto, o resto é 8.

200. 1

O número 8.995 é 5 números menor que 9.000. Então, quando você divide $8.995 \div 6$, o resto é apenas 5 unidades menor que 6, portanto, o resto é 1.

201. i. composto ii. primo iii. composto iv. primo v. composto

Qualquer número menor que 121 (porque $11 \times 11 = 121$), que não seja divisível por 2, 3, 5 ou 7, é um número primo.

i. $3 + 9 = 12$, que é divisível por 3, então 39 é um número composto.

ii. 41 termina em 1, então não é divisível por 2 ou por 5. E $4 + 1 = 5$, que não é divisível por 3, então 41 não é divisível por 3. Finalmente, $41 \div 7 = 5r6$, então 41 não é divisível por 7. Portanto, 41 é um número primo.

iii. $5 + 7 = 12$, que é divisível por 3, então 57 é um número composto.

iv. 73 termina em 3, então não é divisível por 2 ou por 5. E $7 + 3 = 10$, que não é divisível por 3, então 73 não é divisível por 3. Finalmente, $73 \div 7 = 10r3$, então 73 não é divisível por 7. Portanto, 73 é um número primo.

v. $91 \div 7 = 13$, então 91 é divisível por 7. Portanto, 91 é um número composto.

202. Não

Qualquer número menor que 169 (porque $13 \times 13 = 169$), que não seja divisível por 2, 3, 5, 7 ou 11 é um número primo. Porém, $1 - 4 + 3 = 0$, que é divisível por 11, então 143 é divisível por 11. Portanto, 143 não é um número primo, então a resposta é Não.

203. Sim

Qualquer número menor que 169 (porque $13 \times 13 = 169$), que não seja divisível por 2, 3, 5, 7 ou 11, é um número primo. O número 151 termina em 1, então não é divisível por 2 ou 5. Seus dígitos somam $1 + 5 + 1 = 7$, que não é divisível por 3, então ele não é divisível por 3. Este número não é divisível por 7 ($151 \div 7 = 21r4$). E $1 - 5 + 1 = 3$, que não é divisível por 11, então 151 não é divisível por 11. Portanto, 151 é um número primo, então a resposta é Sim.

204. Não

Qualquer número menor que 169 (porque $13 \times 13 = 169$), que não seja divisível por 2, 3, 5, 7 ou 11, é um número primo. Contudo, 161 é divisível por 7 ($161 \div 7 = 23$), então não é um número primo. Portanto, a resposta é Não.

205. Sim

Qualquer número menor que 289 (porque $17 \times 17 = 289$), que não seja divisível por 2, 3, 5, 7 ou 11, é um número primo. O número 223 termina em 3, então não é divisível por 2 ou 5. Seus dígitos somam $2 + 2 + 3 = 8$, que não divisível por 3, então não é divisível por 3, $2 - 2 + 3 = 3$, que não é divisível por 11, assim, 223 não é divisível por 11. Finalmente, teste a divisibilidade de 223 por 7 e 13.

$$223 \div 7 = 31r6$$

$$223 \div 13 = 17r2$$

Portanto, porque 267 não é divisível por 7 ou 13, ele é número primo, então a resposta é sim.

206. Não

Qualquer número menor que 289 (porque $17 \times 17 = 289$), que não seja divisível por 2, 3, 5, 7 ou 11, é um número primo. Contudo, $2 + 6 + 7 = 15$, é divisível por 3, então, 267 é divisível por 3. Portanto, 267 não é um número primo, então a resposta é Não.

207. 3 e 31

A soma dos dígitos de 93 é 9 + 3 = 12, que é divisível por 3, então 93 é divisível por 3. E 93 ÷ 3 = 31, que é também um número primo. Então, 93 é divisível por 3 e 31.

208. 3 e 11

A soma dos dígitos de 297 é 2 + 9 + 7 = 18, que é divisível por 3, então 297 é divisível por 3. E 2 – 9 + 7 = 0, então 297 é divisível por 11.

209. 2 e 7

O número 448 é par, então é divisível por 2. E 448 ÷ 2 = 224, que também é par, então, dividido por 2 novamente: 224 ÷ 2 = 112. Este número também é par, então, dividido por 2 novamente: 112 ÷ 2 = 56. Neste momento, você percebe que 56 é divisível por 7 (56 ÷ 7 = 8), então 448 é divisível por 2 e 7.

210. 5, 11 e 97

O número 293.425 termina em 5, então é divisível por 5, que é um número primo. E como 293.425 ÷ 5 = 56.685 é divisível por 5, você pode dividi-lo por 5 novamente: 56.685 ÷ 5 = 11.737. Agora, perceba que 1 – 1 + 7 – 3 + 7 = 11, então 11.373 é divisível por 11. Portanto, 293.425 também é divisível por 11, que também é um número primo. E 11.737 ÷ 11 = 1.067. Agora, perceba que 1 – 0 + 6 – 7 = 0, então 1.067 também é divisível por 11. E 1.067 ÷ 11 = 97. Finalmente, 97 é um número primo (porque é menor do que 121 e não é divisível por 2, 3 , 5 ou 7). Portanto, 293.425 é divisível por 5, 11 e 97.

211. 78 e 3.000

Apenas números pares (números cujos últimos dígitos são 2, 4, 6, 8 ou 0) possuem 2 como fator. Portanto, 78 e 3.000 possuem 2 como fator, mas 181, 222.225 e 1.234.569 não possuem 2 como fator.

212. 3.000 e 222.225

Apenas números cujo último dígito é 5 ou 0 possuem 5 como fator. Portanto, 3.000 e 222.225 possuem 5 como fator, mas 78,181 e 1.234.569 não possuem 5 como fator.

213. **78; 3.000; 222.225 e 1.234.569**

Apenas números divisíveis por 3 (portanto, possuem 3 como fator) são os que possuem os dígitos que somam um número que é também divisível por 3. Teste todos os números como a seguir:

$7 + 8 = 15$

$1 + 8 + 1 = 10$

$3 + 0 + 0 + 0 = 3$

$2 + 2 + 2 + 2 + 2 + 5 = 15$

$1 + 2 + 3 + 4 + 5 + 6 + 9 = 30$

Portanto, 78, 3.000, 222.225 e 1.234.569 possuem 3 como fator, porém 181 não possui.

214. **3.000**

Apenas números cujo último dígito é 0 apresentam 10 como fator. Portanto, 3.000 possui 10 como fator, mas 78, 181, 222.225 e 1.234.569 não possuem 10 como fator.

215. **1.234.569**

$78 \div 7 = 11r1$

$181 \div 7 = 25r6$

$3.000 \div 7 = 428r4$

$222.225 \div 7 = 31.746r3$

$1.234.569 \div 7 = 176.367$

Portanto, 1.234.569 possui 7 como fator, porém 78, 181, 3.000 e 222.225 não possuem 7 como fator.

216. **6**

Comece escrevendo os números 1 e 12, deixando bastante espaço entre eles:

Fatores de 12: 1,   12

O número 12 é par, então 2 é seu fator, assim como 6 (porque $12 \div 6 = 2$):

Fatores de 12: 1, 2,   6, 12

O número 12 é divisível por 3 e também por 4 (porque $12 \div 3 = 4$):

Fatores de 12: 1, 2, 3, 4, 6, 12

Contando esses fatores, você descobre que existem seis diferentes fatores de 12.

217. 3

Comece escrevendo os números 1 e 25, deixando bastante espaço entre eles:

Fatores de 25: 1, 25

O número 25 não é par, então, 2 não é seu fator. Ele também não é divisível por 3 (porque $2 + 5 = 7$, que não é divisível por 3). Ele é divisível por 5 (porque $25 \div 5 = 5$), então:

Fatores de 25: 1, 5, 25

Contando esses fatores, você descobre que existem três diferentes fatores de 25.

218. 6

Comece escrevendo os números 1 e 32, deixando bastante espaço entre eles:

Fatores de 32: 1, 32

O número 32 é par, então, 2 é seu fator, assim como 16 (porque $32 \div 2 = 16$):

Fatores de 32: 1, 2, 16, 32

O número 32 não é divisível por 3 (porque $3 + 2 = 5$, que é não é divisível por 3). Ele é divisível por 4 e também por 8 (porque $32 \div 4 = 8$), então:

Fatores de 32: 1, 2, 4, 8, 16, 32

O número 32 não é divisível por 6 ou 7, então a lista acima está completa. Contando esses fatores, você descobre que existem seis diferentes fatores de 32.

219. 4

Comece escrevendo os números 1 e 39, deixando bastante espaço entre eles:

Fatores de 39: 1, 39

O número 39 não é par, então 2 não é seu fator. Ele é divisível por 3 (porque 3 + 9 = 12, que é divisível por 3) e também por 13 (porque 39 ÷ 3 = 13), então:

Fatores de 39: 1, 3,   13, 39

O número 39 não é divisível por 5 porque seu último dígito não é 5 ou 0. Ele também não é divisível por 7, porque 39 ÷ 7 = 5*r*4. Portanto, estes são os únicos fatores de 39:

Fatores de 39: 1, 3, 13, 39

Contando esses fatores, você descobre que existem quatro diferentes fatores de 39.

220. **2**

Comece escrevendo os números 1 e 41, deixando bastante espaço entre eles:

Fatores de 41: 1,   41

O número 41 não é par, então 2 não é seu fator. Ele não é divisível por 3 porque 4 + 1 = 5 (seus dígitos não somam um número divisível por 3). Não é divisível por 5 porque seu último dígito não é 5 ou 0. E não é divisível por 7 porque 41 ÷ 7 = 5*r*6. Portanto, 41 é um número primo, e seus únicos fatores são 1 e 41:

Fatores de 41: 1, 41

221. **6**

Comece escrevendo os números 1 e 63, deixando bastante espaço entre eles:

Fatores de 63: 1,   63

O número 63 não é par, então 2 não é seu fator. Ele é divisível por 3 porque 63 ÷ 3 = 21, então:

Fatores de 63: 1, 3,   21, 63

Não é divisível por 5 porque seu último dígito não é 5 ou 0. É divisível por 7 porque 63 ÷ 7 = 9, então:

Fatores de 63: 1, 3, 7, 9, 21, 63

Não é divisível por 8 porque não é um número par, então a lista anterior está completa. Contando esses fatores, você descobre que existem seis diferentes fatores de 63.

222. 12

Comece escrevendo os números 1 e 90, deixando bastante espaço entre eles:

Fatores de 90: 1,   90

O número 90 é par, então 2 é seu fator, assim como 45 (porque $90 \div 2 = 45$), então:

Fatores de 90: 1, 2,   45, 90

Ele é divisível por 3 porque $90 \div 3 = 30$, então:

Fatores de 90: 1, 2, 3,   30, 45, 90

Ele não é divisível por 4 porque $90 \div 4 = 22r2$. É divisível por 5, $90 \div 5 = 18$, então:

Fatores de 90: 1, 2, 3, 5,   18, 30, 45, 90

Este número é divisível por 6 porque $90 \div 6 = 15$, então:

Fatores de 90: 1, 2, 3, 5, 6,   15, 18, 30, 45, 90

90 não é divisível por 7 ou 8, mas é divisível por 9 porque $90 \div 9 = 10$, então:

Fatores de 90: 1, 2, 3, 5, 6, 9, 10, 15, 18, 30, 45, 90

Contando esses fatores, você descobre que existem doze diferentes fatores de 90.

223. 16

Comece escrevendo os números 1 e 120, deixando bastante espaço entre eles:

Fatores de 120: 1,   120

O número 120 é divisível por 2, 3, 4, 5 e 6, como a seguir:

$120 \div 2 = 60$
$120 \div 3 = 40$
$120 \div 4 = 30$
$120 \div 5 = 24$
$120 \div 6 = 20$

Portanto:

Fatores de 120: 1, 2, 3, 4, 5, 6, 20, 24, 30, 40, 60, 120

Ele não é divisível por 7 porque $120 \div 7 = 12r1$. É divisível por 8 porque $120 \div 8 = 15$.

Portanto:

Fatores de 120: 1, 2, 3, 4, 5, 6, 8, 10, 12, 15, 20, 24, 30, 40, 60, 120

Não é divisível por 9 porque $120 \div 9 = 13r3$.

Contando esses fatores, você descobre que existem 16 diferentes fatores de 120.

224. **6**

Antes de começar, perceba que 171 é menor que 196 e que $14 \times 14 = 196$, então você só precisa verificar os números abaixo de 13 e encontrar os números que formam pares com os fatores maiores.

Comece escrevendo os números 1 e 171, deixando bastante espaço entre eles:

Fatores de 171: 1, 171

O número 171 não é par, então 2 não é seu fator. Ele é divisível por 3 (porque $1 + 7 + 1 = 9$, que é divisível por 3), então, divida: $171 \div 3 = 57$. Portanto:

Fatores de 171: 1, 3, 57, 171

Este é um número que não é divisível por 5 porque seu último dígito não é 5 ou 0. E não é divisível por 7 porque $171 \div 7 = 24r3$. É divisível por 9 (porque $1 + 7 + 1 = 9$, que é divisível por 9), então, divida $171 \div 9 = 19$. Portanto:

Fatores de 171: 1, 3, 9, 19, 57, 171

Não é divisível por 10, 11, 12 ou 13, então a lista anterior está completa. Contando esses fatores, você descobre que existem seis diferentes fatores de 171.

225. **16**

Antes de começar, preste atenção no seguinte:

$$1.000 = 10 \times 10 \times 10 = 2 \times 5 \times 2 \times 5 \times 2 \times 5$$

Dessa forma, o número 1.000 não possui fatores que sejam múltiplos de qualquer número primo diferente de 2 ou 5.

Comece escrevendo os números 1 e 1.000, deixando bastante espaço entre eles:

Fatores de 1.000: 1, 1.000

Agora, teste todos as possibilidades entre 2 e 10:

$$1.000 \div 2 = 500$$
$$1.000 \div 4 = 250$$
$$1.000 \div 5 = 200$$
$$1.000 \div 8 = 125$$
$$1.000 \div 10 = 100$$

Portanto:

Fatores de 1.000: 1, 2, 4, 5, 8, 10, 100, 125, 200, 250, 500, 1.000

Não é divisível por 16 porque $1.000 \div 16 = 62r8$.

É divisível por 20 porque $1.000 \div 20 = 50$, então:

Fatores de 1.00: 1, 2, 4, 5, 8, 10, 20, 50, 100, 125, 200, 250, 500, 1.000

É divisível por 25 porque $1.000 \div 25 = 40$, então:

Fatores de 1.00: 1, 2, 4, 5, 8, 10, 20, 25, 40, 50, 100, 125, 200, 250, 500, 1.000

A lista anterior está completa. Contando esses fatores, você descobre que existem 16 diferentes fatores de 1.000.

226. **3**

Decomponha o número 30 em fatores primos usando a fatoração em árvore. Esta é uma possível fatoração em árvore:

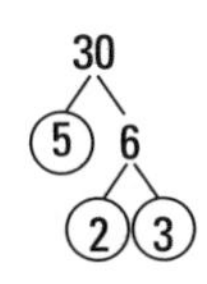

Assim, $30 = 2 \times 3 \times 5$, então 30 possui 3 fatores primos não distintos.

227. 3

Decomponha o número 66 em fatores primos usando a fatoração em árvore. Esta é uma possível fatoração em árvore:

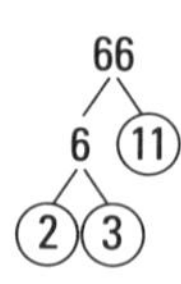

Assim, $66 = 2 \times 3 \times 11$, então 66 possui 3 fatores primos não distintos.

228. 4

Decomponha o número 81 em fatores primos usando a fatoração em árvore. Esta é uma possível fatoração em árvore:

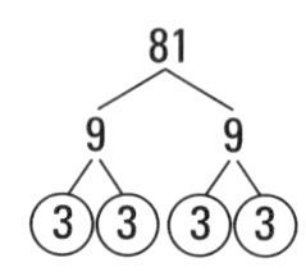

Assim, $81 = 3 \times 3 \times 3 \times 3$, então 81 possui 4 fatores primos não distintos.

229. 1

O número 97 não é par, então não é divisível por 2. Não termina em 5 ou 0, então não é divisível por 5. Seus dígitos não somam um múltiplo de 3 ($9 + 7 = 16$), então não é divisível por 3. Finalmente, este número não é divisível por 7 ($97 \div 7 = 13r6$).

Assim, 97 é um número de dois dígitos que não é divisível por 2, 3, 5 ou 7, então é um número primo. Portanto, não pode ser decomposto em números primos menores.

230. 3

Decomponha o número 98 em fatores primos usando a fatoração em árvore. Esta é uma possível fatoração em árvore:

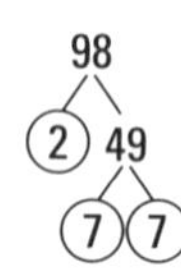

Assim, $98 = 2 \times 7 \times 7$, então 98 possui 3 fatores primos não distintos.

231. 6

Decomponha o número 216 em fatores primos usando a fatoração em árvore. Esta é uma possível fatoração em árvore:

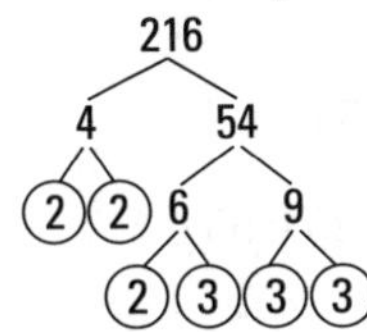

Assim, $216 = 2 \times 2 \times 2 \times 3 \times 3 \times 3$, então 216 possui 6 fatores primos não distintos.

232. 7

Decomponha o número 800 em fatores primos usando a fatoração em árvore. Esta é uma possível fatoração em árvore:

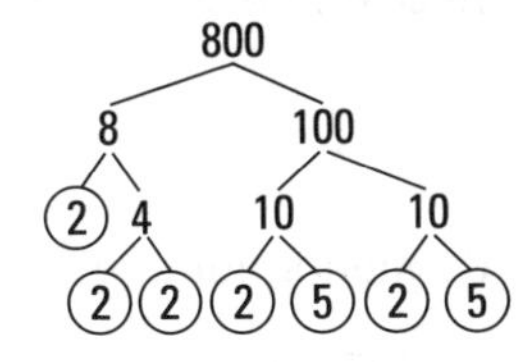

Assim, $800 = 2 \times 2 \times 2 \times 2 \times 2 \times 5 \times 5$, então 800 possui 7 fatores primos não distintos.

233. 4

Descubra os fatores de 16 e 20:

Fatores de 16: 1, 2, 4, 8, 16

Fatores de 20: 1, 2, 4, 5, 10, 20

Portanto, o MDC entre 16 e 20 é 4.

234. 6

Descubra os fatores de 12 e 30:

Fatores de 12: 1, 2, 4, 6, 12

Fatores de 30: 1, 2, 3, 5, 6, 10, 15, 30

Portanto, o MDC entre 12 e 30 é 6.

235. **5**

Descubra os fatores de 25 e 55:

Fatores de 25: 1, 5, 25

Fatores de 55: 1, 5, 11, 55

Portanto, o MDC entre 25 e 55 é 5.

236. **26**

Descubra os fatores de 26 e 78:

Fatores de 26: 1, 2, 13, 26

Fatores de 78: 1, 2, 3, 6, 13, 26, 39, 78

Portanto, o MDC entre 26 e 78 é 26.

237. **25**

Descubra os fatores do menor número, que é 125:

Fatores de 125: 1, 5, 25, 125

O MDC entre 125 e 350 é o maior fator de 125 que é também um fator de 350. Não é 125 porque $350 \div 125 = 2r100$. Contudo, $350 \div 25 = 14$, então 25 é o MDC entre 125 e 350.

238. **1**

Descubra os fatores do menor número, que é 28:

Fatores de 28: 1, 2, 4, 7, 14, 28

O MDC entre 28, 35 e 48 é o maior fator de 28 que também é fator de 35 e 48. Não é um número par porque 35 é ímpar. Não é o número 7 porque $48 \div 7 = 6r6$. Portanto, o MDC entre 28, 35 e 48 é 1.

239. **3**

Descubra os fatores do menor número, que é 18:

Fatores de 18: 1, 2, 3, 6, 9, 18

O MDC entre 18, 30 e 99 é o maior fator de 18 que é também um fator de 30 e 99. Não é um número par porque 99 não é par. Ele não é o número 9 porque $30 \div 9 = 3r3$. Contudo, $30 \div 3 = 10$, então $99 \div 3 = 33$, então 3 é o MDC entre 18, 30 e 99.

240. **11**

Descubra os fatores do menor número, que é 33:

Fatores de 33: 1, 3, 11, 33

O MDC entre 33, 77 e 121 é o maior fator de 33 que é também um fator de 77 e 121. Não é 33 porque 77 ÷ 33 = 2*r*11. Contudo, 33 ÷ 11 = 3 e 121 ÷ 11 = 11, então 11 é o MDC entre 33, 77 e 121.

241. **20**

Descubra os fatores do menor número, que é 40:

Fatores de 40: 1, 2, 4, 5, 8, 10, 20, 40

O MDC entre 40, 60 e 220 é o maior fator de 40 que é também um fator de 60 e 220. Não é 40 porque 60 ÷ 40 = 1*r*20. Contudo, 60 ÷ 20 = 3 e 220 ÷ 20 = 11, então 20 é o MDC entre 40, 60 e 220.

242. **18**

Descubra os fatores do menor número, que é 90:

Fatores de 90: 1, 2, 3, 5, 6, 9, 10, 15, 18, 30, 45, 90

O MDC entre 90, 126, 180 e 990 é o maior fator de 90 que é também um fator de 126, 180 e 990. Não é um número múltiplo de 5 porque 126 não é divisível por 5. Assim, essa regra se aplica a 90, 45 e 30, do topo da lista eliminando-os. Contudo, 126 ÷ 18 = 7, 180 ÷ 18 = 10 e 990 ÷ 18 = 55. Então, 18 é o MDC entre 90, 126, 180 e 990.

243. **7**

Descubra os múltiplos de 4 como a seguir:

Múltiplos de 4: 4, 8, 12, 16, 20, 24, 28

Portanto, 4 possui 7 múltiplos entre 1 e 30.

244. **11**

Descubra os múltiplos de 6 como a seguir:

Múltiplos de 6: 6, 12, 18, 24, 30, 36, 42, 48, 54, 60, 66

Portanto, 6 possui 11 múltiplos entre 1 e 70.

245. **14**

Descubra os múltiplos de 7 como a seguir:

Múltiplos de 7: 7, 14, 21, 28, 35, 42, 49, 56, 63, 70, 77, 84, 91, 98

Portanto, 7 possui 14 múltiplos entre 1 e 100.

246. **12**

Descubra os múltiplos de 12 como a seguir:

Múltiplos de 12: 12, 24, 36, 48, 60, 72, 84, 96, 108, 120, 132, 144

Portanto, 12 possui 12 múltiplos entre 1 e 150.

247. **11**

Descubra os múltiplos de 15 como a seguir:

Múltiplos de 15: 15, 30, 45, 60, 75, 90, 105, 120, 135, 150, 165

Portanto, 15 possui 11 múltiplos entre 1 e 175.

248. **12**

Descubra os múltiplos de 16 como a seguir:

Múltiplos de 16: 16, 32, 48, 64, 80, 96, 112, 128, 144, 160, 176, 192

Portanto, 16 possui 12 múltiplos entre 1 e 200.

249. **13**

Descubra os múltiplos de 75 como a seguir:

Múltiplos de 75: 75, 150, 225, 300, 375, 450, 525, 600, 675, 750, 825, 900, 975

Portanto, 75 possui 13 múltiplos entre 1 e 1.000.

250. **24**

Descubra os múltiplos de 6 e 8 até encontrar o menor número que apareça em ambas as listas:

Múltiplos de 6: 6, 12, 18, 24

Múltiplos de 8: 8, 16, 24

Portanto, o MMC entre 6 e 8 é 24.

251. **77**

O MMC de um conjunto de números primos é sempre o produto destes números:

$$7 \times 11 = 77$$

252. **28**

Descubra os múltiplos de 4 e 14 até encontrar o menor número que apareça em ambas as listas:

Múltiplos de 4: 4, 8, 12, 16, 20, 24, 28

Múltiplos de 14: 14, 28

Portanto, o MMC entre 4 e 14 é 28.

253. **60**

Descubra os múltiplos de 12 e 15 até encontrar o menor número que apareça em ambas as listas:

Múltiplos de 12: 12, 24, 36, 48, 60

Múltiplos de 15: 15, 30, 45, 60

Portanto, o MMC entre 12 e 15 é 60.

254. **72**

Descubra os múltiplos de 8 e 18 até encontrar o menor número que apareça em ambas as listas:

Múltiplos de 8: 8, 16, 24, 32, 40, 48, 56, 64, 72

Múltiplos de 18: 18, 36, 54, 72

Portanto, o MMC entre 8 e 18 é 72.

255. **180**

Descubra os múltiplos de 20 e 45 até encontrar o menor número que apareça em ambas as listas:

Múltiplos de 20: 20, 40, 60, 80, 100, 120, 140, 160, 180

Múltiplos de 45: 45, 90, 135, 180

Portanto, o MMC entre 20 e 45 é 180.

256. **80**

Para começar, note que 8 é um fator de 16, então todo múltiplo de 16 é também múltiplo 8. Além disso, todos os múltiplos de 10 terminam em 0, então você não precisa criar esta lista. Assim, descubra os múltiplos de 16 até encontrar um número que termine em 0:

Múltiplos de 16: 16, 32, 48, 64, 80

Portanto, o MMC entre 8, 10 e 16 é 80.

257. **36**

Para começar, note que 4 é um fator de 12, então todo múltiplo de 12 é também múltiplo 4. Então, você só precisa descobrir os múltiplos de 12 e 18 até encontrar o menor número que apareça nas duas listas:

Múltiplos de 12: 12, 24, 36

Múltiplos de 18: 18, 36

Portanto, o MMC entre 4, 12 e 18 é 36.

258. **357**

O MMC de um conjunto de números primos é sempre o produto destes números:

$$3 \times 7 \times 17 = 357$$

259. **840**

Para problemas difíceis de MMC, descubra os fatores primos de cada número:

$$10 = 2 \times 5$$

$$14 = 2 \times 7$$

$$24 = 2 \times 2 \times 2 \times 3$$

Agora, encontre o maior número das ocorrências em cada número primo nos números da lista: existem três fatores de 2 (em 24), um fator de 3 (em 24), um fator de 5 (em 10) e um fator de 7 (em 14). Multiplique esses números:

$$2 \times 2 \times 2 \times 3 \times 5 \times 7 = 840$$

Portanto, o MMC entre 10, 14 e 24 é 840.

260. 13.200

Para problemas difíceis de MMC, descubra os fatores primos de cada número:

$$11 = 11$$

$$15 = 3 \times 5$$

$$16 = 2 \times 2 \times 2 \times 2$$

$$25 = 5 \times 5$$

Agora, encontre o maior número das ocorrências em cada número primo nos números da lista: existem quatro fatores de 2 (em 16), um fator de 3 (em 15), dois fatores de 5 (em 25) e um fator de 11 (em 11). Multiplique esses números:

$$2 \times 2 \times 2 \times 2 \times 3 \times 5 \times 5 \times 11 = 13.200$$

Portanto, o MMC entre 10, 14 e 24 é 13.200.

261. 21

A turma foi dividida em grupos de 3 e 7, então o número de crianças desta turma é divisível por 3 e 7. Este número é, ainda, menor que 40. O único número assim é 21 ($3 \times 7 = 21$).

262. 3

Os únicos fatores de 57, além de 1 e 57, são 3 e 19. Portanto, eles transportam 3 gatos em cada uma das 19 gaiolas.

263. 7

Os únicos fatores de 91, além de 1 e 91, são 7 e 13. Existe mais de 8 mesas, então as 13 mesas comportam 7 convidados cada.

264. 5

Para começar, encontre todos os fatores de 105:

Fatores de 105: 1, 3, 5, 7, 15, 21, 35, 105

Assim, o único fator de 105 entre 20 e 30 é 21, então cada criança recebeu exatamente 21 porções. Portanto, porque $105 \div 5 = 21$, havia 5 crianças.

265. **6**

A fatoração prima de $132 = 2 \times 2 \times 3 \times 11$. Então, 132 não é divisível por 5, 7, 8 ou 9. Contudo, $132 \div 6 = 22$.

266. **14 e 15**

Comece descobrindo a fatoração prima de $210 = 2 \times 3 \times 5 \times 7$. Os únicos dois números entre 10 e 20 que são fatores desses números são $2 \times 7 = 14$ e $3 \times 5 = 15$.

267. **56 dias**

Maxine deve realizar a inspeção novamente em 8 dias, 16 dias, e assim por diante. Norma deve realizar as suas inspeções em 14 dias, 28 dias e assim por diante. Para descobrir o próximo dia que elas farão a inspeção juntas, encontre os múltiplos de 8 e 14:

Múltiplos de 8: 8, 16, 24, 32, 40, 48, 56

Múltiplos de 14: 14, 28, 42, 56

Portanto, elas realizarão a inspeção no mesmo dia novamente em 56 dias.

268. **11 pés**

As dimensões da sala são todas de números inteiros em pés, então a altura da sala deve ser um fator de 2.816. Para começar, descubra a fatoração prima de 2.816:

$$2.816 = 2 \times 2 \times 2 \times 2 \times 2 \times 2 \times 2 \times 2 \times 11$$

O único fator ímpar de 2.816 é 11, portanto, a altura da sala é de 11 pés.

269. **60**

Comece escrevendo as fatorações primas dos números 3, 4, 5 e 6:

$$3 = 3$$
$$4 = 2 \times 2$$
$$5 = 5$$
$$6 = 2 \times 3$$

Entre essas quatro fatorações primas, o 2 não aparece mais que duas vezes em cada caso, o 3 não aparece mais que uma vez em cada caso e o 5 não aparece mais que uma vez em cada caso. Portanto, multiplique dois 2s, um 3 e um 5:

$$2 \times 2 \times 3 \times 5 = 60$$

Assim, um grupo de 60 pessoas é o menor grupo de pessoas que pode ser dividido em subgrupos de três, quatro, cinco ou seis pessoas.

270. **7**

Marion foi capaz de dividir uniformemente todas menos 2 das 100 maçãs, então ela dividiu 98 maçãs igualmente. Os fatores de 98 são como a seguir:

Fatores de 98: 1, 2, 7, 14, 49, 98

O grupo inclui menos de 12 pessoas, então a única opção restante são 2 e 7. Se o grupo incluía apenas 2 pessoas, Marion poderia ter dado 50 maçãs para cada pessoa do grupo sem maçãs restantes. Portanto, o grupo incluía 7 pessoas.

271. **36**

Qualquer número divisível por 4 deve ser um número par. Então, comece escrevendo os primeiros números pares quadrados: 4, 16, 36, 64, 100, 144...

Todos esses números são divisíveis por 4. Porém, 4 não é divisível por 3 e nem é o número 16. Contudo, 36 é divisível por 3.

272. **7 metros**

Os dois lados de um salão de baile de 168 metros quadrados são números inteiros em metros, então comece encontrando os fatores de 168:

Fatores de 168: 1, 2, 3, 4, 6, 7, 8, 12, 14, 21, 24, 28, 42, 56, 84, 168

Assim, o maior lado do salão mede 24 metros (porque este é o único fator entre 21 e 28), dessa forma, o lado menor mede 7 metros (porque $168 \div 24 = 7$).

273. **63**

O grupo original continha de 50 a 100 pessoas e é igualmente dividido por 21. Os dois únicos números possíveis são 63 e 84. Porém, o grupo não pôde ser igualmente colocado em pares, portanto ele possui um número ímpar de pessoas. Dessa forma, este grupo possui 63 pessoas.

274. **77**

Para começar, descubra os múltiplos de 7, iniciando com números maiores que 50: 56, 63, 70, 77...

Os números 56 e 70 são divisíveis por 2. O número 63 é divisível por 3 (porque 6 +3 = 9, que é divisível por 3). Contudo, o número 77 é um número ímpar, então não é divisível por 2, 4 ou 6. Ele termina em 7, portanto, não é divisível por 5. E a soma de seus dígitos é 7 + 7 = 14, que não é divisível por 3, assim, 77 não é divisível por 3.

275. **31**

Para resolver este problema, primeiro encontre o menor número divisível por 2, 3 e 5. Como esses três números são primos, simplesmente multiplique $2 \times 3 \times 5 = 30$. Agora, some 1 para a pessoa que sempre foi deixada de fora dos grupos:

$$30 + 1 = 31$$

Verifique o resultado dividindo:

$$31 \div 2 = 15r1$$

$$31 \div 3 = 10r1$$

$$31 \div 5 = 6r1$$

Portanto, o grupo continha 31 pessoas.

276. **8**

Para começar, descubra a fatoração prima de 1.260:

$$1.260 = 2 \times 2 \times 3 \times 3 \times 5 \times 7$$

Assim, este número não é divisível por 8 (porque $8 = 2 \times 2 \times 2$).

277. **3**

O pacote possuía entre 70 e 80 adesivos e este número era divisível por 9. Assim, o pacote continha exatamente 72 adesivos, então descubra os fatores de 72:

Fatores de 72: 1, 2, 3, 4, 6, 8, 9, 12, 18, 24, 36, 72

Quando o grupo inesperado de crianças chegou, Maxwell conseguiu dividir estes 72 adesivos igualmente. Portanto, havia 12 crianças na festa neste momento, então 3 crianças a mais chegaram.

278. **32**

O número de alunos era um número quadrado entre 200 e 300, então era 225, 256 ou 289. Destes, 256 é o único número que é divisível por 8. Assim, calcule a quantidade de grupos de oito alunos como a seguir:

$$256 \div 8 = 32$$

279. **21**

Você pode resolver este problema escrevendo todos números de dois dígitos e, então, riscando aqueles que são divisíveis por 2, 3, 5 e 7. Para acelerar isso, pule os números pares, assim como aqueles que terminam com 5:

11, 13, 17, 19, 21, 23, 27, 29, 31, 33, 37, 39, 41, 43, 47, 49, 51, 53, 57, 59, 61, 63, 67, 69, 71, 73, 77, 79, 81, 83, 87, 89, 91, 93, 97, 99

Agora, risque os números que são divisíveis por 3 (ou seja, aqueles que possuem dígitos que somam um número divisível por 3):

11, 13, 17, 19, 23, 29, 31, 37, 41, 43, 47, 49, 53, 59, 61, 67, 71, 73, 77, 79, 83, 89, 91, 97

Finalmente, elimine os números que são divisíveis por 7:

11, 13, 17, 19, 23, 29, 31, 37, 41, 43, 47, 53, 59, 61, 67, 71, 73, 79, 83, 89, 97

Os 21 números restantes são números primos.

280. **39**

Resolva este problema descobrindo os números que resultam um resto de 3 quando divididos por 4, 5 e 6:

Divididos por 4 com resto 3: 3, 7, 11, 15, 19, 23, 27, 31, 35, 39

Divididos por 5 com resto 4: 4, 9, 14, 19, 24, 29, 34, 39

Divididos por 6 com resto 3: 3, 9, 15, 21, 27, 33, 39

O primeiro número a aparecer nas três listas é 39.

281. Veja abaixo.

i. $\frac{1}{3}$

ii. $\frac{3}{4}$

iii. $\frac{2}{5}$

iv. $\frac{5}{6}$

v. $\frac{7}{12}$

Em cada caso, o número de partes sombreadas é o numerador (número de cima) da fração e o número total é o denominador (número de baixo).

282. Veja abaixo.

i. $\frac{1}{4}$: o numerador é 1; o denominador é 4

ii. $\frac{2}{9}$: o numerador é 2; o denominador é 9

iii. $\frac{9}{2}$: o numerador é 9; o denominador é 2

iv. 4: o numerador é 4; o denominador é 1

v. 0: o numerador é 0; o denominador é 1

Para i–iii, o numerador é o número de cima da fração e o denominador o número de baixo. Para iv e v, o numerador é o valor do número inteiro e o denominador é 1.

283. Veja abaixo.

i. própria

ii. imprópria

iii. própria

iv. própria

v. imprópria

Uma fração imprópria é aquela cujo numerador é *maior que* o denominador.

284. **Veja abaixo.**

i. $\frac{3}{1}$

ii. $\frac{10}{1}$

iii. $\frac{250}{1}$

iv. $\frac{2.000}{1}$

v. $\frac{0}{1}$

Para converter qualquer número inteiro em uma fração, desenhe uma linha sob ele e coloque o número 1 no denominador.

285. **i. 3, ii. 4, iii. 9, iv. 2, v. 6**

Quando o numerador (número de cima) de uma fração é divisível pelo denominador (número de baixo), você pode alterar a fração por um número inteiro dividindo:

i. $6 \div 2 = 3$

ii. $20 \div 5 = 4$

iii. $54 \div 6 = 9$

iv. $100 \div 50 = 2$

v. $150 \div 25 = 6$

286. **Veja abaixo.**

i. $\frac{7}{2}$

ii. $\frac{3}{5}$

iii. 10

iv. $\frac{1}{6}$

v. $\frac{100}{99}$

Para encontrar a fração recíproca, mude as posições do numerador (número de cima) e do denominador (número de baixo), invertendo-as.

287. $\frac{11}{5}$

Multiplique o número inteiro pelo denominador; então some o numerador:

$$2 \times 5 + 1 = 11$$

Use esse resultado como numerador e substitua o denominador original:

$$\frac{11}{5}$$

288. $\frac{31}{7}$

Multiplique o número inteiro pelo denominador; então some o numerador:

$$4 \times 7 + 3 = 31$$

Use esse resultado como numerador e substitua o denominador original:

$$\frac{31}{7}$$

289. $\frac{73}{12}$

Multiplique o número inteiro pelo denominador; então some o numerador:

$$6 \times 12 + 1 = 73$$

Use esse resultado como numerador e substitua o denominador original:

$$\frac{73}{12}$$

290. $\frac{97}{10}$

Multiplique o número inteiro pelo denominador; então some o numerador:

$$9 \times 10 + 7 = 97$$

Use esse resultado como numerador e substitua o denominador original:

$$\frac{97}{10}$$

291. $4\frac{1}{3}$

Usando a divisão inteira, divida o numerador pelo denominador:

$$13 \div 3 = 4r1$$

Use esse resultado para criar o número misto equivalente, usando o quociente (4) como o número inteiro e colocando o resto (1) sobre o denominador original:

$$4\frac{1}{3}$$

292. $\mathbf{15\frac{1}{2}}$

Usando a divisão inteira, divida o numerador pelo denominador:

$$31 \div 2 = 15r1$$

Use esse resultado para criar o número misto equivalente, usando o quociente (15) como o número inteiro e colocando o resto (1) sobre o denominador original (2):

$$15\frac{1}{2}$$

293. $\mathbf{16\frac{3}{5}}$

Usando a divisão inteira, divida o numerador pelo denominador:

$$83 \div 5 = 16r3$$

Use esse resultado para criar o número misto equivalente, usando o quociente (16) como o número inteiro e colocando o resto (3) sobre o denominador original (5):

$$16\frac{3}{5}$$

294. $\mathbf{11\frac{1}{11}}$

Usando a divisão inteira, divida o numerador pelo denominador:

$$122 \div 11 = 11r1$$

Use esse resultado para criar o número misto equivalente, usando o quociente (11) como o número inteiro e colocando o resto (1) sobre o denominador original (11):

$$11\frac{1}{11}$$

295. $\frac{12}{20}$

Comece dividindo o denominador maior pelo menor:

$$20 \div 5 = 4$$

Agora, multiplique o resultado pelo numerador:

$$4 \times 3 = 12$$

Assim:

$$\frac{3}{5} = \frac{12}{20}$$

296. $\frac{16}{56}$

Comece dividindo o denominador maior pelo menor:

$$56 \div 7 = 8$$

Agora, multiplique o resultado pelo numerador:

$$8 \times 2 = 16$$

Assim:

$$\frac{2}{7} = \frac{16}{56}$$

297. $\frac{48}{120}$

Comece dividindo o denominador maior pelo menor:

$$120 \div 10 = 12$$

Agora, multiplique o resultado pelo numerador:

$$12 \times 4 = 48$$

Assim:

$$\frac{4}{10} = \frac{48}{120}$$

298. $\frac{45}{65}$

Comece dividindo o denominador maior pelo menor:

$$65 \div 13 = 5$$

Agora, multiplique o resultado pelo numerador:

$$5 \times 9 = 45$$

Assim:

$$\frac{9}{13} = \frac{45}{65}$$

299. $\mathbf{\frac{72}{84}}$

Comece dividindo o denominador maior pelo menor:

$$84 \div 7 = 12$$

Agora, multiplique o resultado pelo numerador:

$$12 \times 6 = 72$$

Assim:

$$\frac{6}{7} = \frac{72}{84}$$

300. $\mathbf{\frac{117}{135}}$

Comece dividindo o denominador maior pelo menor:

$$135 \div 15 = 9$$

Agora, multiplique o resultado pelo numerador:

$$9 \times 13 = 117$$

Assim:

$$\frac{13}{15} = \frac{117}{135}$$

301. $\mathbf{\frac{4}{11}}$

O numerador e o denominador são pares, então você pode reduzir a fração por, pelo menos, um fator de 2:

$$\frac{8}{22} = \frac{4}{11}$$

302. $\mathbf{\frac{3}{7}}$

O numerador e o denominador são pares, então você pode reduzir a fração por, pelo menos, um fator de 2:

$$\frac{18}{42} = \frac{9}{21}$$

Agora você pode ver que o numerador e o denominador resultantes são divisíveis por 3, então você pode reduzir esta fração ainda mais por um fator de 3:

$$= \frac{3}{7}$$

303. $\frac{1}{7}$

O numerador e o denominador terminam em 5, então você pode reduzir a fração por, pelo menos, um fator de 5:

$$\frac{15}{105} = \frac{3}{21}$$

Agora você pode ver que o numerador e o denominador resultantes são divisíveis por 3, então você pode reduzir esta fração ainda mais por um fator de 3:

$$= \frac{1}{7}$$

304. $\frac{3}{8}$

O numerador e o denominador terminam em 0, então você pode reduzir a fração por, pelo menos, um fator de 10:

$$\frac{270}{720} = \frac{27}{72}$$

Agora você pode ver que o numerador e o denominador resultantes são divisíveis por 9, então você pode reduzir esta fração ainda mais por um fator de 9:

$$= \frac{3}{8}$$

305. $\frac{3}{10}$

O numerador e o denominador são divisíveis por 5, então você pode reduzir a fração por, pelo menos, um fator de 5:

$$\frac{375}{1.250} = \frac{75}{250}$$

Agora você pode ver que o numerador e o denominador resultantes ainda são divisíveis por 5, então você pode reduzir esta fração ainda mais por um fator de 5:

$$= \frac{15}{50}$$

Mais uma vez, o numerador e o denominador resultantes ainda são divisíveis por 5, então você pode reduzir esta fração ainda mais por um fator de 5:

$$= \frac{3}{10}$$

306. $\mathbf{\frac{3}{5}}$

O numerador e o denominador são pares, então você pode reduzir a fração por, pelo menos, um fator de 2:

$$\frac{138}{230} = \frac{69}{115}$$

Agora você pode ver que o numerador resultante ainda é divisível por 3, porém, o denominador não é (porque $1 + 1 + 5 = 7$, que não é divisível por 3). Contudo, porque 69 é divisível por 3, há outro fator que você pode encontrar dividindo:

$$69 \div 3 = 23$$

Então, você pode reescrever o problema como a seguir:

$$\frac{69}{115} = \frac{3 \times 23}{115}$$

Agora, verifique se 115 também é divisível por 23:

$$115 \div 23 = 5$$

Então, você pode reescrever o problema como a seguir:

$$\frac{3 \times 23}{115} = \frac{3 \times 23}{5 \times 23}$$

Agora, cancele o fator de 23 no numerador e no denominador:

$$= \frac{3}{5}$$

307. $\mathbf{\frac{5}{7} < \frac{8}{11}}$

Multiplique em cruz para verificar a equação:

$$\frac{5}{7} = \frac{8}{11}?$$

$$5 \times 11 = 7 \times 8?$$

$$55 = 56?$$

A equação resultante está incorreta e precisa ser corrigida para $55 < 56$, então:

$$\frac{5}{7} < \frac{8}{11}$$

308. $\mathbf{\frac{3}{10} < \frac{4}{13}}$

Multiplique em cruz para verificar a equação:

$$\frac{3}{10} = \frac{4}{13}?$$
$$3 \times 13 = 10 \times 4?$$
$$39 = 40?$$

A equação resultante está incorreta e precisa ser corrigida para $39 < 40$, então:

$$\frac{3}{10} < \frac{4}{13}$$

309. $\mathbf{\frac{2}{5} > \frac{5}{23}}$

Multiplique em cruz para verificar a equação:

$$\frac{2}{5} = \frac{5}{23}?$$
$$2 \times 23 = 5 \times 5?$$
$$46 = 25?$$

A equação resultante está incorreta e precisa ser corrigida para $46 > 25$, então:

$$\frac{2}{5} > \frac{5}{23}$$

310. $\mathbf{\frac{5}{12} > \frac{12}{29}}$

Multiplique em cruz para verificar a equação:

$$\frac{5}{12} = \frac{12}{29}?$$
$$5 \times 29 = 12 \times 12?$$
$$145 = 144?$$

A equação resultante está incorreta e precisa ser corrigida para $145 > 144$, então:

$$\frac{5}{12} > \frac{12}{29}$$

311. $\mathbf{\frac{8}{9} = \frac{104}{117}}$

Multiplique em cruz para verificar a equação:

$$\frac{8}{9} = \frac{104}{117}?$$
$$8 \times 117 = 9 \times 104$$
$$936 = 936?$$

A equação resultante está correta, então:

$$\frac{8}{9} = \frac{104}{117}$$

312. $\mathbf{\frac{97}{101} < \frac{971}{1.002}}$

Multiplique em cruz para verificar a equação:

$$\frac{97}{101} = \frac{971}{1.002}?$$
$$97 \times 1.002 = 971 \times 101$$
$$97.194 = 98.071?$$

A equação resultante está incorreta e precisa ser corrigida de 97.194 < 98.071, então:

$$\frac{97}{101} < \frac{971}{1.002}$$

313. $\mathbf{\frac{12}{35}}$

Multiplique os dois numeradores para encontrar o numerador da resposta e multiplique os dois denominadores para encontrar o denominador da resposta:

$$\frac{3}{5} \times \frac{4}{7} = \frac{12}{35}$$

314. $\mathbf{\frac{1}{12}}$

Para começar, exclua o fator 2 do numerador e do denominador:

$$\frac{2}{15} \times \frac{5}{8} = \frac{1}{15} \times \frac{5}{4}$$

Em seguida, exclua o fator 5:

$$= \frac{1}{3} \times \frac{1}{4}$$

Multiplique os dois numeradores para encontrar o numerador da resposta e multiplique os dois denominadores para encontrar o denominador da resposta:

$$= \frac{1}{12}$$

315. $\frac{3}{40}$

Para começar, exclua o fator 7 do numerador e do denominador:

$$\frac{7}{12}\times\frac{9}{70}=\frac{1}{12}\times\frac{9}{10}$$

Em seguida, exclua o fator 3:

$$=\frac{1}{4}\times\frac{3}{10}$$

Multiplique os dois numeradores para encontrar o numerador da resposta e multiplique os dois denominadores para encontrar o denominador da resposta:

$$=\frac{3}{40}$$

316. $\frac{135}{242}$

Multiplique os dois numeradores para encontrar o numerador da resposta e multiplique os dois denominadores para encontrar o denominador da resposta:

$$\frac{9}{11}\times\frac{15}{22}=\frac{135}{242}$$

317. $\frac{1}{6}$

Para começar, exclua o fator de 13 do numerador e do denominador:

$$\frac{17}{39}\times\frac{13}{34}=\frac{17}{3}\times\frac{1}{34}$$

Em seguida, exclua o fator de 17:

$$=\frac{1}{3}\times\frac{1}{2}$$

Multiplique os dois numeradores para encontrar o numerador da resposta e multiplique os dois denominadores para encontrar o denominador da resposta:

$$=\frac{1}{6}$$

318. $\frac{3}{10}$

Converta a divisão em multiplicação mudando a segunda fração para sua recíproca (o que significa virá-la de cabeça para baixo):

$$\frac{1}{6} \div \frac{5}{9} = \frac{1}{6} \times \frac{9}{5}$$

Em seguida, exclua o fator de 3 do numerador e do denominador:

$$= \frac{1}{2} \times \frac{3}{5}$$

Multiplique os dois numeradores para encontrar o numerador da resposta e multiplique os dois denominadores para encontrar o denominador da resposta:

$$= \frac{3}{10}$$

319. $3\frac{1}{16}$

Converta a divisão em multiplicação mudando a segunda fração para sua recíproca (o que significa virá-la de cabeça para baixo):

$$\frac{7}{8} \div \frac{2}{7} = \frac{7}{8} \times \frac{7}{2}$$

Multiplique os dois numeradores para encontrar o numerador da resposta e multiplique os dois denominadores para encontrar o denominador da resposta:

$$= \frac{49}{16}$$

Converta a fração imprópria em um número misto, dividindo ($49 \div 16 = 3r1$):

$$= 3\frac{1}{16}$$

320. $\frac{1}{16}$

Converta a divisão em multiplicação mudando a segunda fração para sua recíproca (o que significa virá-la de cabeça para baixo):

$$\frac{1}{40} \div \frac{2}{5} = \frac{1}{40} \times \frac{5}{2}$$

Em seguida, exclua o fator de 5 do numerador e do denominador:

$$= \frac{1}{8} \times \frac{1}{2}$$

Multiplique os dois numeradores para encontrar o numerador da resposta e multiplique os dois denominadores para encontrar o denominador da resposta:

$$= \frac{1}{16}$$

321. $1\frac{1}{2}$

Converta a divisão em multiplicação mudando a segunda fração para sua recíproca (o que significa virá-la de cabeça para baixo):

$$\frac{10}{13} \div \frac{20}{39} = \frac{10}{13} \times \frac{39}{20}$$

Agora, exclua o fator de 10 do numerador e do denominador:

$$= \frac{1}{13} \times \frac{39}{2}$$

Em seguida, exclua o fator de 13 do numerador e do denominador:

$$= \frac{1}{1} \times \frac{3}{2}$$

Multiplique os dois numeradores para encontrar o numerador da resposta e multiplique os dois denominadores para encontrar o denominador da resposta:

$$= \frac{3}{2}$$

Converta a fração imprópria em um número misto, dividindo:

$$= 1\frac{1}{2}$$

322. $1\frac{4}{5}$

Converta a divisão em multiplicação mudando a segunda fração para sua recíproca (o que significa virá-la de cabeça para baixo):

$$\frac{51}{55} \div \frac{17}{33} = \frac{51}{55} \times \frac{33}{17}$$

Agora, exclua o fator de 11 do numerador e do denominador:

$$= \frac{51}{5} \times \frac{3}{17}$$

Você também pode excluir o fator de 17 do numerador e do denominador:

$$= \frac{3}{5} \times \frac{3}{1}$$

Multiplique os dois numeradores para encontrar o numerador da resposta e multiplique os dois denominadores para encontrar o denominador da resposta:

$$= \frac{9}{5}$$

Converta a fração imprópria em número misto, dividindo:

$$= 1\frac{4}{5}$$

323. $1\frac{2}{7}$

Quando duas frações possuem o mesmo denominador (número de baixo), some-as somando os numeradores (números de cima) e mantendo o mesmo denominador:

$$\frac{3}{7} + \frac{6}{7} = \frac{3+6}{7} = \frac{9}{7}$$

Converta a fração imprópria em um número misto:

$$= 1\frac{2}{7}$$

324. $\frac{7}{8}$

Quando duas frações possuem o mesmo denominador (número de baixo), some-as somando os numeradores (números de cima) e mantendo o mesmo denominador:

$$\frac{5}{16} + \frac{9}{16} = \frac{5+9}{16} = \frac{14}{16}$$

O numerador e o denominador são pares, então você pode reduzir essas frações por um fator de 2:

$$= \frac{7}{8}$$

325. $\frac{3}{5}$

Quando duas frações possuem o mesmo denominador (número de baixo), as diminua subtraindo os numeradores (números de cima) e mantendo o mesmo denominador:

$$\frac{34}{35} - \frac{13}{35} = \frac{34-13}{35} = \frac{21}{35}$$

O numerador e o denominador são divisíveis por 7, então você pode reduzir estas frações por um fator de 7:

$$= \frac{3}{5}$$

326. $\frac{15}{56}$

Quando cada uma das duas frações possuem um numerador (número de cima) com o número 1, você pode somá-las utilizando um truque simples: some os dois denominadores para encontrar o numerador da soma, então multiplique os dois denominadores para descobrir o denominador da soma:

$$\frac{1}{7}+\frac{1}{8}=\frac{7+8}{7\times 8}=\frac{15}{56}$$

327. $\frac{1}{10}$

Quando cada uma das duas frações possuem um numerador (número de cima) com o número 1, você pode subtraí-las utilizando um truque simples: subtraia o denominador menor do maior para encontrar o numerador da diferença, então multiplique os dois denominadores para descobrir o denominador da diferença:

$$\frac{1}{6}-\frac{1}{15}=\frac{15-6}{6\times 15}=\frac{9}{90}$$

Como o numerador e o denominador são divisíveis por 9, você pode reduzir esta fração por um fator de 9:

$$=\frac{1}{10}$$

328. $\frac{1}{35}$

Quando cada uma das duas frações possuem um numerador (número de cima) em 1, você pode subtraí-las utilizando um truque simples: subtraia o denominador menor do maior para encontrar o numerador da diferença, então multiplique os dois denominadores para descobrir o denominador da diferença:

$$\frac{1}{10}-\frac{1}{14}=\frac{14-10}{10\times 14}=\frac{4}{140}$$

Como o numerador e o denominador são números pares, você precisa reduzir esta fração por um fator de, pelo menos, 2. Neste caso, uma vez que reduza pelo fator de 2, você descobre que pode reduzir novamente pelo fator de 2:

$$=\frac{2}{70}=\frac{1}{35}$$

329. $\frac{29}{35}$

Você soma quaisquer duas frações usando a técnica de multiplicação em cruz. Multiplique em cruz e some os resultados para encontrar o numerador da resposta, então multiplique os dois denominadores para descobrir o denominador da resposta:

$$\frac{2}{5}+\frac{3}{7}=\frac{14+15}{35}=\frac{29}{35}$$

330. $\frac{11}{20}$

Você pode subtrair quaisquer duas frações usando a técnica de multiplicação em cruz. Multiplique em cruz e subtraia os resultados para encontrar o numerador da resposta, então multiplique os dois denominadores para descobrir o denominador da resposta:

$$\frac{3}{4}-\frac{1}{5}=\frac{15-4}{20}=\frac{11}{20}$$

331. $1\frac{11}{24}$

Você pode somar quaisquer duas frações usando a técnica de multiplicação em cruz. Multiplique e some os resultados para encontrar o numerador da resposta, então multiplique os dois denominadores para descobrir o denominador da resposta:

$$\frac{5}{8}+\frac{5}{6}=\frac{30+40}{48}=\frac{70}{48}$$

O numerador e o denominador são pares, assim, você pode reduzir este resultado por um fator de 2:

$$=\frac{35}{24}$$

Agora, converta esta fração imprópria em número misto:

$$=1\frac{11}{24}$$

332. $\frac{13}{18}$

Você pode subtrair quaisquer duas frações usando a técnica de multiplicação em cruz. Multiplique em cruz e subtraia os resultados para encontrar o numerador da resposta, então multiplique os dois denominadores para descobrir o denominador da resposta:

$$\frac{5}{6}-\frac{1}{9}=\frac{45-6}{54}=\frac{39}{54}$$

O numerador e o denominador são divisíveis por 3 (porque 3 + 9 = 12 e 5 + 4 = 9, ambos divisíveis por 3), então você pode reduzir este resultado por um fator de 3:

$$= \frac{13}{18}$$

333. $\mathbf{\frac{37}{60}}$

Você pode somar quaisquer duas frações usando a técnica de multiplicação em cruz. Multiplique em cruz e some os resultados para encontrar o numerador da resposta, então multiplique os dois denominadores para descobrir o denominador da resposta:

$$\frac{7}{15} + \frac{3}{20} = \frac{140 + 45}{300} = \frac{185}{300}$$

O numerador e o denominador são divisíveis por 5, assim, você pode reduzir este resultado por um fator de 5:

$$= \frac{37}{60}$$

334. $\mathbf{\frac{23}{187}}$

Você pode subtrair quaisquer duas frações usando a técnica de multiplicação em cruz. Multiplique em cruz e subtraia os resultados para encontrar o numerador da resposta, então multiplique os dois denominadores para descobrir o denominador da resposta:

$$\frac{2}{11} - \frac{1}{17} = \frac{34 - 11}{187} = \frac{23}{187}$$

335. $\mathbf{\frac{67}{100}}$

Você pode subtrair quaisquer duas frações usando a técnica de multiplicação em cruz. Multiplique em cruz e subtraia os resultados para encontrar o numerador da resposta, então multiplique os dois denominadores para descobrir o denominador da resposta:

$$\frac{17}{20} - \frac{9}{50} = \frac{850 - 180}{1.000} = \frac{670}{1.000}$$

O numerador e o denominador são divisíveis por 10, então você pode reduzir este resultado por um fator de 10:

$$= \frac{67}{100}$$

336. $1\frac{1}{360}$

Você pode somar quaisquer duas frações usando a técnica de multiplicação em cruz. Multiplique em cruz e some os resultados para encontrar o numerador da resposta, então multiplique os dois denominadores para descobrir o denominador da resposta:

$$\frac{1}{40}+\frac{44}{45}=\frac{45+1.760}{1.800}=\frac{1.805}{1.800}$$

O numerador e o denominador são divisíveis por 5, então você pode reduzir este resultado por um fator de 5:

$$=\frac{361}{360}$$

Agora, converta esta fração imprópria em número misto:

$$=1\frac{1}{360}$$

337. $\frac{2}{3}$

Para subtrair, aumente os termos de $\frac{3}{4}$ em um fator de 3:

$$\frac{3}{4}-\frac{1}{12}=\frac{9}{12}-\frac{1}{12}=\frac{8}{12}$$

O numerador e o denominador são pares, você precisa reduzir este resultado por um fator de, pelos menos, 2. Neste caso, uma vez que reduza pelo fator de 2, você descobre que pode reduzir pelo fator de 2 novamente:

$$\frac{4}{6}=\frac{2}{3}$$

338. $1\frac{3}{20}$

Para somar, aumente os termos de $\frac{4}{5}$ por um fator de 4:

$$\frac{4}{5}+\frac{7}{20}=\frac{16}{20}+\frac{7}{20}=\frac{23}{20}$$

Converta a fração imprópria resultante em um número misto:

$$=1\frac{3}{20}$$

339. $\frac{4}{21}$

Para subtrair, aumente os termos de $\frac{3}{7}$ por um fator de 3:

$$\frac{3}{7}-\frac{5}{21}=\frac{9}{21}-\frac{5}{21}=\frac{4}{21}$$

340. $1\frac{3}{50}$

Para somar, aumente os termos de $\frac{3}{20}$ por um fator de 5:

$$\frac{91}{100}+\frac{3}{20}=\frac{91}{100}+\frac{15}{100}=\frac{106}{100}$$

Converta a fração imprópria resultante em um número misto:

$$=1\frac{6}{100}$$

Finalmente, reduza a fração:

$$=1\frac{3}{50}$$

341. $1\frac{31}{117}$

Para somar, aumente os termos de $\frac{12}{13}$ por um fator de 9:

$$\frac{12}{13}+\frac{40}{117}=\frac{108}{117}+\frac{40}{117}=\frac{148}{117}$$

Converta a fração imprópria restante em um número misto:

$$=1\frac{31}{117}$$

342. $\frac{7}{95}$

Para subtrair, aumente os termos de $\frac{35}{38}$ por um fator de 5:

$$\frac{189}{190}-\frac{35}{38}=\frac{189}{190}-\frac{175}{190}=\frac{14}{190}$$

Como o numerador e o denominador são pares, você precisa reduzir esta fração por um fator de, pelo menos, 2:

$$=\frac{7}{95}$$

343. $\frac{11}{18}$

O menor denominador comum entre 6 e 9 é 18, portanto aumente os termos das duas frações por 3 e 2, respectivamente, e então subtraia:

$$\frac{5}{6}-\frac{2}{9}=\frac{15}{18}-\frac{4}{18}=\frac{11}{18}$$

344. $1\frac{19}{24}$

O menor denominador comum entre 8 e 12 é 24, portanto aumente os termos das duas frações por 3 e 2, respectivamente, e então some:

$$\frac{7}{8}+\frac{11}{12}=\frac{21}{24}+\frac{22}{24}=\frac{43}{24}$$

Converta esta fração imprópria em um número misto:

$$=1\frac{19}{24}$$

345. $1\frac{3}{50}$

O menor denominador comum entre 10 e 25 é 50, portanto aumente os termos das duas frações por 5 e 2, respectivamente, e então some:

$$\frac{3}{10}+\frac{19}{25}=\frac{15}{50}+\frac{38}{50}=\frac{53}{50}$$

Converta esta fração imprópria em um número misto:

$$=1\frac{3}{50}$$

346. $\frac{11}{30}$

O menor denominador comum entre 6 e 15 é 30, portanto aumente os termos das duas frações por 5 e 2, respectivamente:

$$\frac{5}{6}-\frac{7}{15}=\frac{25}{30}-\frac{14}{30}=\frac{11}{30}$$

347. $2\frac{1}{20}$

O menor denominador comum entre 4, 5 e 10 é 20, portanto aumente os termos das duas frações por 5, 4 e 2, respectivamente:

$$\frac{3}{4}+\frac{2}{5}+\frac{9}{10}=\frac{15}{20}+\frac{8}{20}+\frac{18}{20}=\frac{41}{20}$$

Converta esta fração imprópria em um número misto:

$$=2\frac{1}{20}$$

348. $\frac{49}{60}$

O menor denominador comum entre 10, 12 e 15 é 60, portanto aumente os termos das duas frações por 6, 5 e 4, respectivamente:

$$\frac{7}{10}+\frac{7}{12}-\frac{7}{15}=\frac{42}{60}+\frac{35}{60}-\frac{28}{60}$$

Some as primeiras duas frações e, então, subtraia a terceira:

$$=\frac{77}{60}-\frac{28}{60}=\frac{49}{60}$$

349. $3\frac{17}{20}$

Converta ambos os números mistos em frações impróprias, então multiplique:

$$1\frac{3}{4}\times 2\frac{1}{5}=\frac{7}{4}\times\frac{11}{5}=\frac{77}{20}$$

Agora, converta o resultado novamente em um número misto:

$$=3\frac{17}{20}$$

350. $6\frac{7}{30}$

Converta ambos os números mistos em frações impróprias, então multiplique:

$$3\frac{2}{5}\times 1\frac{5}{6}=\frac{17}{5}\times\frac{11}{6}=\frac{187}{30}$$

Agora, converta o resultado novamente em um número misto:

$$=6\frac{7}{30}$$

351. $1\frac{3}{5}$

Converta ambos os números mistos em frações impróprias:

$$6\frac{2}{3}\div 4\frac{1}{6}=\frac{20}{3}\div\frac{25}{6}$$

Agora converta este problema de uma divisão para uma multiplicação, alterando a segunda fração pela sua recíproca:

$$=\frac{20}{3}\times\frac{6}{25}$$

Exclua os fatores comuns do numerador e do denominador:

$$= \frac{4}{3} \times \frac{6}{5} = \frac{4}{1} \times \frac{2}{5}$$

Agora, multiplique e altere o resultado novamente para um número misto:

$$= \frac{8}{5} = 1\frac{3}{5}$$

352. $3\frac{1}{3}$

Converta ambos os números mistos em frações impróprias:

$$10\frac{2}{3} \div 3\frac{1}{5} = \frac{32}{3} \div \frac{16}{5}$$

Agora converta este problema de uma divisão para uma multiplicação, alterando a segunda fração pela sua recíproca:

$$= \frac{32}{3} \times \frac{5}{16}$$

Exclua os fatores comuns do numerador e do denominador e multiplique:

$$= \frac{2}{3} \times \frac{5}{1} = \frac{10}{3}$$

Converta o resultado novamente em um número misto:

$$= 3\frac{1}{3}$$

353. $4\frac{1}{2}$

Comece organizando o problema em formato de coluna.

Some as partes fracionárias e reduza o resultado:

$$\frac{1}{8} + \frac{3}{8} = \frac{4}{8} = \frac{1}{2}$$

Agora, some a parte inteira do número:

$$1 + 3 = 4$$

354. $8\frac{2}{3}$

Comece organizando o problema em formato de coluna.

Some as partes fracionárias e reduza o resultado:

$$\frac{5}{6} + \frac{5}{6} = \frac{10}{6} = \frac{5}{3}$$

Como o resultado é uma fração imprópria, converta-a em número misto:

$$= 1\frac{2}{3}$$

Transfira o número 1 do número misto para a coluna do número inteiro e some:

$$1 + 2 + 5 = 8$$

355. $\mathbf{10\frac{26}{35}}$

Comece organizando o problema em formato de coluna.

Some as partes fracionárias usando a multiplicação em cruz:

$$\frac{3}{5} + \frac{1}{7} = \frac{21+5}{35} = \frac{26}{35}$$

Agora, some a parte inteira do número:

$$4 + 6 = 10$$

356. $\mathbf{10\frac{1}{12}}$

Comece organizando o problema em formato de coluna.

Some as partes fracionárias encontrando um denominador comum:

$$\frac{1}{2} + \frac{5}{6} + \frac{3}{4} = \frac{6}{12} + \frac{10}{12} + \frac{9}{12} = \frac{25}{12}$$

Como o resultado é uma fração imprópria, converta-a em número misto:

$$= 2\frac{1}{12}$$

Transfira o número 2 do número misto para a coluna do número inteiro e some:

$$2 + 3 + 1 + 4 = 10$$

357. $\mathbf{6\frac{1}{2}}$

Comece organizando o problema em formato de coluna.

Some as partes fracionárias encontrando um denominador comum (neste caso, o menor denominador comum é 20):

$$\frac{1}{4} + \frac{3}{5} + \frac{7}{10} + \frac{19}{20} = \frac{5}{20} + \frac{12}{20} + \frac{14}{20} + \frac{19}{20} = \frac{50}{20}$$

Reduza o resultado:

$$= \frac{5}{2}$$

Como o resultado é uma fração imprópria, converta-a em um número misto:

$$= 2\frac{1}{2}$$

Transfira o número 2 do número misto para a coluna do número inteiro e some:

$$2 + 1 + 1 + 1 + 1 = 6$$

358. $2\frac{3}{4}$

Comece organizando o problema em formato de coluna.

Subtraia as partes fracionárias e reduza o resultado:

$$\frac{7}{8} - \frac{1}{8} = \frac{6}{8} = \frac{3}{4}$$

Subtraia os números inteiros:

$$6 - 4 = 2$$

359. $3\frac{7}{18}$

Comece organizando o problema em formato de coluna.

Subtraia as partes fracionárias e reduza o resultado:

$$\frac{5}{9} - \frac{1}{6} = \frac{10}{18} - \frac{3}{18} = \frac{7}{18}$$

Reduza o resultado:

$$\frac{7}{18}$$

Subtraia os números inteiros:

$$42 - 39 = 3$$

360. $9\frac{1}{3}$

Comece organizando o problema em formato de coluna.

Subtraia as partes fracionárias aumentando os termos da segunda fração:

$$\frac{11}{15} - \frac{2}{5} = \frac{11}{15} - \frac{6}{15} = \frac{5}{15}$$

Reduza o resultado:

$$= \frac{1}{3}$$

Subtraia os números inteiros:

$$10 - 1 = 9$$

361. $6\frac{2}{7}$

Comece organizando o problema em formato de coluna.

A primeira fração $\left(\frac{1}{7}\right)$ é menor que a segunda fração $\left(\frac{6}{7}\right)$, então você precisa emprestar 1 do número 9 antes que possa subtrair.

Converta o número misto $1\frac{1}{7}$ em uma fração imprópria:

$$\frac{8}{7}$$

Agora você pode subtrair as partes fracionárias:

$$\frac{8}{7} - \frac{6}{7} = \frac{2}{7}$$

Subtraia os números inteiros:

$$8 - 2 = 6$$

362. $29\frac{81}{88}$

Comece organizando o problema em formato de coluna.

Os denominadores são diferentes, então converta as partes fracionárias de cada número, para que tenham um denominador comum:

$$\frac{33}{88} - \frac{40}{88} =$$

A primeira fração $\left(\frac{33}{88}\right)$ é menor que a segunda fração $\left(\frac{40}{88}\right)$, então você precisa emprestar 1 do número 78 antes que possa subtrair.

Converta o número misto $1\frac{33}{88}$ em uma fração imprópria:

$$\frac{121}{88}$$

Agora você pode subtrair as partes fracionárias:

$$\frac{121}{88} - \frac{40}{88} = \frac{81}{88}$$

Subtraia os números inteiros:

$$77 - 48 = 29$$

363. $\frac{9}{10}$

Comece resolvendo a adição no numerador e a subtração no denominador:

$$\frac{\frac{1}{5}+\frac{2}{5}}{\frac{5}{6}-\frac{1}{6}}=\frac{\frac{3}{5}}{\frac{4}{6}}$$

Reduza a fração no denominador:

$$=\frac{\frac{3}{5}}{\frac{2}{3}}$$

A seguir, reescreva esta fração complexa como a divisão de duas frações e resolva:

$$\frac{3}{5}\div\frac{2}{3}=\frac{3}{5}\times\frac{3}{2}=\frac{9}{10}$$

364. $2\frac{5}{8}$

Comece resolvendo a adição no numerador e a subtração no denominador:

$$\frac{1+\frac{3}{4}}{1-\frac{1}{3}}=\frac{\frac{7}{4}}{\frac{2}{3}}$$

A seguir, reescreva essa fração complexa como a divisão de duas frações e resolva:

$$\frac{7}{4}\div\frac{2}{3}=\frac{7}{4}\times\frac{3}{2}=\frac{21}{8}$$

Converta essa fração imprópria em um número misto:

$$=2\frac{5}{8}$$

365. $3\frac{3}{10}$

Comece convertendo as frações no numerador e no denominador para denominadores comuns (8 para as frações no numerador e 12 para as frações no denominador):

$$\frac{2-\frac{5}{8}}{\frac{3}{4}-\frac{1}{3}}=\frac{\frac{16}{8}-\frac{5}{8}}{\frac{9}{12}-\frac{4}{12}}$$

Agora, faça as subtrações no numerador e no denominador:

$$=\frac{\frac{11}{8}}{\frac{5}{12}}$$

A seguir, reescreva essa fração complexa como a divisão de duas frações e converta essa divisão em multiplicação:

$$\frac{11}{8}\div\frac{5}{12}=\frac{11}{8}\times\frac{12}{5}$$

Exclua o fator 4 do numerador e o do denominador e, então, multiplique:

$$=\frac{11}{2}\times\frac{3}{5}=\frac{33}{10}$$

Converta essa fração imprópria em um número misto:

$$=3\frac{3}{10}$$

366. $\frac{2}{21}$

Comece convertendo as frações no numerador e no denominador em denominadores comuns (63 para as frações no numerador e 3 para as frações no denominador):

$$\frac{\frac{1}{7}+\frac{1}{9}}{3-\frac{1}{3}}=\frac{\frac{9}{63}+\frac{7}{63}}{\frac{9}{3}-\frac{1}{3}}$$

Agora, faça a adição no numerador e a subtração no denominador:

$$=\frac{\frac{16}{63}}{\frac{8}{3}}$$

A seguir, reescreva essa fração complexa como divisão de duas frações e então converta esta divisão em multiplicação:

$$\frac{16}{63}\div\frac{8}{3}=\frac{16}{63}\times\frac{3}{8}$$

Exclua o fator de 8 do numerador e o do denominador:

$$=\frac{2}{63}\times\frac{3}{1}$$

Exclua o fator de 3 do numerador e do denominador e, então, multiplique:

$$=\frac{2}{21}\times\frac{1}{1}=\frac{2}{21}$$

367. $\frac{20}{27}$

Comece resolvendo a subtração no numerador por meio da multiplicação em cruz:

$$\frac{6}{7}-\frac{2}{9}=\frac{54-14}{63}=\frac{40}{63}$$

Em seguida, resolva a adição no denominador aumentando os termos da primeira fração por um fator de 7:

$$\frac{1}{2}+\frac{5}{14}=\frac{7}{14}+\frac{5}{14}=\frac{12}{14}$$

Então, reescreva essa fração complexa como uma divisão das duas frações:

$$\frac{\frac{6}{7}-\frac{2}{9}}{\frac{1}{2}+\frac{5}{14}}=\frac{40}{63}\div\frac{12}{14}$$

Agora converta essa divisão em multiplicação:

$$=\frac{40}{63}\times\frac{14}{12}$$

Exclua o fator de 7 do numerador e do denominador:

$$=\frac{40}{9}\times\frac{2}{12}$$

Agora, exclua pelo fator de 2:

$$=\frac{40}{9}\times\frac{1}{6}$$

Você ainda pode excluir outro fator de 2:

$$=\frac{20}{9}\times\frac{1}{3}$$

Agora multiplique:

$$=\frac{20}{27}$$

368. $1\frac{1}{8}$

Comece resolvendo a subtração do numerador convertendo o número 13 em uma fração com 2 no denominador:

$$13-\frac{1}{2}=\frac{26}{2}-\frac{1}{2}=\frac{25}{2}$$

Em seguida, realize a adição no denominador convertendo o número 11 em uma fração com o número 9 no denominador:

Respostas 301–400

$$11+\frac{1}{9}=\frac{99}{9}+\frac{1}{9}=\frac{100}{9}$$

Então você pode reescrever esta fração complexa como uma divisão de duas frações:

$$\frac{13-\frac{1}{2}}{11+\frac{1}{9}}=\frac{25}{2}\div\frac{100}{9}$$

Converta a divisão em multiplicação:

$$=\frac{25}{2}\times\frac{9}{100}$$

Exclua o fator de 25 do numerador e do denominador e multiplique:

$$=\frac{1}{2}\times\frac{9}{4}=\frac{9}{8}$$

Agora, converta essa fração imprópria em um número misto:

$$=1\frac{1}{8}$$

369. $\frac{4}{9}$

Comece resolvendo a adição no numerador:

$$1+\frac{1}{6}+\frac{1}{9}=\frac{18}{18}+\frac{3}{18}+\frac{2}{18}=\frac{23}{18}$$

Em seguida, resolva a subtração no denominador:

$$3-\frac{1}{8}=\frac{24}{8}-\frac{1}{8}=\frac{23}{8}$$

Agora, reescreva essa fração complexa como uma divisão de duas frações:

$$\frac{1+\frac{1}{6}+\frac{1}{9}}{3-\frac{1}{8}}=\frac{23}{18}\div\frac{23}{8}$$

Agora converta a divisão em multiplicação:

$$=\frac{23}{18}\times\frac{8}{23}$$

Exclua um fator de 23 do numerador e do denominador:

$$=\frac{1}{18}\times\frac{8}{1}$$

Agora, exclua um fator de 2 do numerador e do denominador e, então, multiplique:

$$=\frac{1}{9}\times\frac{4}{1}=\frac{4}{9}$$

370. $1\frac{7}{12}$

Comece simplificando $\frac{1+\frac{2}{3}}{8}$ no numerador:

$$\frac{1+\frac{2}{3}}{8}=\frac{\frac{5}{3}}{8}=\frac{5}{3}\div 8=\frac{5}{3}\times\frac{1}{8}=\frac{5}{24}$$

Agora simplifique $\frac{5}{1-\frac{1}{3}}$ no denominador:

$$\frac{5}{1-\frac{1}{3}}=\frac{5}{\frac{2}{3}}=5\div\frac{2}{3}=5\times\frac{3}{2}=\frac{15}{2}$$

Substitua esses dois resultados na fração original:

$$\frac{1-\frac{1+\frac{2}{3}}{8}}{8-\frac{5}{1-\frac{1}{3}}}=\frac{1-\frac{5}{24}}{8-\frac{15}{2}}$$

Agora, converta os números inteiros no numerador e no denominador em frações com os denominadores comuns necessários para a subtração:

$$=\frac{\frac{24}{24}-\frac{5}{24}}{\frac{16}{2}-\frac{15}{2}}$$

Agora, faça a subtração do numerador e do denominador:

$$=\frac{\frac{19}{24}}{\frac{1}{2}}$$

Expresse esse resultado como uma divisão de fração e então, converta-o em multiplicação:

$$\frac{19}{24}\div\frac{1}{2}=\frac{19}{24}\times\frac{2}{1}$$

Exclua o fator de 2 do numerador e do denominador e, então, multiplique:

$$=\frac{19}{12}\times\frac{1}{1}=\frac{19}{12}$$

Converta esta fração imprópria em um número misto:

$$=1\frac{7}{12}$$

371. Veja abaixo.

i. $\frac{1}{10}$

ii. $\frac{1}{5}$

iii. $\frac{2}{5}$

iv. $\frac{1}{2}$

v. $\frac{3}{5}$

Para converter um decimal em uma fração, crie uma fração usando o decimal como o numerador e o número 1 como o denominador:

i. $0{,}1 = \frac{0{,}1}{1} = \frac{1}{10}$

ii. $0{,}2 = \frac{0{,}2}{1} = \frac{2}{10} = \frac{1}{5}$

iii. $0{,}4 = \frac{0{,}4}{1} = \frac{4}{10} = \frac{2}{5}$

iv. $0{,}5 = \frac{0{,}5}{1} = \frac{5}{10} = \frac{1}{2}$

v. $0{,}6 = \frac{0{,}6}{1} = \frac{6}{10} = \frac{3}{5}$

372. Veja abaixo.

i. $\frac{1}{100}$

ii. $\frac{1}{20}$

iii. $\frac{1}{8}$

iv. $\frac{1}{4}$

v. $\frac{3}{4}$

Para converter um decimal em uma fração, crie uma fração usando o decimal como o numerador e o número 1 como o denominador:

i. $0{,}01 = \frac{0{,}01}{1} = \frac{0{,}1}{10} = \frac{1}{100}$

ii. $0{,}05 = \frac{0{,}05}{1} = \frac{0{,}5}{10} = \frac{5}{100} = \frac{1}{20}$

iii. $0{,}125 = \frac{0{,}125}{1} = \frac{1{,}25}{10} = \frac{12{,}5}{100} = \frac{125}{1{,}000} = \frac{1}{8}$

iv. $0{,}25 = \frac{0{,}25}{1} = \frac{2{,}5}{10} = \frac{25}{100} = \frac{1}{4}$

v. $0{,}75 = \frac{0{,}75}{1} = \frac{7{,}5}{10} = \frac{75}{100} = \frac{3}{4}$

373. $\frac{17}{100}$

Para converter um número decimal em uma fração, crie uma fração usando o número decimal como o numerador e o número 1 como o denominador:

$$\frac{0,17}{1}$$

Depois, multiplique ambos por 10 até o número decimal do numerador se tornar um número inteiro:

$$= \frac{1,7}{10} = \frac{17}{100}$$

374. $\frac{7}{20}$

Para converter um número decimal em uma fração, crie uma fração usando o número decimal como o numerador e o número 1 como o denominador:

$$\frac{0,35}{1}$$

Depois, multiplique ambos por 10 até o número decimal do numerador se tornar um número inteiro:

$$= \frac{3,5}{10} = \frac{35}{100}$$

Reduza dividindo o numerador e o denominador por 5:

$$= \frac{7}{20}$$

375. $\frac{12}{25}$

Para converter um número decimal em uma fração, crie uma fração usando o número decimal como o numerador e o número 1 como o denominador:

$$\frac{0,48}{1}$$

Depois, multiplique ambos por 10 até o número decimal do numerador se tornar um número inteiro:

$$= \frac{4,8}{10} = \frac{48}{100}$$

Reduza dividindo o numerador e o denominador por 2 e, então, por 2 novamente:

$$= \frac{24}{50} = \frac{12}{25}$$

376. $\frac{3}{50}$

Para converter um número decimal em uma fração, crie uma fração usando o número decimal como o numerador e o número 1 como o denominador:

$$\frac{0{,}06}{1}$$

Depois, multiplique ambos por 10 até o número decimal do numerador se tornar um número inteiro:

$$= \frac{0{,}6}{10} = \frac{6}{100}$$

Reduza dividindo o numerador e o denominador por 2:

$$= \frac{3}{50}$$

377. $\frac{87}{500}$

Para converter um número decimal em uma fração, crie uma fração usando o número decimal como o numerador e o número 1 como o denominador:

$$\frac{0{,}174}{1}$$

Depois, multiplique ambos por 10 até o número decimal do numerador se tornar um número inteiro:

$$= \frac{1{,}74}{10} = \frac{17{,}4}{100} = \frac{174}{1.000}$$

Reduza dividindo o numerador e o denominador por 2:

$$= \frac{87}{500}$$

378. $\frac{1}{1.250}$

Para converter um número decimal em uma fração, crie uma fração usando o número decimal como o numerador e o número 1 como o denominador:

$$\frac{0{,}0008}{1}$$

Depois, multiplique ambos por 10 até o número decimal do numerador se tornar um número inteiro:

$$= \frac{0{,}008}{10} = \frac{0{,}08}{100} = \frac{0{,}8}{1.000} = \frac{8}{10.000}$$

Reduza dividindo o numerador e o denominador por 8:

$$= \frac{1}{1.250}$$

379. $6\frac{7}{100}$

Para converter um número decimal que é maior que 1 em uma fração, desmembre a parte inteira do número e crie uma fração com a parte decimal usando o próprio número decimal como o numerador e o número 1 como o denominador:

$$6 + \frac{0,07}{1}$$

Depois, multiplique ambos por 10 até o número decimal do numerador se tornar um número inteiro:

$$= 6 + \frac{0,7}{10} = 6 + \frac{7}{100}$$

Expresse o resultado como um número misto:

$$= 6\frac{7}{100}$$

380. $2\frac{101}{5.000}$

Para converter um número decimal que é maior que 1 em uma fração, desmembre a parte inteira do número e crie uma fração com a parte decimal usando o próprio número decimal como o numerador e o número 1 como o denominador:

$$2 + \frac{0,0202}{1}$$

Depois, multiplique ambos por 10 até o número decimal do numerador se tornar um número inteiro:

$$= 2 + \frac{0,202}{10} = 2 + \frac{2,02}{100} = 2 + \frac{20,2}{1.000} = 2 + \frac{202}{10.000}$$

Expresse o resultado como um número misto e, então, reduza a parte fracionária:

$$= 2\frac{202}{10.000} = 2\frac{101}{5.000}$$

381. **0,13**

Para converter esta fração em um número decimal, divida o numerador e o denominador por 10 até que o denominador se torne o número 1:

$$\frac{13}{100} = \frac{1,3}{10} = \frac{0,13}{1} = 0,13$$

382. **0,0143**

Para converter esta fração em um número decimal, divida o numerador e o denominador por 10 até que o denominador se torne o número 1:

$$\frac{143}{10.000} = \frac{14,3}{1.000} = \frac{1,43}{100} = \frac{0,143}{10} = \frac{0,0143}{1} = 0,0143$$

383. **0,15**

Divida 3 ÷ 20 até que o decimal resultante termine:

$$\begin{array}{r} 0,15 \\ 20\overline{)3,00} \\ \underline{-20} \\ 100 \\ \underline{-100} \\ 0 \end{array}$$

Portanto, $\frac{3}{20} = 0,15$.

384. **0,24**

Divida 6 ÷ 25 até que o decimal resultante termine:

$$\begin{array}{r} 0,24 \\ 25\overline{)6,00} \\ \underline{-50} \\ 100 \\ \underline{-100} \\ 0 \end{array}$$

Portanto, $\frac{6}{25} = 0,24$.

385. **0,375**

Divida 3 ÷ 8 até que o decimal resultante termine:

$$\begin{array}{r} 0,375 \\ 8\overline{)3,000} \\ \underline{-24} \\ 60 \\ \underline{-56} \\ 40 \\ \underline{-40} \\ 0 \end{array}$$

Portanto, $\frac{3}{8} = 0,375$.

386. **0,5625**

Divida 9 ÷ 16 até que o decimal resultante termine:

$$\begin{array}{r} 0{,}5625 \\ 16\overline{)9{,}0000} \\ \underline{-80} \\ 100 \\ \underline{-96} \\ 40 \\ \underline{-32} \\ 80 \\ \underline{-80} \\ 0 \end{array}$$

Portanto, $\frac{9}{16} = 0{,}5625$.

387. **$0{,}\overline{3}$**

Divida 1 ÷ 3 até que o decimal resultante se repita:

$$\begin{array}{r} 0{,}33 \\ 3\overline{)1{,}00} \\ \underline{-9} \\ 10 \\ \underline{-9} \\ 1 \end{array}$$

Portanto, $\frac{1}{3} = 0{,}\overline{3}$.

388. **$0{,}\overline{4}$**

Divida 4 ÷ 9 até que o decimal resultante se repita:

$$\begin{array}{r} 0{,}44 \\ 9\overline{)4{,}00} \\ \underline{-36} \\ 40 \\ \underline{-36} \\ 4 \end{array}$$

Portanto, $\frac{4}{9} = 0{,}\overline{4}$.

389. $\mathbf{0{,}0\overline{5}}$

Divida 1 ÷ 18 até que o decimal resultante se repita:

$$\begin{array}{r} 0{,}055 \\ 18\overline{)1{,}000} \\ \underline{-90} \\ 100 \\ \underline{-90} \\ 10 \end{array}$$

Portanto, $\frac{1}{18} = 0{,}0\overline{5}$.

390. $\mathbf{0{,}\overline{123}}$

Divida 123 ÷ 999 até que o decimal resultante se repita:

$$\begin{array}{r} 0{,}123123 \\ 999\overline{)123{,}000000} \\ \underline{-999} \\ 2310 \\ \underline{-1998} \\ 3120 \\ \underline{-2997} \\ 1230 \\ \underline{-999} \\ 2310 \\ \underline{-1998} \\ 3120 \\ \underline{-2997} \\ 1230 \end{array}$$

Portanto, $\frac{123}{999} = 0{,}\overline{123}$.

391. $\mathbf{\frac{2}{3}}$

Comece com a seguinte equação:

$$x = 0{,}\overline{6}$$

Multiplique ambos os lados da equação por 10.

$$10x = 6{,}\overline{6}$$

Depois, subtraia a primeira equação da segunda:

$$\begin{array}{r} 10x = 6{,}\overline{6} \\ -x = -0{,}\overline{6} \\ \hline 9x = 6 \end{array}$$

Para ver por que este passo funciona, lembre-se que a repetição do número decimal nunca acaba. Então, quando você subtrai, a parte da repetição de ambos os decimais se cancelam.

Neste ponto, apenas divida ambos os lados da equação por 9 e, assim, simplifique:

$$\frac{9x}{9} = \frac{6}{9}$$

$$x = \frac{2}{3}$$

392. $\frac{7}{9}$

Comece com a seguinte equação:

$$x = 0{,}\overline{7}$$

Multiplique ambos os lados da equação por 10.

$$10x = 7{,}\overline{7}$$

Depois, subtraia a primeira equação da segunda:

$$\begin{array}{r} 10x = 7{,}\overline{7} \\ -x = -0{,}\overline{7} \\ 9x = 7 \end{array}$$

Para ver por que este passo funciona, lembre-se que a repetição do número decimal nunca acaba. Então, quando você subtrai, a parte da repetição de ambos os decimais se cancelam.

Neste ponto, apenas divida ambos os lados da equação por 9:

$$\frac{9x}{9} = \frac{7}{9}$$

$$x = \frac{7}{9}$$

393. $\frac{9}{11}$

Comece com a seguinte equação:

$$x = 0{,}\overline{81}$$

Multiplique ambos os lados da equação por 100.

$$100x = 81,\overline{81}$$

Depois, subtraia a primeira equação da segunda:

$$\begin{aligned} 100x &= 81,\overline{81} \\ -x &= -0,\overline{81} \\ 99x &= 81 \end{aligned}$$

Para ver por que este passo funciona, lembre-se que a repetição do número decimal nunca acaba. Então, quando você subtrair, a parte da repetição de ambos os decimais se cancelam.

Neste ponto, apenas divida ambos os lados da equação por 99 e assim, simplifique:

$$\begin{aligned} \frac{99x}{99} &= \frac{81}{99} \\ x &= \frac{9}{11} \end{aligned}$$

394. $\frac{497}{999}$

Comece com a seguinte equação:

$$x = 0,\overline{497}$$

Multiplique ambos os lados da equação por 1.000.

$$1.000x = 497,\overline{497}$$

Depois, subtraia a primeira equação da segunda:

$$\begin{aligned} 1.000x &= 497,\overline{497} \\ -x &= -0,\overline{497} \\ 999x &= 497 \end{aligned}$$

Para ver como este passo funciona, lembre-se que a repetição do número decimal nunca acaba. Então, quando você subtrair, a parte da repetição de ambos os decimais se cancelam.

Neste ponto, apenas divida ambos os lados da equação por 999:

$$\begin{aligned} \frac{999x}{999} &= \frac{497}{999} \\ x &= \frac{497}{999} \end{aligned}$$

395. **4,16**

Alinhe as vírgulas decimais e some os números, colocando a vírgula decimal na mesma posição na resposta:

$$\begin{array}{r} 3{,}4 \\ +\ 0{,}76 \\ \hline 4{,}16 \end{array}$$

396. **821,739**

Alinhe as vírgulas decimais e some os números, colocando a vírgula decimal na mesma posição na resposta:

$$\begin{array}{r} 821{,}7 \\ +\ 0{,}039 \\ \hline 821{,}739 \end{array}$$

397. **69,15**

Alinhe as vírgulas decimais e some os números, colocando a vírgula decimal na mesma posição na resposta:

$$\begin{array}{r} 2{,}35 \\ 66{,}1 \\ +\ 0{,}7 \\ \hline 69{,}15 \end{array}$$

398. **1.004,598**

Alinhe as vírgulas decimais e some os números, colocando a vírgula decimal na mesma posição na resposta:

$$\begin{array}{r} 912{,}4 \\ 60{,}278 \\ +\ 031{,}92 \\ \hline 1.004{,}598 \end{array}$$

399. **86,72**

Alinhe as vírgulas decimais e some os números, colocando a vírgula decimal na mesma posição na resposta:

$$\begin{array}{r} 81,222 \\ 5,4 \\ +\ \ 0,098 \\ \hline 86,720 \end{array}$$

400. **754,74075**

Alinhe as vírgulas decimais e some os números, colocando a vírgula decimal na mesma posição na resposta:

$$\begin{array}{r} 745,21 \\ 8,88 \\ 0,6478 \\ +\ \ 0,00295 \\ \hline 754,74075 \end{array}$$

401. **62.661,111673**

Alinhe as vírgulas decimais e some os números, colocando a vírgula decimal na mesma posição na resposta:

$$\begin{array}{r} 0,982 \\ 0,009673 \\ 58.433,2 \\ 3.381 \\ +\ \ 845,92 \\ \hline 62.661,111673 \end{array}$$

402. **25,2**

Alinhe as vírgulas decimais e subtraia os números, colocando a vírgula decimal na mesma posição na resposta:

$$\begin{array}{r} 76,5 \\ -51,3 \\ \hline 25,2 \end{array}$$

403. 4,211

Alinhe as vírgulas decimais e subtraia os números, colocando a vírgula decimal na mesma posição na resposta:

$$\begin{array}{r} 4{,}831 \\ -0{,}62 \\ \hline 4{,}211 \end{array}$$

404. 2,927

Alinhe as vírgulas decimais e subtraia os números, colocando a vírgula decimal na mesma posição na resposta:

$$\begin{array}{r} 7{,}007 \\ -4{,}08 \\ \hline 2{,}927 \end{array}$$

405. 574,57

Alinhe as vírgulas decimais e subtraia os números, colocando a vírgula decimal na mesma posição na resposta. Se você quiser, adicione um zero à direita do número maior (574,80) para deixar a subtração mais clara.

$$\begin{array}{r} 574{,}80 \\ -\ \ 0{,}23 \\ \hline 574{,}57 \end{array}$$

406. 608,81

Alinhe as vírgulas decimais e subtraia os números, colocando a vírgula decimal na mesma posição na resposta. Se você quiser, adicione dois zeros à direita do número maior (611,00) para deixar a subtração mais clara.

$$\begin{array}{r} 611{,}00 \\ -\ \ 2{,}19 \\ \hline 608{,}81 \end{array}$$

407. 99,124

Alinhe as vírgulas decimais e subtraia os números, colocando a vírgula decimal na mesma posição na resposta. Se você quiser, adicione três zeros à direita do número maior (100,000) para deixar a subtração mais clara.

$$\begin{array}{r} 100{,}000 \\ -\ \ 0{,}876 \\ \hline 99{,}124 \end{array}$$

408. **19.157,0064**

Alinhe as vírgulas decimais e subtraia os números, colocando a vírgula decimal na mesma posição na resposta. Se você quiser, adicione um zero à direita do número maior (20.304,0070) para deixar a subtração mais clara.

$$\begin{array}{r} 20.304{,}0070 \\ -\ \ 1.147{,}0006 \\ \hline 19.157{,}0064 \end{array}$$

409. **4,605**

Multiplique os dois números como de costume, desconsiderando as vírgulas decimais:

$$\begin{array}{r} 9{,}21 \\ \times\ \ 0{,}5 \\ \hline 4605 \end{array}$$

Agora, conte os números das casas decimais em ambos os fatores e some-os: 9,21 possui 2 casas decimais; 0,5 possui 1 casa decimal; 2 + 1 = 3. Então, coloque a vírgula decimal no produto para formar um número decimal com três casas decimais:

$$\begin{array}{r} 9{,}21 \\ \times\ \ 0{,}5 \\ \hline 4{,}605 \end{array}$$

Portanto, $9{,}21 \times 0{,}5 = 4{,}605$.

410. **1,1016**

Multiplique os dois números como de costume, desconsiderando as vírgulas decimais:

$$\begin{array}{r} 13{,}77 \\ \times\ \ 0{,}08 \\ \hline 11016 \end{array}$$

Agora, conte os números das casas decimais em ambos os fatores e some-os: 13,77 possui 2 casas decimais; 0,08 possui 2 casas decimais; 2 + 2 = 4. Então, coloque a vírgula decimal no produto para formar um número decimal com quatro casas decimais:

$$\begin{array}{r} 13{,}77 \\ \times\ \ 0{,}08 \\ \hline 1{,}1016 \end{array}$$

Portanto, $13{,}77 \times 0{,}08 = 1{,}1016$.

411. 0,67528

Multiplique os dois números como de costume, desconsiderando as vírgulas decimais:

$$\begin{array}{r} 0{,}0734 \\ \times\ \ 9{,}2 \\ \hline 1468 \\ +6606\ \\ \hline 67528 \end{array}$$

Agora, conte os números das casas decimais em ambos os fatores e some-os: 0,0734 possui 4 casas decimais; 9,2 possui 1 casa decimal; 4 + 1 = 5. Então, coloque a vírgula decimal no produto para formar um número decimal com 5 casas decimais:

$$\begin{array}{r} 0{,}0734 \\ \times\ \ 9{,}2 \\ \hline 1468 \\ +6606\ \\ \hline {,}67528 \end{array}$$

Portanto, $0{,}0734 \times 9{,}2 = 0{,}67528$.

412. 5,56686

Multiplique os dois números como de costume, desconsiderando as vírgulas decimais:

$$\begin{array}{r} 1{,}098 \\ \times\ \ 5{,}07 \\ \hline 7868 \\ +5490\ \\ \hline 556686 \end{array}$$

Respostas 401–500

Agora, conte os números das casas decimais em ambos os fatores e some-os: 1,098 possui 3 casas decimais; 5,07 possui 2 casas decimais; $3 + 2 = 5$. Então, coloque a vírgula decimal no produto para formar um número decimal com 5 casas decimais:

$$\begin{array}{r} 1{,}098 \\ \times \quad 5{,}07 \\ \hline 7868 \\ +5490 \\ \hline 5{,}56686 \end{array}$$

Portanto, $1{,}098 \times 5{,}07 = 5{,}56686$.

413. **78,1728**

Multiplique os dois números como de costume, desconsiderando as vírgulas decimais:

$$\begin{array}{r} 287{,}4 \\ \times 0{,}272 \\ \hline 5748 \\ 20118 \\ +5748 \\ \hline 781728 \end{array}$$

Agora, conte os números das casas decimais em ambos os fatores e some-os: 287,4 possui 1 casa decimal, o número 0,272 possui 3 casas decimais; $1 + 3 = 4$. Então, coloque a vírgula decimal no produto para formar um número decimal com 4 casas decimais:

$$\begin{array}{r} 287{,}4 \\ \times 0{,}272 \\ \hline 5748 \\ 20118 \\ +5748 \\ \hline 78{,}1728 \end{array}$$

Portanto, $287{,}4 \times 0{,}272 = 78{,}1728$.

414. **0,01200914**

Multiplique os dois números como de costume, desconsiderando as vírgulas decimais:

$$\begin{array}{r} 0{,}014365 \\ \times\, 0{,}836 \\ \hline 86190 \\ 43095 \\ +114920 \\ \hline 12009140 \end{array}$$

Agora, conte os números das casas decimais em ambos os fatores e some-os: 0,014365 possui 6 casas decimais, o número 0,836 possui 3 casas decimais; $6 + 3 = 9$. Então, coloque a vírgula decimal no produto para formar um número decimal com 9 casas decimais:

$$\begin{array}{r} 0{,}014365 \\ \times\, 0{,}836 \\ \hline 86190 \\ 43095 \\ +114920 \\ \hline {,}012009140 \end{array}$$

Portanto, $0{,}014365 \times 0{,}836 = 0{,}01200914$.

415. 7,2

Comece montando a divisão como de costume:

$0{,}6\overline{)4{,}32}$

Agora, mova a vírgula decimal do divisor (0,6) uma casa para a direita, para que o divisor se torne um número inteiro. Ao mesmo tempo, desloque a vírgula decimal do dividendo (4,32) uma casa para a direita. Então, coloque outra vírgula decimal logo acima da vírgula decimal do dividendo:

$$\begin{array}{r} , \\ 6\overline{)43{,}2} \end{array}$$

Agora, divida como de costume, certificando-se de alinhar a resposta à vírgula decimal:

$$\begin{array}{r} 7{,}2 \\ 6\overline{)43{,}2} \\ \underline{-42} \\ 1\,2 \\ \underline{-1\,2} \\ 0 \end{array}$$

Portanto, $4{,}32 \div 0{,}6 = 7{,}2$.

416. 37,5

Comece montando a divisão como de costume:

$$0{,}008\overline{)0{,}3}$$

Agora, mova a vírgula decimal do divisor (0,008) três casas para a direita, para que o divisor se torne um número inteiro. Ao mesmo tempo, desloque a vírgula decimal do dividendo (0,3) três casas para a direita. Então, coloque outra vírgula decimal logo acima da vírgula decimal do dividendo:

$$\begin{array}{r} , \\ 8\overline{)300{,}0} \end{array}$$

Agora, divida como de costume, certificando-se de alinhar a resposta à vírgula decimal:

$$\begin{array}{r} 37{,}5 \\ 8\overline{)300{,}0} \\ \underline{-24}\phantom{0{,}0} \\ 60\phantom{{,}0} \\ \underline{-56}\phantom{{,}0} \\ 40 \\ \underline{-40} \\ 0 \end{array}$$

Portanto, 0,3 ÷ 0,008 = 37,5.

417. 6.480

Comece montando a divisão como de costume:

$$0{,}021\overline{)136{,}08}$$

Agora, mova a vírgula decimal do divisor (0,021) três casas para a direita, para que o divisor se torne um número inteiro. Ao mesmo tempo, desloque a vírgula decimal do dividendo (136,08) três casas para a direita. Então, coloque outra vírgula decimal logo acima da vírgula decimal do dividendo:

$$\begin{array}{r} , \\ 21\overline{)136080,} \end{array}$$

Agora, divida como de costume, certificando-se de alinhar a resposta à vírgula decimal:

$$\begin{array}{r} 6480, \\ 21\overline{)136080,} \\ \underline{-126} \\ 100 \\ \underline{-84} \\ 168 \\ \underline{-168} \\ 0 \end{array}$$

Portanto, 136,08 ÷ 0,021 = 6.480.

418. **0,030625**

Comece montando a divisão como de costume:

$$1{,}6\overline{)0{,}049}$$

Agora, mova a vírgula decimal do divisor (1,6) uma casa para a direita, para que o divisor se torne um número inteiro. Ao mesmo tempo, desloque a vírgula decimal do dividendo (0,049) uma casa para a direita. Então, coloque outra vírgula decimal logo acima da vírgula decimal do dividendo:

$$\begin{array}{r} , \\ 16\overline{)0{,}49} \end{array}$$

Agora, divida como de costume, certificando-se de alinhar a resposta à vírgula decimal:

$$\begin{array}{r} ,03 \\ 16\overline{)0{,}49} \\ \underline{-48} \\ 1 \end{array}$$

Adicione zeros suficientes no final do dividendo, assim você pode continuar dividindo até que o número decimal termine ou se repita:

$$\begin{array}{r} ,030625 \\ 16\overline{)0{,}490000} \\ \underline{-48} \\ 100 \\ \underline{-96} \\ 40 \\ \underline{-32} \\ 80 \\ \underline{-80} \\ 0 \end{array}$$

Portanto, 0,049 ÷ 1,6 = 0,030625.

419. **$0{,}02\overline{03}$**

Comece montando a divisão como de costume:

$$3{,}3\overline{)0{,}067}$$

Agora, mova a vírgula decimal do divisor (3,3) uma casa para a direita, para que o divisor se torna um número inteiro. Ao mesmo tempo, desloque a vírgula decimal do dividendo (0,067) uma casa para a direita. Então, coloque outra vírgula decimal logo acima da vírgula decimal do dividendo:

$$\begin{array}{r} , \\ 33\overline{)0{,}67} \end{array}$$

Agora, divida como de costume, certificando-se de alinhar a resposta à vírgula decimal. Adicione zeros suficientes no final do dividendo, assim você pode continuar dividindo até que o número decimal termine ou se repita

$$\begin{array}{r} ,020303 \\ 33\overline{)0{,}670000} \\ \underline{-66} \\ 100 \\ \underline{-99} \\ 100 \\ \underline{-99} \\ 1 \end{array}$$

Neste ponto, os números decimais começaram a repetir os dígitos 03. Portanto $0{,}067 \div 3{,}3 = 0{,}02\overline{03}$.

420. $0{,}0\overline{142857}$

Comece montando a divisão como de costume:

$$0{,}007\overline{)0{,}0001}$$

Agora, mova a vírgula decimal do divisor (0,007) três casas para a direita, para que o divisor se torne um número inteiro. Ao mesmo tempo, desloque a vírgula decimal do dividendo (0,0001) três casas para a direita. Então, coloque outra vírgula decimal logo acima da vírgula decimal do dividendo:

$$\begin{array}{r} , \\ 7\overline{)0{,}1} \end{array}$$

Agora, divida como de costume, certificando-se de alinhar a resposta à vírgula decimal. Adicione os zeros suficientes no final do dividendo, assim você pode continuar dividindo até que o número decimal termine ou se repita

$$
\begin{array}{r}
,01428571 \\
7\overline{)0,10000000} \\
\underline{-7} \\
30 \\
\underline{-28} \\
20 \\
\underline{-14} \\
60 \\
\underline{-56} \\
40 \\
\underline{-35} \\
50 \\
\underline{-49} \\
10 \\
\underline{-7} \\
3
\end{array}
$$

Neste ponto, o número decimal começou a repetir os dígitos 142857. Portanto $0{,}0001 \div 0{,}007 = 0{,}0\overline{142857}$.

421. Veja abaixo.

i. 0,01

ii. 0,05

iii. 0,1

iv. 0,5

v. 1,0

Para converter a porcentagem em número decimal, mova a vírgula decimal duas casas para a esquerda e retire o sinal de porcentagem.

422. Veja abaixo.

i. 200%

ii. 20%

iii. 2%

iv. 25%

v. 75%

Para converter um número decimal em porcentagem, mova a vírgula decimal duas casas para a direita e adicione o sinal de porcentagem.

423. **Veja abaixo.**

i. $\frac{1}{10}$

ii. $\frac{1}{5}$

iii. $\frac{3}{10}$

iv. $\frac{2}{5}$

v. $\frac{1}{2}$

As conversões simples de porcentagem normalmente usadas em frações devem ser memorizadas. Para calculá-las, crie uma fração com um número da porcentagem como numerador e o número 100 como denominador, então reduza:

i. $10\% = \frac{10}{100} = \frac{1}{10}$

ii. $20\% = \frac{20}{100} = \frac{1}{5}$

iii. $30\% = \frac{30}{100} = \frac{3}{10}$

iv. $40\% = \frac{40}{100} = \frac{2}{5}$

v. $50\% = \frac{50}{100} = \frac{1}{2}$

424. **Veja abaixo.**

i. 50%

ii. $33\frac{1}{3}\%$

iii. $66\frac{2}{3}\%$

iv. 25%

v. 75%

As conversões simples de frações normalmente usadas em porcentagens devem ser memorizadas. Para calculá-las, aumente os termos da fração, para que o denominador passe a ser o número 100. Então, use o numerador com o sinal da porcentagem:

i. $\frac{1}{2} \times \frac{50}{50} = \frac{50}{100} = 50\%$

ii. $\frac{1}{3} \times \frac{33\frac{1}{3}}{33\frac{1}{3}} = \frac{33\frac{1}{3}}{100} = 33\frac{1}{3}\%$

iii. $\frac{2}{3} \times \frac{33\frac{1}{3}}{33\frac{1}{3}} = \frac{66\frac{2}{3}}{100} = 66\frac{2}{3}\%$

iv. $\frac{1}{4} \times \frac{25}{25} = \frac{25}{100} = 25\%$

v. $\frac{3}{4} \times \frac{25}{25} = \frac{75}{100} = 75\%$

425. **0,37**

Para converter uma porcentagem em um número decimal, mova a vírgula decimal duas casas para a esquerda e retire o sinal da porcentagem:

$$37\% = 0{,}37$$

426. **1,23**

Para converter uma porcentagem em um número decimal, mova a vírgula decimal duas casas para a esquerda e retire o sinal da porcentagem:

$$123\% = 1{,}23$$

427. **0,0008**

Para converter uma porcentagem em um número decimal, mova a vírgula decimal duas casas para a esquerda e retire o sinal da porcentagem:

$$0{,}08\% = 0{,}0008$$

428. **77%**

Para converter um número decimal em uma porcentagem, mova a vírgula decimal duas casas para a direita e adicione o sinal da porcentagem:

$$0{,}77 = 77\%$$

429. **550%**

Para converter um número decimal em uma porcentagem, mova a vírgula decimal duas casas para a direita e adicione o sinal da porcentagem:

$$5{,}5 = 550\%$$

430. **0,1%**

Para converter um número decimal em uma porcentagem, mova a vírgula decimal duas casas para a direita e adicione o sinal da porcentagem:

$$0{,}001 = 0{,}1\%$$

431. $\mathbf{\frac{11}{100}}$

Crie uma fração posicionando o número 11 no numerador e 100 no denominador:

$$\frac{11}{100}$$

432. $\mathbf{\frac{13}{20}}$

Crie uma fração posicionando o número 65 no numerador e 100 no denominador e, então, reduza:

$$\frac{65}{100} = \frac{13}{20}$$

433. $\mathbf{\frac{11}{25}}$

Crie uma fração posicionando o número 44 no numerador e 100 no denominador e, então, reduza:

$$\frac{44}{100} = \frac{22}{50} = \frac{11}{25}$$

434. $\mathbf{\frac{37}{200}}$

Crie uma fração posicionando o número 18,5 no numerador e 100 no denominador e, então, multiplique ambos por 10 para remover o decimal:

$$\frac{18{,}5}{100} = \frac{185}{1.000}$$

Então, reduza para termos menores:

$$= \frac{37}{200}$$

435. $\mathbf{6\frac{1}{2}}$

Crie uma fração posicionando o número 650 no numerador e 100 no denominador e, então, reduza para termos menores:

$$\frac{650}{100} = \frac{65}{10} = \frac{13}{2}$$

Converta a fração imprópria em um número misto:

$$= 6\frac{1}{2}$$

436. $\frac{3}{1.000}$

Crie uma fração posicionando o número 0,3 no numerador e 100 no denominador. Então, multiplique ambos por 10 para remover o decimal:

$$\frac{0,3}{100} = \frac{3}{1.000}$$

Essa fração não poderá mais ser reduzida.

437. $1\frac{1}{8}$

Crie uma fração posicionando o número 112,5 no numerador e 100 no denominador. Então, multiplique ambos por 10 para remover o decimal:

$$\frac{112,5}{100} = \frac{1.125}{1.000}$$

Agora, reduza para termos menores:

$$= \frac{225}{200} = \frac{45}{40} = \frac{9}{8}$$

$$= 1\frac{1}{8}$$

438. $\frac{5}{6}$

Crie uma fração posicionando o número $83\frac{1}{3}$ no numerador e 100 no denominador. Então, multiplique ambos por 3 para remover a fração do numerador:

$$\frac{83\frac{1}{3}}{100} = \frac{250}{300}$$

Agora, reduza para termos menores:

$$= \frac{25}{30} = \frac{5}{6}$$

439. 78%

Como o denominador 50 é um fator de 100, você pode aumentar os termos da fração para que o denominador seja 100. Para fazer isto, multiplique ambos por 2:

$$\frac{39}{50} \times \frac{2}{2} = \frac{78}{100}$$

Agora, converta para porcentagem:

$= 78\%$

440. **85%**

Como o denominador 20 é um fator de 100, você pode aumentar os termos da fração para que o denominador seja 100. Para fazer isso, multiplique ambos por 5:

$$\frac{17}{20} \times \frac{5}{5} = \frac{85}{100}$$

Agora, converta para porcentagem:

$= 85\%$

441. **37,5%**

Primeiro converta $\frac{3}{8}$ para um número decimal e divida 3 por 8:

$$3 \div 8 = 0{,}375$$

Agora, converta o número decimal para porcentagem, movendo a vírgula decimal duas casas para a direita e adicionando o sinal de porcentagem (%).

$= 37{,}5\%$

442. **97,5%**

Primeiro converta $\frac{39}{40}$ para um número decimal e divida 39 por 40:

$$39 \div 40 = 0{,}975$$

Agora, converta o número decimal para porcentagem, movendo a vírgula decimal duas casas para a direita e adicionando o sinal de porcentagem (%):

$= 97{,}5\%$

443. $\mathbf{8\frac{1}{3}\%}$

Primeiro, para converter $\frac{1}{12}$ para um número decimal, divida 1 por 12 até que você tenha uma dízima periódica:

$$1 \div 12 = 0{,}08\overline{33}$$

Agora, converta a dízima periódica para porcentagem, movendo a vírgula decimal duas casas para a direita e adicionando o sinal de porcentagem (%).

$= 8{,}\overline{33}\%$

Converta o período da dízima periódica para uma fração, lembrando que $0,\overline{3} = \frac{1}{3}$

$$= 8\frac{1}{3}\%$$

444. $\mathbf{45\frac{5}{11}\%}$

Primeiro, para converter $\frac{5}{11}$ para um número decimal, divida 5 por 11 até que você tenha uma dízima periódica:

$$5 \div 11 = 0,\overline{45}$$

Agora, converta essa dízima periódica para porcentagem, movendo a vírgula decimal duas casas para a direita e adicionando o sinal de porcentagem (%):

$$= 45,\overline{45}\%$$

Converta o período da dízima periódica para uma fração e, então, reduza:

$$= 45\frac{45}{99}\% = 45\frac{5}{11}\%$$

445. **260%**

Primeiro, converta $2\frac{3}{5}$ em um número misto:

$$2\frac{3}{5} = \frac{13}{5}$$

Para converter $\frac{13}{5}$ para um número decimal, divida 13 por 5.

$$13 \div 5 = 2,6$$

Agora, converta este número decimal em porcentagem, movendo a vírgula decimal duas casas para a direita e adicionando o sinal de porcentagem (%):

$$= 260\%$$

446. **7,77%**

Primeiro, para converter $\frac{777}{10.000}$ em um número decimal, divida 777 por 10.000. Isso equivale a mover a vírgula decimal 4 casas para a esquerda.

$$777 \div 10.000 = 0,0777$$

Agora, converta esse número decimal para porcentagem, movendo a vírgula decimal duas casas para a direita e adicionando o sinal de porcentagem (%):

$$= 7,77\%$$

447. **100,1%**

Primeiro, converta $1\frac{1}{1.000}$ em um número misto:

$$1\frac{1}{1.000} = \frac{1.001}{1.000}$$

Para converter $\frac{1.001}{1.000}$ para um número decimal, divida 1.001 por 1.000. Isso equivale a mover a vírgula decimal três casas para a esquerda:

$$1.001 \div 1.000 = 1{,}001$$

Agora, converta esse número decimal em porcentagem, movendo a vírgula decimal duas casas para a direita e adicionando o sinal de porcentagem (%):

$$= 100{,}1\%$$

448. **10**

50% é igual a $\frac{1}{2}$, então, divida 20 por 2:

$$20 \div 2 = 10$$

449. **15**

25% é igual a $\frac{1}{4}$, então, divida 60 por 4:

$$60 \div 4 = 15$$

450. **40**

20% é igual a $\frac{1}{5}$, então, divida 200 por 5:

$$200 \div 5 = 40$$

451. **13**

10% é igual a $\frac{1}{10}$, então, divida 130 por 10:

$$130 \div 10 = 13$$

452. **33**

$33\frac{1}{3}\%$ é igual a $\frac{1}{3}$, então, divida 99 por 3:

$99 \div 3 = 33$

453. **24**

1% é igual a $\frac{1}{100}$, então, divida 2.400 por 100:

$2.400 \div 100 = 24$

454. **9**

18% de 50 é igual a 50% de 18, que é mais fácil de calcular. 50% é igual a $\frac{1}{2}$, então, divida 18 por 2:

$18 \div 2 = 9$

455. **8**

32% de 25 é igual a 25% de 32, que é mais fácil de calcular. 25% é igual a $\frac{1}{4}$, então, divida 32 por 4:

$32 \div 4 = 8$

456. **4**

12% de $33\frac{1}{3}\%$ é igual a $33\frac{1}{3}\%$ de 12, que é mais fácil de calcular. $33\frac{1}{3}\%$ é igual a $\frac{1}{3}$, então, divida 12 por 3:

$12 \div 3 = 4$

457. **3,44**

Converta 8% para o número decimal 0,08 e, então, multiplique por 43.

$0{,}08 \times 43 = 3{,}44$

458. **6,97**

Converta 41% para o número decimal 0,41 e, então, multiplique por 17:

$0{,}41 \times 17 = 6{,}97$

459. **6,88**

Converta 215% para o número decimal 2,15 e, então, multiplique por 3,2:

$2{,}15 \times 3{,}2 = 6{,}88$

460. **0,81**

Converta 7,5% para o número decimal 0,075 e, então, multiplique por 10,8:

$$0{,}075 \times 10{,}8 = 0{,}81$$

461. **75**

Transforme o problema em uma equação:

$$x\% \cdot 40 = 30$$

Substitua a multiplicação de 0,01 por %.

$$x \cdot 0{,}01 \cdot 40 = 30$$

Simplifique multiplicando 0,01 por 40.

$$x \cdot 0{,}40 = 30$$

Agora, divida ambos os lados por 0,40.

$$\frac{x \cdot 0{,}40}{0{,}40} = \frac{30}{0{,}40}$$
$$x = 75$$

Portanto, 75% de 40 é 30.

462. **12,5**

Transforme o problema em uma equação.

$$20 = x\% \cdot 160$$

Substitua a multiplicação de 0,01 por %.

$$20 = x \cdot 0{,}01 \cdot 160$$

Simplifique multiplicando 0,01 por 160.

$$20 = x \cdot 1{,}60$$

Agora, divida ambos os lados por 1,60.

$$\frac{20}{1{,}60} = \frac{x \cdot 1{,}60}{1{,}60}$$
$$12{,}5 = x$$

Portanto, 20 é 12,5% de 160.

463. 288

Transforme o problema em uma equação.

$$72 = 25\% \cdot x$$

Converta 25% no número decimal 0,25.

$$72 = 0{,}25 \cdot x$$

Agora, divida ambos os lados por 0,25.

$$\frac{72}{0{,}25} = \frac{0{,}25 \cdot x}{0{,}25}$$
$$288 = x$$

Portanto, 72 é 25% de 288.

464. 300

Transforme o problema em uma equação.

$$85\% \cdot x = 255$$

Converta 85% no número decimal 0,85.

$$0{,}85 \cdot x = 255$$

Agora, divida ambos os lados por 0,85.

$$\frac{0{,}85 \cdot x}{0{,}85} = \frac{255}{0{,}85}$$
$$x = 300$$

Portanto, 85% de 300 é 255.

465. 8.500

Transforme o problema em uma equação.

$$71\% \cdot x = 6.035$$

Converta 71% no número decimal 0,71.

$$0{,}71 \cdot x = 6.035$$

Agora, divida ambos os lados por 0,71.

$$\frac{0{,}71 \cdot x}{0{,}71} = \frac{6.035}{0{,}71}$$
$$x = 8.500$$

Portanto, 6.035 é 71% de 8.500.

466. **16.300**

Transforme o problema em uma equação.

$$108\% \cdot x = 17.604$$

Converta 108% no número decimal 1,08.

$$1{,}08 \cdot x = 17.604$$

Agora, divida ambos os lados por 1,08.

$$\frac{1{,}08 \cdot x}{1{,}08} = \frac{17.604}{1{,}08}$$
$$x = 16.300$$

Portanto, 108% de 16.300 é igual a 17.604.

467. **96**

Transforme o problema em uma equação:

$$x\% \cdot 2{,}5 = 2{,}4$$

Converta a % em uma multiplicação de 0,01.

$$x \cdot 0{,}01 \cdot 2{,}5 = 2{,}4$$

Depois, multiplique os dois números decimais do lado esquerdo da equação:

$$x \cdot 0{,}025 = 2{,}4$$

Agora, divida ambos os lados por 0,025.

$$\frac{x \cdot 0{,}025}{0{,}025} = \frac{2{,}4}{0{,}025}$$

Portanto, 2,4 é 96% de 2,5.

468. **1.000**

Transforme o problema em uma equação.

$$99{,}5 = 9{,}95\% \cdot x$$

Converta 9,95% no número decimal 0,0995.

$$99{,}5 = 0{,}0995 \cdot x$$

Agora, divida ambos os lados por 0,0995.

$$\frac{99{,}5}{0{,}0995} = \frac{0{,}0995 \cdot x}{0{,}0995}$$
$$1.000 = x$$

Portanto, 99,5 é 9,95% de 1.000.

469. 150

Transforme o problema em uma equação:

$$\frac{1}{2} = x\% \cdot \frac{1}{3}$$

Converta a % em uma multiplicação de $\frac{1}{100}$:

$$\frac{1}{2} = x \cdot \frac{1}{100} \cdot \frac{1}{3}$$

Em seguida, multiplique as duas frações do lado direito da equação:

$$\frac{1}{2} = x \cdot \frac{1}{300}$$

Agora, multiplique ambos os lados da equação por 300:

$$\frac{1}{2} \cdot 300 = x \cdot \frac{1}{300} \cdot 300$$
$$150 = x$$

Portanto, $\frac{1}{2}$ é 150% de $\frac{1}{3}$.

470. $44\frac{4}{9}$

Transforme o problema em uma equação.

$$33\frac{1}{3} = 75\% \cdot x$$

Converta o número misto $33\frac{1}{3}$ na fração imprópria $\frac{100}{3}$ e converta 75% na fração $\frac{3}{4}$.

$$\frac{100}{3} = \frac{3}{4} \cdot x$$

Agora, multiplique ambos os lados por $\frac{4}{3}$.

$$\frac{100}{3} \cdot \frac{4}{3} = \frac{4}{3} \cdot \frac{3}{4} \cdot x$$

Simplifique.

$$\frac{400}{9} = x$$

Agora, converta a fração imprópria em um número misto.

$$44\frac{4}{9} = x$$

Portanto, $33\frac{1}{3}$ é 75% de $44\frac{4}{9}$.

471. **2:3**

Crie uma fração de cachorros para gatos e, então, reduza-a a termos menores, como a seguir:

$$\frac{cachorros}{gatos} = \frac{4}{6} = \frac{2}{3}$$

A fração $\frac{2}{3}$ é equivalente a uma proporção de 2:3.

472. **4 para 5**

Crie uma fração de meninos para meninas e, então, reduza-a a termos menores, como a seguir:

$$\frac{meninos}{meninas} = \frac{12}{15} = \frac{4}{5}$$

A fração $\frac{4}{5}$ é equivalente a uma proporção de 4 para 5.

473. **7:5**

Crie uma fração de casados para solteiros e, então, reduza-a a termos menores, como a seguir:

$$\frac{casados}{solteiros} = \frac{42}{30} = \frac{7}{5}$$

A fração $\frac{7}{5}$ é equivalente a uma proporção de 7:5.

474. **16 para 21**

Crie uma fração de salário de Karina para salário de Tamara e, então, reduza-a a termos menores, como a seguir:

$$\frac{Karina}{Tamara} = \frac{\text{R\$}32.000}{\text{R\$}42.000} = \frac{32}{42} = \frac{16}{21}$$

A fração $\frac{16}{21}$ é equivalente a uma proporção de 16 para 21.

475. **7 para 11**

Crie uma fração de distâncias de ontem para distâncias de hoje e, então, aumente os termos da fração para que o numerador e o denominador se tornem números inteiros, como a seguir:

$$\frac{ontem}{hoje} = \frac{4{,}9}{7{,}7} = \frac{49}{77}$$

Agora, reduza a fração a termos menores:

$$= \frac{7}{11}$$

A fração $\frac{7}{11}$ é equivalente a uma proporção de 7 para 11.

476. 3:5

Crie uma fração complexa do total de horas trabalhadas no sábado e no domingo.

$$\frac{\textit{Sábado}}{\textit{Domingo}} = \frac{\frac{1}{5}}{\frac{1}{3}}$$

Agora, calcule essa fração complexa como uma divisão de fração.

$$= \frac{1}{5} \div \frac{1}{3}$$

Converta esta multiplicação, utilizando a recíproca da segunda fração.

$$= \frac{1}{5} \times \frac{3}{1} = \frac{3}{5}$$

A fração $\frac{3}{5}$ é equivalente a uma proporção de 3:5.

477. 2:7

Crie uma fração entre o número de gerentes e o número *total* da equipe:

$$\frac{\textit{gerentes}}{\textit{total}} = \frac{10}{10+25} = \frac{10}{35}$$

Agora, reduza a fração a termos menores:

$$= \frac{2}{7}$$

A fração $\frac{2}{7}$ é equivalente a uma proporção de 2:7.

478. 5:6:4

A proporção entre calouros, intermediários e veteranos é de 10:12:8. Os três números são pares, então, você pode dividi-los por 2 para reduzir a proporção:

$$\frac{10}{2} : \frac{12}{2} : \frac{8}{2} = 5:6:4$$

479. 4:15

Crie uma fração entre a quantidade de veteranos e o número *total* de alunos:

$$\frac{veteranos}{total} = \frac{8}{10+12+8} = \frac{8}{30}$$

Agora, reduza a fração a termos menores:

$$= \frac{4}{15}$$

A fração $\frac{4}{15}$ é equivalente a uma proporção de 4:15.

480. 2 para 3

Crie uma fração entre os intermediários e a *combinação* entre calouros e veteranos:

$$\frac{intermediários}{calouros + veteranos} = \frac{12}{10+8} = \frac{12}{18}$$

Agora, reduza a fração a termos menores:

$$= \frac{2}{3}$$

A fração $\frac{2}{3}$ é equivalente a uma proporção de 2 para 3.

481. 2:4:3

Se uma pessoa se muda do primeiro andar para o segundo, a proporção dos moradores do primeiro andar em relação aos do segundo e em relação aos do terceiro seria de 4:8:6. Todos os números são pares, então, você pode dividi-los por 2 para reduzir a proporção.

$$\frac{4}{2} : \frac{8}{2} : \frac{6}{2} = 2 : 4 : 3$$

482. 4 para 1

Inicialmente, Ann usava 2.400 watts, porém, ela reduziu seu consumo em 1.800 watts, então, seu consumo foi reduzido para 2.400 – 1.800 = 600. Crie uma fração do seu consumo de antes e de depois, como a seguir:

$$\frac{antes}{depois} = \frac{2.400}{600} = \frac{24}{6} = \frac{4}{1}$$

Essa fração é equivalente a uma proporção de 4 para 1.

483. 6:7

Crie uma fração da altura do prédio e da *combinação* da sua altura com a da torre:

$$\frac{prédio}{prédio + torre} = \frac{450}{450+75} = \frac{450}{525}$$

Agora, reduza a fração a termos menores.

$$= \frac{90}{105} = \frac{18}{21} = \frac{6}{7}$$

Esta fração $\frac{6}{7}$ é equivalente a uma proporção de 6:7.

484. 4

Crie uma proporção entre os membros não registrados para votar no numerador e os registrados no denominador; então, substitua o número de membros registrados:

$$\frac{não\ registrados}{registrados} = \frac{1}{7}$$

$$\frac{não\ registrados}{28} = \frac{1}{7}$$

Agora, multiplique os dois lados da equação por 28 para eliminar a fração do lado esquerdo.

$$\frac{não\ registrados}{28} \times 28 = \frac{1}{7} \times 28$$

$$não\ registrados = 4$$

Portanto, a organização possui quatro membros não registrados.

485. 18

Crie uma proporção entre as janelas no numerador e as portas no denominador; então, substitua o número de portas:

$$\frac{janelas}{portas} = \frac{9}{2}$$

$$\frac{janelas}{4} = \frac{9}{2}$$

Agora, multiplique os dois lados da equação por 4 para eliminar a fração do lado esquerdo.

$$\frac{janelas}{4} \times 4 = \frac{9}{2} \times 4$$

$$janelas = 18$$

Portanto, a casa possui 18 janelas.

486. 36

Crie uma proporção entre as pessoas que compram no numerador e as que entram na loja no denominador; então, substitua o número das pessoas que entram na loja:

$$\frac{compram}{entram} = \frac{3}{10}$$
$$\frac{compram}{120} = \frac{3}{10}$$

Agora, multiplique os dois lados da equação por 120 para eliminar a fração do lado esquerdo:

$$\frac{compram}{120} \times 120 = \frac{3}{10} \times 120$$
$$compram = \frac{360}{10} = 36$$

Portanto, 36 pessoas fizeram compras na loja.

487. 1.815

A dieta exige uma proporção entre proteínas, gorduras e carboidratos de 6:4:1. Então, a proporção de gordura para o total das calorias é de 4 para (6 + 4 + 1), que é de 4:11. Crie uma proporção entre o total de calorias no numerador e as calorias das gorduras no denominador; então, substitua o número de calorias das gorduras:

$$\frac{total}{gordura} = \frac{11}{4}$$
$$\frac{total}{660} = \frac{11}{4}$$

Agora, multiplique os dois lados da equação por 660 para eliminar a fração do lado esquerdo.

$$\frac{total}{660} \times 660 = \frac{11}{4} \times 660$$
$$total = 1.815$$

Portanto, a dieta permite 1.815 calorias.

488. 14

A gerente de projetos estima que seu novo projeto exigirá uma proporção de 2:9 entre os líderes e os programadores. Então, a proporção de 2 para (2 + 9) do time de líderes para o total de membros que é uma proporção de 2:11.

Crie uma proporção entre o time de líderes no numerador e o total de membros no denominador; então, substitua o número total:

$$\frac{\textit{líderes}}{\textit{total}} = \frac{2}{11}$$
$$\frac{\textit{líderes}}{77} = \frac{2}{11}$$

Agora, multiplique os dois lados da equação por 77 para eliminar a fração do lado esquerdo.

$$\frac{\textit{líderes}}{77} \times 77 = \frac{2}{11} \times 77$$
$$\textit{líderes} = 14$$

Portanto, a gerente de projetos precisará de 14 líderes.

489. **104**

Crie uma proporção entre os clientes do jantar no numerador e os do almoço no denominador; então, substitua o número dos clientes do almoço:

$$\frac{\textit{jantar}}{\textit{almoço}} = \frac{8}{5}$$
$$\frac{\textit{jantar}}{40} = \frac{8}{5}$$

Agora, multiplique os dois lados da equação por 40 para eliminar a fração do lado esquerdo:

$$\frac{\textit{jantar}}{40} \times 40 = \frac{8}{5} \times 40$$
$$\textit{jantar} = 64$$

Portanto, a lanchonete possui uma média de 64 clientes no jantar, então, o total de clientes do almoço e do jantar é 40 + 64 = 104.

490. **1.140**

Crie uma proporção entre os livros de ficção no numerador e os de não ficção no denominador; então, substitua o número dos livros de não ficção:

$$\frac{\textit{ficção}}{\textit{não ficção}} = \frac{4}{15}$$
$$\frac{\textit{ficção}}{900} = \frac{4}{15}$$

Agora, multiplique os dois lados da equação por 900 para eliminar a fração do lado esquerdo.

$$\frac{\textit{ficção}}{900} \times 900 = \frac{4}{15} \times 900$$
$$\textit{ficção} = 240$$

Assim, a biblioteca móvel possui 240 livros de ficção, então o total de livros de ficção e não ficção é 240 + 900 = 1.140.

491. 150

Uma organização possui uma razão de 5:3:2 de membros de, respectivamente, Massachusetts, Vermont e New Hampshire. Então, há uma proporção de 5:2 entre os membros de Massachusetts e os de New Hampshire. Crie uma proporção entre os membros de Massachusetts no numerador e os de New Hampshire no denominador; então, substitua o número de membros de New Hampshire:

$$\frac{M}{N} = \frac{5}{2}$$
$$\frac{M}{60} = \frac{5}{2}$$

Agora, multiplique os dois lados da equação por 60 para eliminar a fração do lado esquerdo.

$$\frac{M}{60} \times 60 = \frac{5}{2} \times 60$$
$$M = 150$$

Portanto, a organização possui 150 membros de Massachusetts.

492. 98

A organização possui uma razão de 5:3:2 de membros de, respectivamente, Massachusetts, Vermont e New Hampshire. Então, a proporção entre os membros de Vermont, os de Massachusetts e os de New Hampshire é de 3 para $(5+2)$ que é de 3:7. Crie uma proporção entre os membros de Massachusetts mais os de New Hampshire no numerador e os de Vermont no denominador; então, substitua o número de membros de Vermont:

$$\frac{M+N}{V} = \frac{7}{3}$$
$$\frac{M+N}{42} = \frac{7}{3}$$

Agora, multiplique os dois lados da equação por 42 para eliminar a fração do lado esquerdo.

$$\frac{M+N}{42} \times 42 = \frac{7}{3} \times 42$$
$$M+N = 98$$

Portanto, a organização possui 98 membros de Massachusetts ou de New Hampshire.

493. 72

A organização possui uma razão de 5:3:2 de membros de, respectivamente, Massachusetts, Vermont e New Hampshire. Então, a proporção entre os membros de Vermont e o total de membros é de 3 para $(5+3+2)$ que é de 3:10. Crie uma proporção entre os membros de Vermont no numerador e do total no denominador; então, substitua o número total de membros:

$$\frac{V}{Total} = \frac{3}{10}$$
$$\frac{V}{240} = \frac{3}{10}$$

Agora, multiplique os dois lados da equação por 240 para eliminar a fração do lado esquerdo.

$$\frac{V}{240} \times 240 = \frac{3}{10} \times 240$$
$$V = 72$$

Portanto, a organização possui 72 membros de Vermont.

494. 90

A proporção entre as voltas de Jason e de Anton é de 9 para 5, então a proporção das voltas de Jason para o total de voltas é de 9 para 14. Crie uma proporção entre as voltas de Jason no numerador e o total de voltas no denominador; então, substitua o número total de voltas:

$$\frac{Jason}{total} = \frac{9}{14}$$
$$\frac{Jason}{140} = \frac{9}{14}$$

Multiplique os dois lados da equação por 140 para eliminar a fração do lado esquerdo:

$$\frac{Jason}{140} \times 140 = \frac{9}{14} \times 140$$
$$Jason = 90$$

Portanto, Jason nadou 90 voltas.

495. R$50.000

A proporção entre as vendas domésticas e as estrangeiras é de 6 para 1, então a proporção das vendas estrangeiras para o total das vendas é de 1 para 7.

Crie uma proporção entre as vendas estrangeiras no numerador e o total das vendas no denominador; então, substitua o valor R$350.000 para a quantia total das vendas:

$$\frac{estrangeiras}{total} = \frac{1}{7}$$

$$\frac{estrangeiras}{350.000} = \frac{1}{7}$$

Agora, multiplique os dois lados da equação por 350.000 para eliminar a fração do lado esquerdo.

$$\frac{estrangeiras}{350.000} \times 350.000 = \frac{1}{7} \times 350.000$$

$$estrangeiras = 50.000$$

496. **56**

O restaurante vende uma proporção de 5 para 3 entre vinho tinto e vinho branco. Então, de acordo com essa proporção, o total de vendas é de $5 + 3 = 8$ e a diferença entre as vendas do vinho tinto e do branco é de $5 - 3 = 2$. Assim, o restaurante tem uma proporção de 8 para 2, segundo o total de vendas e a diferença das vendas de ambos os vinhos, que simplificado significa uma proporção de 4 para 1. Crie uma proporção e então substitua a diferença das vendas, como a seguir:

$$\frac{total}{diferença} = \frac{4}{1}$$

$$\frac{total}{14} = \frac{4}{1}$$

Agora, multiplique os dois lados da equação por 14 para eliminar a fração do lado esquerdo.

$$\frac{total}{14} \times 14 = \frac{4}{1} \times 14$$

$$total = 56$$

497. **50 para 53**

Um portfólio começou com 100% de fundos e subiu para 106% desse valor. Então, crie uma proporção entre esses valores:

$$\frac{início}{fim} = \frac{100\%}{106\%}$$

Exclua as porcentagens e então, reduza.

$$= \frac{100}{106} = \frac{50}{53}$$

498. R$60

Crie uma proporção entre dólares e francos suíços; então, reduza:

$$\frac{dólares}{francos} = \frac{500}{450} = \frac{50}{45} = \frac{10}{9}$$

Assim, a proporção entre dólares e francos suíços em qualquer câmbio é 10:9. Agora, usando essa proporção, crie uma equação e substitua 54 para a quantidade de francos suíços que Karl devolveu.

$$\frac{dólares}{francos} = \frac{10}{9}$$
$$\frac{dólares}{54} = \frac{10}{9}$$

Multiplique ambos os lados da equação por 54 para eliminar a fração do lado esquerdo.

$$\frac{dólares}{54} \times 54 = \frac{10}{9} \times 54$$
$$dólares = 60$$

499. R$1.000

Charles gasta 20% da sua renda em aluguel e 15% em transporte, então ele gasta os 65% que sobram no restante. Assim, a proporção entre o aluguel e o restante é 20:65 que simplificada fica 4:13.

Crie uma proporção entre o aluguel e o restante e, então, substitua 3.250 no restante:

$$\frac{aluguel}{restante} = \frac{4}{13}$$
$$\frac{aluguel}{3.250} = \frac{4}{13}$$

Agora, multiplique os dois lados da equação por 3.250 para eliminar a fração do lado esquerdo:

$$\frac{aluguel}{3.250} \times 3.250 = \frac{4}{13} \times 3.250$$
$$aluguel = 1.000$$

Portanto, seu aluguel é de R$1.000.

500. 4

A multiplicação no universo alternativo é proporcional à nossa multiplicação. No universo alternativo $\frac{1}{2} \times 3 = 2$, mas no nosso universo $\frac{1}{2} \times 3 = 1{,}5$. Assim, crie uma proporção dos dois valores, como a seguir:

$$\frac{alternativo}{nosso} = \frac{2}{1{,}5}$$

Simplifique essa proporção multiplicando o numerador e o denominador por 2.

$$\frac{alternativo}{nosso} = \frac{4}{3}$$

No nosso universo, $\frac{1}{4} \times 12 = 3$, então substitua este valor nas equações a seguir:

$$\frac{alternativo}{3} = \frac{4}{3}$$

Agora, multiplique os dois lados da equação por 3 para eliminar as frações:

$$\frac{alternativo}{3} \times 3 = \frac{4}{3} \times 3$$
$$alternativo = 4$$

Portanto, no universo alternativo, $\frac{1}{4} \times 12 = 4$.

501. $\frac{7}{24}$

Para encontrar a fração total de doces que foram comprados, some as duas frações. Como as duas frações possuem o número 1 no numerador, você pode somá-las rapidamente. Some os dois denominadores $(8 + 6 = 14)$ para encontrar o numerador da resposta, então, multiplique os dois denominadores $(8 \times 6 = 48)$ para descobrir o denominador da resposta:

$$\frac{1}{8} + \frac{1}{6} = \frac{14}{48}$$

Reduza a fração dividindo o numerador e o denominador por 2.

$$= \frac{7}{24}$$

502. $\frac{1}{10}$

Para encontrar a diferença entre as distâncias que as meninas correram, subtraia a fração menor da maior. Subtraia $\frac{3}{5}$ por $\frac{1}{2}$ usando a técnica de multiplicação em cruz:

$$\frac{3}{5} - \frac{1}{2} = \frac{6-5}{10} = \frac{1}{10}$$

503. $\frac{2}{15}$

A palavra *de* em um problema de frações escritos em palavras do dia a dia significa multiplicação, então multiplique $\frac{1}{5}$ por $\frac{2}{3}$:

$$\frac{1}{5} \times \frac{2}{3} = \frac{2}{15}$$

504. $\frac{3}{20}$

Para encontrar a quantidade de terras de cada subdivisão, divida a fração por 4. Para dividir $\frac{3}{5}$ por 4, multiplique-a pela sua recíproca que é $\frac{1}{4}$:

$$\frac{3}{5} \div 4 = \frac{3}{5} \times \frac{1}{4} = \frac{3}{20}$$

505. $\frac{11}{16}$

Para encontrar a metade de $1\frac{3}{8}$ milhas, primeiro converta $1\frac{3}{8}$ de um número misto para uma fração imprópria:

$$1\frac{3}{8} = \frac{11}{8}$$

Agora, divida por 2:

$$\frac{11}{8} \div 2 = \frac{11}{8} \times \frac{1}{2} = \frac{11}{16}$$

506. $4\frac{2}{3}$

Divida para encontrar a porção de biscoitos de cada criança. Para dividir 14 por 3, crie uma fração imprópria com o número 14 no numerador e o 3 no denominador; então, converta esta fração em um número misto:

$$\frac{14}{3} = 4\frac{2}{3}$$

507. $\mathbf{\frac{1}{1.024}}$

A palavra *de* em um problema de frações escritos em palavras do dia a dia significa multiplicação, então multiplique as quatro frações:

$$\frac{1}{2}\times\frac{1}{4}\times\frac{1}{8}\times\frac{1}{16}=\frac{1}{1.024}$$

508. $\mathbf{\frac{7}{15}}$

Primeiro, calcule a parte da distância que Arnoldo e Marion dirigiram juntos:

$$\frac{1}{5}+\frac{1}{3}=\frac{8}{15}$$

Depois, calcule a distância que eles tiveram que dirigir a mais subtraindo essa quantia de 1:

$$1-\frac{8}{15}=\frac{15}{15}-\frac{8}{15}=\frac{7}{15}$$

509. **12 horas**

Jack jogou basquetebol por $1\frac{1}{2}$ horas, 5 dias por semana e por $2\frac{1}{4}$ horas, 2 vezes por semana, então, calcule como a seguir:

$$\left(5\times 1\frac{1}{2}\right)+\left(2\times 2\frac{1}{4}\right)$$

Converta ambos os números mistos em frações impróprias:

$$=\left(5\times\frac{3}{2}\right)+\left(2\times\frac{9}{4}\right)$$

Resolva:

$$=\frac{15}{2}+\frac{9}{2}=\frac{24}{2}=12$$

Portanto, Jack jogou basquetebol por 12 horas por semana.

510. **5**

A pizza tinha 16 pedaços. Jeff pegou $\frac{1}{4}$ da pizza, então ele comeu

4 pedaços, deixando 12. Molly pegou mais 2 pedaços, deixando 10. Tracy pegou metade dos pedaços restantes, portanto, ela pegou 5 pedaços e sobraram 5.

511. $10\frac{1}{20}$ **milhas**

Calcule convertendo os três números mistos em frações impróprias e, então, some:

$$\frac{5}{2}+\frac{13}{4}+\frac{43}{10}$$

Converta cada fração em um denominador comum de 20:

$$=\frac{50}{20}+\frac{65}{20}+\frac{86}{20}=\frac{201}{20}$$

Converta o resultado em um número misto:

$$=10\frac{1}{20}$$

512. $4\frac{3}{4}$

Primeiro, some os comprimentos que Esther já encontrou:

$$3\frac{1}{4}+4\frac{1}{2}=7\frac{3}{4}$$

Agora, subtraia esse resultado da quantidade que ela precisa para construir as prateleiras:

$$12\frac{1}{2}-7\frac{3}{4}=4\frac{3}{4}$$

Portanto, ela precisa de mais $12\frac{1}{2}-7\frac{3}{4}=4\frac{3}{4}$ pés de madeira.

513. $\frac{9}{16}$ **de um galão**

Nate bebeu $\frac{1}{4}$ do galão na segunda-feira, então, ele deixou $\frac{3}{4}$ do galão.

Depois, na terça-feira, ele bebeu $\frac{1}{4}$ do que sobrou, que foi:

$$\frac{1}{4}\times\frac{3}{4}=\frac{3}{16}$$

Depois, na terça-feira, ele bebeu $\frac{3}{16}$ do galão que sobrou de um recipiente que tinha a capacidade de armazenar $\frac{3}{4}$ de um galão, então, ele deixou:

$$\frac{3}{4}-\frac{3}{16}=\frac{12}{16}-\frac{3}{16}=\frac{9}{16}$$

Portanto, ele deixou $\frac{9}{16}$ de um galão.

514. $7\frac{1}{2}$ libras

Primeiro, descubra a quantidade de fornadas que você precisa fazer dividindo o número de biscoitos que precisa (150) pelo número de cada fornada (25):

$$150 \div 25 = 6$$

Agora, multiplique a quantidade de manteiga em cada fornada ($1\frac{1}{4}$ libras) por 6:

$$1\frac{1}{4} \times 6 = \frac{5}{4} \times 6 = \frac{30}{4}$$

Reduza essa fração e então, converta para um número misto:

$$= \frac{15}{2} = 7\frac{1}{2}$$

515. $\frac{3}{40}$ de galão

Primeiro, converta $1\frac{1}{2}$ galões em uma fração imprópria ($\frac{3}{2}$ galões) e, então, divida-a por 5 e por 4:

$$\frac{3}{2} \div 5 = \frac{3}{2} \times \frac{1}{5} = \frac{3}{10}$$

$$\frac{3}{2} \div 4 = \frac{3}{2} \times \frac{1}{4} = \frac{3}{8}$$

Depois, subtraia para encontrar a diferença:

$$\frac{3}{8} - \frac{3}{10} = \frac{15}{40} - \frac{12}{40} = \frac{3}{40}$$

516. $3\frac{3}{4}$ horas

Para descobrir quantas palavras Harry pode escrever em uma hora, divida o número de palavras pelo número de horas:

$$650 \div 3\frac{1}{4}$$

Calcule convertendo o número misto em uma fração imprópria e, então, converta a divisão em multiplicação:

$$650 \div \frac{13}{4} = 650 \times \frac{4}{13}$$

Você pode simplificar esse cálculo excluindo o fator de 13 no numerador e no denominador:

$$50 \times \frac{4}{1} = 200$$

Assim, Harry pode escrever 200 palavras por hora. Para calcular quantas horas ele precisa para escrever 750 palavras, divida 750 por 200:

$$750 \div 200 = 3\frac{3}{4}$$

Portanto, Harry precisa de $3\frac{3}{4}$ horas para escrever um artigo de 750 palavras.

517. $1\frac{7}{12}$

Craig comeu $\frac{1}{4}$ da torta de maçã, então deixou $\frac{3}{4}$ dela. Sua mãe comeu $\frac{1}{6}$ da torta de mirtilo, então, ela deixou $\frac{5}{6}$ desta torta. Dessa forma, some as duas partes que eles não comeram como a seguir:

$$\frac{3}{4} + \frac{5}{6} = \frac{9}{12} + \frac{10}{12} = \frac{19}{12}$$

Converta essa fração imprópria em um número misto:

$$= 1\frac{7}{12}$$

518. $\frac{1}{3}$

O pedaço de David foi de $\frac{1}{6}$ do bolo e ele deixou $\frac{5}{6}$ do bolo intocado.

Depois, Sharon cortou $\frac{1}{5}$ do que sobrou, então, calcule essa quantidade como a seguir:

$$\frac{5}{6} \times \frac{1}{5} = \frac{1}{6}$$

Assim, Sharon também comeu $\frac{1}{6}$ do bolo. Então, você pode calcular a quantia que David e Sharon comeram, como a seguir:

$$\frac{1}{6} + \frac{1}{6} = \frac{2}{6} = \frac{1}{3}$$

Portanto, David e Sharon comeram $\frac{1}{3}$ do bolo, deixando $\frac{2}{3}$. Armand comeu $\frac{1}{2}$ disso, então, ele comeu $\frac{1}{3}$ do bolo e deixou $\frac{1}{3}$.

519. $7\frac{1}{2}$

Uma hora tem 60 minutos que é igual a 10 vezes 6 minutos, então, multiplique $\frac{3}{4}$ por 10:

$$\frac{3}{4} \times 10 = \frac{30}{4}$$

Reduza e, então, converta a fração imprópria em um número misto:

$$= \frac{15}{2} = 7\frac{1}{2}$$

520. **7**

O truque é pensar em números fáceis e, então, ver o que acontece quando você os duplica. Por exemplo, suponha que você saiba que 1 galinha pode botar 1 ovo por dia. Então, se você tiver duas galinhas, elas podem botar 2 ovos na mesma quantidade de tempo — ou seja, 1 dia.

Agora, aplique esse raciocínio ao problema. Se $1\frac{1}{2}$ galinhas podem botar $1\frac{1}{2}$ ovos em $1\frac{1}{2}$ dias, então se você tiver 3 galinhas, elas podem botar 3 ovos na mesma quantidade de tempo — ou seja, em $1\frac{1}{2}$ dias. Ou, similarmente, se você tivesse $3\frac{1}{2}$ galinhas, elas poderiam botar $3\frac{1}{2}$ ovos, e, novamente, na mesma quantidade de tempo — $1\frac{1}{2}$ dias.

Então, se você dobrar a quantidade de tempo para 3 dias, essas mesmas $3\frac{1}{2}$ galinhas dobrariam seu rendimento para 7 ovos.

521. **5,6 quilograma**

Para começar, some a quantidade de quilograma de chocolate que Connie comprou:

$$2{,}7 + 4{,}9 + 3{,}6 = 11{,}2$$

Então, divida essa quantidade por 2:

$$11{,}2 \div 2 = 5{,}6$$

Portanto, Connie ficou com 5,6 quilogramas de chocolate.

522. **0,87 metros**

Calcule subtraindo a altura de Blair, 0,97 metros, da altura do seu pai, 1,84 metros:

$$1{,}84 - 0{,}97 = 0{,}87$$

523. **60,9 metros**

Calcule multiplicando a quantidade de metros em um passo, 0,7, pelo número total de passos, 87:

$$0{,}7 \times 87 = 60{,}9$$

524. 82 segundos

Divida o número total de galões, 861, pela taxa na qual a água enche o tanque, 10,5:

$$861 \div 10,5 = 82$$

525. 1,3 milhas

Ed correu um total de $3,4 \times 3 = 10,2$ milhas e Heather um total de $2,3 \times 5 = 11,5$ milhas. Calcule quanto Heather correu a mais subtraindo suas distâncias totais:

$$11,5 - 10,2 = 1,3$$

Portanto, Heather correu 1,3 milhas a mais que Ed.

526. 32,5

Para descobrir a quantidade de milhas por galão que Myra conseguiu, divida o número total de milhas que ela dirigiu, 403, pelo número total de galões de gasolina que ela usou, 12,4:

$$403 \div 12,4 = 32,5$$

527. 1,85

Calcule dividindo o número total de páginas, 111, pela quantidade total de tempo, 1 hora ou 60 minutos:

$$111 \div 60 = 1,85$$

528. 4,55

Calcule multiplicando a quantidade de litros de cada lata, 1,3, pelo número de latas; 3,5:

$$1,3 \times 3,5 = 4,55$$

529. R$1.824,60

Tony pagou R$356,10 por mês durante 36 meses, então, ele pagou um total de R$356,10 × 36 = R$12.819,60. Subtraia o preço de etiqueta de R$10.995 desta quantidade:

R$12.819,60 – R$10.995 = R$1.824,60

530. **1,2 segundos**

Primeiro, calcule o tempo total de Ronaldo, somando:

$$12{,}6 + 12{,}3 + 13{,}1 = 38{,}0$$

Depois, calcule o tempo de Keith:

$$11{,}8 + 12{,}4 + 12{,}6 = 36{,}8$$

Subtraia o tempo do Ronaldo do tempo de Keith:

$$38{,}0 - 36{,}8 = 1{,}2$$

531. **R$31,25**

Primeiro, divida R$187,50 por 3 para encontrar o custo de um dia:

$$\text{R\$}187{,}50 \div 3 = \text{R\$}62{,}50$$

Agora, divida esse resultado por 2 para encontrar o custo da metade do dia:

$$\text{R\$}62{,}50 \div 2 = \text{R\$}31{,}25$$

Portanto, Dora deveria pagar R$31,25.

532. **R$59,50**

Calcule a quantidade total que Stephanie teria pago se ela tivesse pago R$6,50 por cada um dos 29 dias que ela esteve na piscina, multiplicando:

$$\text{R\$}6{,}50 \times 29 = \text{R\$}188{,}50$$

Descubra quanto ela economizou subtraindo o que ela pagou pelo passe, R$129), do resultado anterior:

$$\text{R\$}188{,}50 - 129 = \text{R\$}59{,}50$$

Portanto, ela economizou R$59,50.

533. **R$240**

O preço do ingresso de uma criança entre 6 e 12 anos é R$57,60 ÷ 2 = R$28,80 e o preço para uma criança com menos de 6 anos é R$57,60 ÷ 3 = R$19,20.

Calcule o preço para dois adultos, como a seguir:

$$\text{R\$}57{,}60 \times 2 = \text{R\$}115{,}20$$

Calcule o preço para três crianças entre 6 e 12 anos, como a seguir:

$$R\$28,80 \times 3 = R\$86,40$$

Calcule o preço para 2 crianças com menos de 6 anos, como a seguir:

$$R\$19,20 \times 2 = R\$38,40$$

Some os três resultados:

$$R\$115,20 + R\$86,40 + R\$38,40 = R\$240$$

534. 37,5 mph

O cavalo Secretariat correu 1,5 milhas em 2 minutos e 24 segundos, o que equivale a 144 segundos (porque $2 \times 60 + 24 = 144$), então, calcule quantos segundos levariam para ele correr uma milha, como a seguir:

$$\frac{144}{1,5} = 96$$

Assim, Secretariat correu uma média de 1 milhas em 96 segundos. Uma hora possui 3.600 segundos (porque $60 \times 60 = 3.600$), então, calcule quantas milhas ele poderia ter corrido em uma hora, como a seguir:

$$3.600 \div 96 = 37,5$$

Portanto, Secretariat correu no hipódromo de Belmont Stakes uma média de 37,5 milhas por hora.

535. 3,05 milhas

Na segunda-feira, Anita nadou 0,8 milhas. Na terça-feira, ela nadou $0,8 \times 0,25 = 0,2$ milhas a mais que na segunda-feira, então ela nadou $0,8 + 0,2 = 1$ milhas. Na quarta-feira, ela nadou $1 \times 0,25 = 0,25$ milhas a mais que na terça-feira, então ela nadou $1 + 0,25 = 1,25$ milhas. Portanto, Anita nadou $0,8 + 1 + 1,25 = 3,05$ milhas.

536. 6 horas

Angela passou 15 horas no total, e 40% deste tempo estudando com seus cartões de memorização, então, você deve calcular 40% de 15:

$$0,4 \times 15 = 6$$

Portanto, Angela passou 6 horas estudando com seus cartões de memorização.

537. **0,99 quilogramas**

Dez por cento de 1,1 é 0,11 ($0,1 \times 1,1 = 0,11$), então, subtraia essa quantidade do peso do laptop do concorrente:

$$1,1 - 0,11 = 0,99$$

538. **35%**

Crie uma fração com os dois números e, então, reduza:

$$\frac{700}{2000} = \frac{7}{20}$$

Converta esse número em um número decimal dividindo; depois converta-o em porcentagem:

$$7 \div 20 = 0,35 = 35\%$$

539. **20%**

Beth recebeu um aumento de R\$13,80 – R\$11,50 = R\$2,30. Calcule a porcentagem criando uma fração com R\$2,30 no numerador e R\$11,50 no denominador e reduza:

$$\frac{R\$2,30}{R\$11,50} = \frac{230}{1150} = \frac{23}{115} = \frac{1}{5}$$

Essa fração equivale a 0,2 que é igual a 20%.

540. **297,5 milhas**

A viagem tinha 850 milhas e Geoff dirigiu 35% no primeiro dia, então você deve calcular 35% de 850:

$$0,35 \times 850 = 297,5$$

Portanto, Geoff dirigiu 297,5 milhas no primeiro dia.

541. **231**

O livro tinha 420 páginas e Nora leu 55% dele no primeiro dia, então você deve calcular 55% de 420:

$$0,55 \times 420 = 231$$

Portanto, Nora leu 231 páginas.

542. 12

Kenneth cortou a grama 25 vezes e realizou 52% de seu trabalho em maio e junho.

Então, 48% foi realizado de julho a setembro. Você pode calcular 48% de 25, facilmente como 25% de 48, como a seguir:

$$48 \div 4 = 12$$

Portanto, Kenneth cortou a grama 12 vezes entre julho e setembro.

543. 19,5 minutos

O programa de televisão de 60 minutos tem 32,5% de comerciais, então calcule 32,5% de 60:

$$0{,}325 \times 60 = 19{,}5$$

Portanto, o programa de televisão tem 19,5 minutos de comerciais.

544. 20%

Jason levou 3 horas 45 minutos no total. Três horas equivalem a 180 minutos (porque $60 \times 3 = 180$) então, ele passou $180 + 45 = 225$ minutos no total. Ele passou 45 minutos deste tempo limpando as janelas, então crie a fração $\frac{45}{225}$ e converta-a em uma porcentagem, como a seguir:

$$\frac{45}{225} = \frac{9}{45} = \frac{1}{5} = 20\%$$

545. 18,75%

Eve recebeu um total de R$8.000, dos quais R$1.500 eram referentes à bolsa de estudos, então crie uma fração com esses dois números e reduza-a, como a seguir:

$$\frac{1.500}{8.000} = \frac{15}{80} = \frac{3}{16}$$

Agora, converta essa fração em um número decimal e, então, em porcentagem:

$$3 \div 16 = 0{,}1875 = 18{,}75\%$$

546. **72,5%**

A meta da Jane é de 400 horas, das quais ela já completou 290. Assim, crie uma fração com esses dois números e reduza-a, como a seguir:

$$\frac{290}{400} = \frac{29}{40}$$

Agora, converta essa fração em um número decimal e, então, em porcentagem:

$$29 \div 40 = 0,725 = 72,5\%$$

547. **300 horas**

Steven estudou italiano por 45 horas, o que representa 15% do seu tempo de preparação. Então, você deve resolver o problema da porcentagem, "15% de qual número é 45?" Transforme o problema em uma equação:

$$15\% \cdot x = 45$$

Converta a porcentagem em um número decimal:

$$0,15 \cdot x = 45$$

Agora, divida ambos os lados por 0,15:

$$\frac{0,15 \cdot x}{0,15} = \frac{45}{0,15}$$
$$x = 300$$

Portanto, 15% de 300 horas é 45 horas.

548. **125 metros**

O átrio mede 6,25 metros, o que representa 5% da altura do prédio. Então, você deve resolver o problema da porcentagem, "5% de qual número é 6,25?" Transforme o problema em uma equação:

$$5\% \cdot x = 6,25$$

Converta a porcentagem em um número decimal:

$$0,05 \cdot x = 6,25$$

Agora, divida ambos os lados por 0,05:

$$\frac{0,05 \cdot x}{0,05} = \frac{6,25}{0,05}$$
$$x = 125$$

Portanto, 5% de 125 é 6,25.

549. R$6.200

O pagamento do financiamento de Karan é de R$1.736, o que representa 28% da sua renda mensal. Então, você deve resolver o problema da porcentagem, "28% de qual número é 1.736?" Transforme o problema em uma equação:

$$28\% \cdot x = 1.736$$

Converta a porcentagem em um número decimal:

$$0{,}28 \cdot x = 1.736$$

Agora, divida ambos os lados por 0,28:

$$\frac{0{,}28 \cdot x}{0{,}28} = \frac{1.736}{0{,}28}$$
$$x = 6.200$$

Portanto, 28% de R$6.200 é R$1.736.

550. R$60.000

Madeleine ganha R$135.000, o que representa 225% da sua renda anterior. Então, você deve resolver o problema da porcentagem, "225% de qual número é 135.000?" Transforme o problema em uma equação:

$$225\% \cdot x = 135.000$$

Converta a porcentagem em um número decimal:

$$2{,}25 \cdot x = 135.000$$

Agora, divida ambos os lados por 2,25:

$$\frac{2{,}25 \cdot x}{2{,}25} = \frac{135.000}{2{,}25}$$
$$x = 60.000$$

Portanto, 225% de R$60.000 é R$135.000.

551. R$13.200

Um aumento percentual de 10% equivale a 110% da quantia original, então você deve calcular 110% de R$12.000:

$$1{,}1 \times \text{R\$}12.000 = \text{R\$}13.200$$

552. R$637,50

Uma diminuição percentual de 15% equivale a 85% da quantia original, então você deve calcular 85% de R$750:

$$0{,}85 \times \text{R\$}750 = \text{R\$}637{,}50$$

553. R$31

Um aumento percentual de 18% equivale a 118% da quantia original, então você deve calcular 118% de R$26:

$$1{,}18 \times \text{R\$}26 = \text{R\$}30{,}68$$

Esta quantia, arredondando para cima, é de R$31.

554. R$222.000

Uma diminuição percentual de 3% equivale a 97% da quantia original, então você deve calcular 97% de R$229.000:

$$0{,}97 \times \text{R\$}229.000 = \text{R\$}222.130$$

Esta quantia, arredondando para baixo, é de R$220.000.

555. R$9,43

Um aumento percentual de 15% equivale a 115% da quantia original, então você deve calcular 115% de R$8,20:

$$1{,}15 \times \text{R\$}8{,}20 = \text{R\$}9{,}43$$

556. R$4.866,25

Um aumento percentual de 14,5% equivale a 114,5% da quantia original, então você deve calcular 114,5% de R$4.250:

$$1{,}145 \times \text{R\$}4.250 = \text{R\$}4.866{,}25$$

557. 3,225

Um aumento percentual de 7,5% equivale a 107,5% da quantia original, então você deve calcular 107,5% de 3:

$$1{,}075 \times 3 = 3{,}225$$

558. **R$17.690,40**

Marian recebeu um desconto de 9% em um carro que custa R$18.000, então, calcule o preço antes da taxa como 91% de R$18.000:

$$0{,}91 \times \text{R\$}18.000 = \text{R\$}16.380$$

Depois, 8% deste preço foi acrescentado, então, calcule o preço depois da taxa como 108% de R$16.380:

$$1{,}08 \times \text{R\$}16.380 = \text{R\$}17.690{,}40$$

559. **8%**

Dane investiu R$7.200 e ficou com R$6.624. Crie uma fração com esses dois números:

$$\frac{6.642}{7.200}$$

Para converter essa fração em uma porcentagem, divida o numerador pelo denominador; então converta o número decimal resultante em uma porcentagem:

$$6.624 \div 7.200 = 0{,}92 = 92\%$$

O resultado de 92% representa uma queda de 8% dos 100% originais.

560. **R$27,50**

Um aumento percentual de 18% equivale a 118% da quantia original. Assim, 118% de um número é R$32,45, então, crie uma equação como a seguir:

$$118\% \cdot x = 32{,}45$$

Converta a porcentagem em um número decimal:

$$1{,}18 \cdot x = 32{,}45$$

Agora, divida ambos os lados por 1,18:

$$\frac{1{,}18 \cdot x}{1{,}18} = \frac{32{,}45}{1{,}18}$$
$$x = 27{,}5$$

Portanto, 118% de R$27,50 é R$32,45.

561. $\mathbf{1.776 \times 10^3}$

Comece multiplicando 1.776 por 10^0 (lembre-se que $10^0 = 1$, então, esta multiplicação não altera o valor do número):

$$1.776 \times 10^0$$

Agora, desloque a vírgula decimal uma casa para a esquerda e some 1 ao expoente até que a parte decimal do número esteja entre 1 e 10:

$$= 177{,}6 \times 10^1$$
$$= 17{,}76 \times 10^2$$
$$= 1{,}776 \times 10^3$$

562. $\mathbf{9{,}008 \times 10^5}$

Comece multiplicando 900.800 por 10^0:

$$900.800 \times 10^0$$

Agora, desloque a vírgula decimal uma casa para a esquerda e some 1 ao expoente até que a parte decimal do número esteja entre 1 e 10:

$$= 90.080 \times 10^1$$
$$= 9.008 \times 10^2$$
$$= 900{,}8 \times 10^3$$
$$= 90{,}08 \times 10^4$$
$$= 9{,}008 \times 10^5$$

563. $\mathbf{8{,}8199 \times 10^2}$

Comece multiplicando 881,99 por 10^0:

$$881{,}99 \times 10^0$$

Agora, desloque a vírgula decimal uma casa para a esquerda e some 1 ao expoente até que a parte decimal do número esteja entre 1 e 10:

$$= 88{,}199 \times 10^1$$
$$= 8{,}8199 \times 10^2$$

564. $9{,}87654321 \times 10^8$

Comece multiplicando 987.654.321 por 10^0:

$$987.654.321 \times 10^0$$

Agora, desloque a vírgula decimal uma casa para a esquerda e some 1 ao expoente até que a parte decimal do número esteja entre 1 e 10 — ou seja, 8 casas para a esquerda:

$$= 9{,}87654321 \times 10^8$$

565. 1×10^7

Dez milhões é igual a 10.000.000. Comece multiplicando 10.000.000 por 10^0:

$$10.000.000 \times 10^0$$

Agora, desloque a vírgula decimal uma casa para a esquerda e some 1 ao expoente até que a parte decimal do número esteja entre 1 e 10, exceto 10 — ou seja, 7 casas para a esquerda:

$$= 1 \times 10^7$$

566. $4{,}1 \times 10^{-1}$

Comece multiplicando 0,41 por 10^0:

$$0{,}41 \times 10^0$$

Agora, desloque a vírgula decimal uma casa para a direita e subtraia 1 do expoente até que a parte decimal do número esteja entre 1 e 10:

$$= 4{,}1 \times 10^{-1}$$

567. $2{,}59 \times 10^{-4}$

Comece multiplicando 0,000259 por 10^0:

$$0{,}000259 \times 10^0$$

Agora, desloque a vírgula decimal uma casa para a direita e subtraia 1 do expoente até que a parte decimal do número esteja entre 1 e 10 — ou seja, 4 casas para a direita:

$$= 0{,}00259 \times 10^{-1}$$

$$= 0{,}0259 \times 10^{-2}$$

$$= 0{,}259 \times 10^{-3}$$

$$= 2{,}59 \times 10^{-4}$$

568. $\mathbf{1 \times 10^{-3}}$

Comece multiplicando 0,001 por 10^0:

$$0{,}001 \times 10^0$$

Agora, desloque a vírgula decimal uma casa para a direita e subtraia 1 do expoente até que a parte decimal do número esteja entre 1 e 10 — ou seja, 3 casas para a direita:

$$= 1 \times 10^{-3}$$

569. $\mathbf{9 \times 10^{-7}}$

Comece multiplicando 0,0000009 por 10^0:

$$0{,}0000009 \times 10^0$$

Agora, desloque a vírgula decimal uma casa para a direita e subtraia 1 do expoente até que a parte decimal do número esteja entre 1 e 10 — ou seja, 7 casas para a direita:

$$= 9 \times 10^{-7}$$

570. $\mathbf{1 \times 10^{-6}}$

Um milésimo escrito como número é igual a 0,000001. Comece multiplicando 0,000001 por 10^0:

$$0{,}000001 \times 10^0$$

Agora, desloque a vírgula decimal uma casa para a direita e subtraia 1 do expoente até que a parte decimal do número esteja entre 1 e 10 — ou seja, 6 casas para a direita:

$$= 1 \times 10^{-6}$$

571. **2.400**

Desloque a vírgula decimal 3 casas para a direita e subtraia 3 do expoente:

$$= 2.400 \times 10^0$$

Agora, exclua 10^0 definitivamente, porque 10^0 é igual a 1:

$$= 2.400$$

572. **345.000**

Desloque a vírgula decimal 5 casas para a direita e subtraia 5 do expoente:

$$= 345.000 \times 10^0$$

Agora, exclua 10^0 definitivamente, porque 10^0 é igual a 1:

$$= 345.000$$

573. **150.000.000 milhas**

Desloque a vírgula decimal 8 casas para a direita e subtraia 8 do expoente:

$$= 150.000.000 \times 10^0$$

Agora, exclua 10^0 definitivamente, porque 10^0 é igual a 1:

$$= 150.000.000$$

574. **14,6 bilhões de anos**

Desloque a vírgula decimal 10 casas para a direita e subtraia 1 do expoente:

$$= 14.600.000.000 \times 10^0$$

Agora, exclua 10^0 definitivamente, porque 10^0 é igual a 1:

$$= 14.600.000.000$$

Esse valor é igual a 14,6 bilhões.

575. **31 trilhões**

Desloque a vírgula decimal 13 casas para a direita e subtraia 13 do expoente:

$$= 31.000.000.000.000 \times 10^0$$

Agora, exclua 10^0 definitivamente, porque 10^0 é igual a 1:

$$= 31.000.000.000.000$$

Esse valor é igual a 31 trilhões.

576. **0,075**

Desloque a vírgula decimal 2 casas para a esquerda e some 2 ao expoente:

$$= 0{,}075 \times 10^0$$

Agora, exclua 10^0 definitivamente, porque 10^0 é igual a 1:

$$= 0{,}075$$

577. **3 milésimos**

Desloque a vírgula decimal 3 casas para a esquerda e some 3 ao expoente:

$$= 0{,}003 \times 10^0$$

Agora, exclua 10^0 definitivamente, porque 10^0 é igual a 1:

$$= 0{,}003$$

Esse valor é igual a 3 milésimos.

578. **0,0000254**

Desloque a vírgula decimal 5 casas para a esquerda e some 5 ao expoente:

$$= 0{,}0000254 \times 10^0$$

Agora, exclua 10^0 definitivamente, porque 10^0 é igual a 1:

$$= 0{,}0000254$$

579. **0,0000000008**

Desloque a vírgula decimal 10 casas para a esquerda e some 10 ao expoente:

$$= 0{,}0000000008 \times 10^0$$

Agora, exclua 10^0 definitivamente, porque 10^0 é igual a 1:

$$= 0{,}0000000008$$

580. **um décimo de milionésimo**

Desloque a vírgula decimal 7 casas para a esquerda e some 7 ao expoente:

$$= 0{,}0000001 \times 10^0$$

Agora, exclua 10^0 definitivamente, porque 10^0 é igual a 1:

$$= 0{,}0000001$$

O dígito 1 está na casa de décimos de milionésimos.

581. $\mathbf{6 \times 10^7}$

Multiplique as porções decimais dos dois valores e multiplique as potências de 10, somando os expoentes:

$$\begin{aligned}&\left(2\times10^3\right)\times\left(3\times10^4\right)\\&=(2\times3)\times10^{3+4}\\&=6\times10^7\end{aligned}$$

582. $\mathbf{7{,}7 \times 10^8}$

Multiplique as porções decimais dos dois valores e multiplique as potências de 10, somando os expoentes:

$$\begin{aligned}&\left(1{,}1\times10^6\right)\times\left(7\times10^2\right)\\&=(1{,}1\times7)\times10^{6+2}\\&=7{,}7\times10^8\end{aligned}$$

583. $\mathbf{6{,}72 \times 10^{10}}$

Multiplique as porções decimais dos dois valores e multiplique as potências de 10, somando os expoentes:

$$\begin{aligned}&\left(1{,}6\times10^9\right)\times\left(4{,}2\times10^1\right)\\&=(1{,}6\times4{,}2)\times10^{9+1}\\&=6{,}72\times10^{10}\end{aligned}$$

584. $\mathbf{8{,}785 \times 10^{3}}$

Multiplique as porções decimais dos dois valores e some os expoentes:

$$\begin{aligned}&(3{,}5\times10^{-4})\times(2{,}51\times10^{7})\\&=(3{,}5\times2{,}51)\times10^{-4+7}\\&=8{,}785\times10^{3}\end{aligned}$$

585. $\mathbf{1{,}225 \times 10^{2}}$

Multiplique as porções decimais dos dois valores e multiplique as potências de 10, somando os expoentes:

$$\begin{aligned}&(2{,}5\times10^{-3})\times(4{,}9\times10^{4})\\&=(2{,}5\times4{,}9)\times10^{-3+4}\\&=12{,}25\times10^{1}\end{aligned}$$

Agora, desloque a vírgula decimal uma casa para a esquerda e some 1 ao expoente:

$$=1{,}225\times10^{2}$$

586. $\mathbf{1{,}52 \times 10^{-11}}$

Multiplique as porções decimais dos dois valores e multiplique as potências de 10, somando os expoentes:

$$\begin{aligned}&(1{,}9\times10^{15})\times(8\times10^{-27})\\&=(1{,}9\times8)\times10^{15+(-27)}\\&=15{,}2\times10^{-12}\end{aligned}$$

Agora, desloque a vírgula decimal uma casa para a esquerda e some 1 ao expoente:

$$=1{,}52\times10^{-11}$$

587. $\mathbf{3{,}417 \times 10^{1}}$

Multiplique as porções decimais dos dois valores e some os expoentes:

$$\begin{aligned}&(6{,}7\times10^{1})\times(5{,}1\times10^{-1})\\&=(6{,}7\times5{,}1)\times10^{1+(-1)}\\&=34{,}17\times10^{0}\end{aligned}$$

Agora, desloque a vírgula decimal uma casa para a esquerda e some 1 ao expoente:

$$=3{,}417\times10^{1}$$

588. $\mathbf{2{,}5333 \times 10^{21}}$

Multiplique as porções decimais dos dois valores e some os expoentes:

$$\left(3{,}29 \times 10^{20}\right) \times \left(7{,}7 \times 10^{0}\right)$$
$$= \left(3{,}29 \times 7{,}7\right) \times 10^{20+0}$$
$$= 25{,}333 \times 10^{20}$$

Agora, desloque a vírgula decimal uma casa para a esquerda e some 1 ao expoente:

$$= 2{,}5333 \times 10^{21}$$

589. $\mathbf{7{,}4252533 \times 10^{7}}$

Multiplique as porções decimais dos dois valores e some os expoentes:

$$\left(2{,}23 \times 10^{7}\right) \times \left(4{,}67 \times 10^{-9}\right) \times \left(7{,}13 \times 10^{8}\right)$$
$$= \left(2{,}23 \times 4{,}67 \times 7{,}13\right) \times 10^{7+(-9)+8}$$
$$= 74{,}252533 \times 10^{6}$$

Agora, desloque a vírgula decimal uma casa para a esquerda e some 1 ao expoente:

$$= 7{,}4252533 \times 10^{7}$$

590. $\mathbf{3{,}4686 \times 10^{7}}$

Multiplique as porções decimais dos três valores e some os expoentes:

$$\left(9 \times 10^{-16}\right) \times \left(4{,}7 \times 10^{-24}\right) \times \left(8{,}2 \times 10^{45}\right)$$
$$= \left(9 \times 4{,}7 \times 8{,}2\right) \times 10^{-16+(-24)+45}$$
$$= 346{,}86 \times 10^{5}$$

Agora, desloque a vírgula decimal duas casas para a esquerda e some 2 ao expoente:

$$= 3{,}4686 \times 10^{7}$$

591. **156**

Converta 13 pés em polegas multiplicando por 12:

$$13 \times 12 = 156$$

592. **1.080**

Converta 18 horas em minutos multiplicando por 60:

$$18 \times 60 = 1.080$$

593. **240**

Converta 15 libras em onças multiplicando por 16:

$$15 \times 16 = 240$$

594. **220**

Converta 55 galões em quartos multiplicando por 4:

$$55 \times 4 = 220$$

595. **190.080**

Primeiro, converta 3 milhas em pés multiplicando por 5.280:

$$3 \times 5.280 = 15.840$$

Depois, converta 15.480 pés em polegadas multiplicando por 12:

$$15.840 \times 12 = 190.080$$

596. **416.000**

Primeiro, converta 13 toneladas em libras multiplicando por 2.000:

$$13 \times 2.000 = 26.000$$

Depois, converta 26.000 libras em onças multiplicando por 16:

$$26.000 \times 16 = 416.000$$

597. **604.800**

Uma semana possui 7 dias. Para converter 7 dias em horas, multiplique 7 por 24:

$$24 \times 7 = 168$$

Para converter 168 horas em minutos, multiplique 18 por 60:

$$168 \times 60 = 10.080$$

Para converter 10.080 minutos em segundos, multiplique por 60:

$$10.080 \times 60 = 604.800$$

598. **2.176**

Primeiro, converta 17 galões em quartos multiplicando por 4:

$$17 \times 4 = 68$$

Depois, converta 68 quartos em xícaras multiplicando por 4:

$$68 \times 4 = 272$$

Finalmente, converta 272 xícaras em onças fluidas multiplicando por 8:

$$272 \times 8 = 2.176$$

599. **46.112**

Primeiro, converta 26,2 milhas em pés multiplicando por 5.280:

$$26{,}2 \times 5.280 = 138.336$$

Depois, converta 138.336 por pés em jardas dividindo por 3:

$$138.336 \div 3 = 46.112$$

600. **166.368.000**

Primeiro, converta 5.199 toneladas em libras multiplicando por 2.000:

$$5.199 \times 2.000 = 10.398.000$$

Depois, converta 10.398.000 libras em onças multiplicando por 16:

$$10.398.000 \times 16 = 166.368.000$$

601. **2.522.880.000**

Um ano possui 365 dias. Para converter 80 anos em dias, multiplique 80 por 365:

$$80 \times 365 = 29.200$$

Para converter 29.200 dias em horas, multiplique 29.200 por 24:

$$29.200 \times 24 = 700.800$$

Para converter 700.800 horas em minutos, multiplique por 60:

$$700.800 \times 60 = 42.048.000$$

Para converter 42.048.000 minutos em segundos, multiplique por 60:

$$42.048.000 \times 60 = 2.522.880.000$$

602. **11.520**

Uma gota de chuva é $\frac{1}{90}$ onças fluidas, então uma onça fluida possui 90 gotas de chuva. Multiplique 90 por 8 para descobrir o número de gotas de chuva de uma xícara:

$$90 \times 8 = 720$$

Agora, multiplique 720 por 4 para descobrir o número de gotas de chuva de um quarto:

$$720 \times 4 = 2.880$$

Finalmente, multiplique 2.880 por 4 para descobrir o número de gotas de chuva de um galão:

$$2.880 \times 4 = 11.520$$

603. **33**

Primeiro, converta $53\frac{1}{3}$ jardas em pés multiplicando por 3:

$$53\frac{1}{3} \times 3 = 160$$

Depois, divida 5.280 por 160:

$$5.280 \div 160 = 33$$

604. **25.000**

Um litro tem 1.000 mililitros, então, 25 litros têm 25.000 mililitros.

605. **800.000.000**

Uma megatonelada tem 1.000.000 toneladas, então, 800 megatoneladas têm 800.000.000 toneladas.

606. **30.000.000.000**

Um segundo tem 1.000.000.000 (um bilhão) de nanosegundos, então, 30 segundos têm 30.000.000.000 (30 bilhões) de nanosegundos.

607. **1.200.000**

Um quilômetro tem 1.000 metros, então, 12 quilômetros têm 12.000 metros. E um metro tem 100 centímetros, então, multiplique 12.000 metros por 100:

$$12.000 \times 100 = 1.200.000$$

608. **17.000.000.000**

Um megagrama tem 1.000.000 gramas, então, 17 megagramas têm 17.000.000 gramas. E um grama tem 1.000 miligramas, então, multiplique 17.000.000 gramas por 1.000:

$$17.000.000 \times 1.000 = 17.000.000.000$$

609. $\mathbf{9 \times 10^8}$

Um gigawatt tem 1.000.000.000 watts, então, 900 gigawatts têm 900.000.000.000 watts. Porém, um kilowatt tem 1.000 watts, então, divida 900.000.000 watts por 1.000:

$$900.000.000.000 \div 1.000 = 900.000.000$$

Para converter esse número em notação científica, desloque a vírgula decimal 8 casas para a esquerda e multiplique por 10^8:

$$= 9 \times 10^8$$

610. $\mathbf{8{,}8 \times 10^{13}}$

Um megadina tem 1.000.000 dinas, então, 88 megadinas têm 88.000.000 dinas. E um dina tem 1.000.000 microdinas, então, multiplique 88.000.000 dinas por 1.000.000:

$$88.000.000 \times 1.000.000 = 88.000.000.000.000$$

Para converter esse número em notação científica, desloque a vírgula decimal 10 casas para a esquerda e multiplique por 10^{13}:

$$= 8{,}8 \times 10^{13}$$

611. $\mathbf{3{,}33 \times 10^{17}}$

Um terametro tem 1 trilhão de metros (10^{12}), então, multiplique 333 por 10^{12}.

$$333 \times 10^{12}$$

Um metro contém 1.000 milímetros (10^3), então, multiplique esse resultado por 10^3:

$$333 \times 10^{12} \times 10^3 = 333 \times 10^{15}$$

Converta esse número em notação científica deslocando a vírgula decimal 2 casas para a esquerda e somando 2 ao expoente:

$$= 3{,}33 \times 10^{17}$$

612. $\mathbf{5{,}67811 \times 10^{-1}}$

Um microssegundo é um milionésimo de um segundo, o que é equivalente a 10^{-6}. Assim, multiplique essa quantia por 567.811:

$$567.811 \times 10^{-6}$$

Para converter esse número para notação científica, desloque a vírgula decimal cinco casas para a direita e some 5 ao expoente:

$$= 5{,}67811 \times 10^{-1}$$

613. $\mathbf{10^{27}}$

Um nanograma tem 1.000 (10^3) picogramas e um grama tem 1 bilhão (10^9) de nanogramas, então, multiplique esses dois números para obter o número de picogramas em um grama:

$$10^3 \times 10^9 = 10^{12}$$

Um teragrama tem 1 trilhão (10^{12}) de gramas, então, multiplique esse número pelo resultado anterior para obter o número de picogramas de um teragrama:

$$10^{12} \times 10^{12} = 10^{24}$$

Finalmente, um petagrama tem 1.000 (10^3) teragramas, então, multiplique esse número pelo resultado anterior para obter o número de picogramas em um petagrama:

$$10^{24} \times 10^3 = 10^{27}$$

614. 5

Um quilobyte tem 1.000 bytes, então um computador que pode realizar o download de 5 quilobytes de informação em um nanosegundo pode realizar o download de 5.000 bytes em um nanosegundo. E um segundo contém 1 bilhão de nanosegundos, portanto, o número de bytes que o computador que pode baixar em um segundo é

$$5.000 \times 1.000.000.000 = 5.000.000.000.000$$

Contudo, existem 1 trilhão de bytes em um terabyte, então, divida 5.000.000.000.000 por 1.000.000.000.000:

$$5.000.000.000.000 \div 1.000.000.000.000 = 5$$

615. 122°F

Use a fórmula para converter Celsius em Fahrenheit:

$$F = (C \times 1{,}8) + 32 = (50 \times 1{,}8) + 32$$

Calcule:

$$= 90 + 32 = 122$$

616. 37°C

Use a fórmula para converter Fahrenheit em Celsius:

$$C = (F - 32) \div 1{,}8 = (98{,}6 - 32) \div 1{,}8$$

Calcule:

$$= 66{,}6 \div 1{,}8 = 37$$

617. 22°C

Use a fórmula para converter Fahrenheit em Celsius:

$$C = (F - 32) \div 1{,}8 = (72 - 32) \div 1{,}8$$

Calcule:

$$= 40 \div 1{,}8 = 22{,}\overline{22} \approx 22$$

618. **58°C**

Use a fórmula para converter Fahrenheit em Celsius:

$$C = (F - 32) \div 1{,}8 = (136 - 32) \div 1{,}8$$

Calcule:

$$= 104 \div 1{,}8 = 57{,}\overline{77} \approx 58$$

619. **2.795°F**

Use a fórmula para converter Celsius em Fahrenheit:

$$F = (C \times 1{,}8) + 32 = (1.535 \times 1{,}8) + 32$$

Calcule:

$$2.763 + 32 = 2.795$$

620. **–459,67°F**

Use a fórmula para converter Celsius em Fahrenheit:

$$F = (C \times 1{,}8) + 32 = (-273{,}15 \times 1{,}8) + 32$$

Calcule:

$$-491{,}67 + 32 = -459{,}67$$

621. **10 milhas**

1 quilômetro equivale a aproximadamente meia milha, então, 1 milha equivale a aproximadamente 2 quilômetros. Divida 20 por 2:

$$20 \div 2 = 10$$

622. **48 litros**

1 litro equivale a aproximadamente $\frac{1}{4}$ galão, então, 1 galão equivale a aproximadamente 4 litros. Multiplique 12 por 4:

$$12 \times 4 = 48$$

623. 90 quilogramas

1 quilograma equivale a aproximadamente 2 libras, então, 1 libra equivale a aproximadamente $\frac{1}{2}$ quilograma. Multiplique 180 por $\frac{1}{2}$:

$$180 \times \frac{1}{2} = 90$$

624. 2.484 pés

1 metro é aproximadamente igual a 3 pés, multiplique 828 por 3:

$$828 \times 3 = 2.484$$

625. 20 metros

1 metro é aproximadamente igual a 3 pés, então, 1 pé é igual a aproximadamente $\frac{1}{3}$ metro. Multiplique 60 por $\frac{1}{3}$:

$$60 \times \frac{1}{3} = 20$$

626. 10.000 libras

1 quilograma é aproximadamente igual a 2 libras, então, multiplique 5.000 por 2:

$$5.000 \times 2 = 10.000$$

627. 140 quilômetros

Para começar, calcule a distância total em milhas para 5 milhas por dia, 7 vezes por semana, por duas semanas:

$$5 \times 7 \times 2 = 70$$

Portanto, a distância total é 70 milhas. 1 quilômetro é aproximadamente igual a ½ milha, então, multiplique 70 por 2:

$$70 \times 2 = 140$$

628. 95 galões

Primeiro, calcule quantos litros de gasolina a viajante habitual colocou em seu carro em 4 semanas multiplicando 95 por 4:

$$95 \times 4 = 380$$

Um litro é aproximadamente igual a $\frac{1}{4}$ galão, então, multiplique 380 por $\frac{1}{4}$:

$$380 \times \frac{1}{4} = 95$$

629. **60 metros**

Comece descobrindo o comprimento de uma piscina em quilômetros. Para realizar esse cálculo, multiplique 2 (o número de quilômetros de uma milha) por $\frac{1}{32}$:

$$2 \times \frac{1}{32} = \frac{1}{16}$$

Portanto, a piscina possui $\frac{1}{16}$ quilômetro de comprimento. 1 quilômetro é igual a 1.000 metros, então, multiplique $\frac{1}{16}$ por 1.000:

$$\frac{1}{16} \times 1.000 = 62{,}5$$

Então, arredondando para o décimo mais próximo de 10 metros, a piscina possui aproximadamente 60 metros.

630. **1,28 onças fluidas**

Para começar, converta 40 mililitros em litros, dividindo 40 por 1.000:

$$40 \div 1.000 = 0{,}04$$

Um litro é aproximadamente igual a 1 quarto, então, 0,04 litros é aproximadamente igual a 0,04 quartos. Para converter 0,04 quarto em xícaras, multiplique por 4:

$$0{,}04 \times 4 = 0{,}16$$

Para converter 0,16 xícara em onça fluida, multiplique 0,16 por 8:

$$0{,}16 \times 8 = 1{,}28$$

631. **140**

As medidas de dois ângulos que resultam em uma linha reta sempre somam 180 graus.

Portanto, para encontrar n, subtraia como a seguir:

$$n = 180 - 40 = 140$$

632. **130**

Quando duas linhas se cruzam, os ângulos verticais resultantes (opostos) são sempre equivalentes. Portanto, $n = 130$.

633. **63**

As medidas de dois ângulos que resultam em uma linha reta sempre somam 180 graus.

Portanto, para encontrar n, subtraia como a seguir:

$$n = 180 - 117 = 63$$

634. **61**

As medidas de três ângulos que resultam em uma linha reta sempre somam 180 graus.

O ângulo reto mede 90 graus, então, para encontrar n, subtraia como a seguir:

$$n = 180 - 90 - 29 = 61$$

635. **14**

As medidas de três ângulos que resultam em uma linha reta sempre somam 180 graus.

Um quadrado possui 4 ângulos retos e um ângulo reto mede 90 graus. Portanto, para encontrar n, subtraia como a seguir:

$$n = 180 - 90 - 76 = 14$$

636. **65**

As medidas de três ângulos de um triângulo sempre somam 180 graus. Portanto, para encontrar n, subtraia como a seguir:

$$n = 180 - 73 - 42 = 65$$

637. **91**

As medidas de dois ângulos que resultam em uma linha reta sempre somam 180 graus. Um quadrado possui quatro ângulos retos e um ângulo reto mede 90 graus. Portanto, para encontrar p, subtraia como a seguir:

$$p = 180 - 158 = 22$$

As medidas dos três ângulos de um triângulo sempre somam 180 graus. Portanto, para encontrar n, subtraia como a seguir:

$$n = 180 - 67 - 22 = 91$$

638. **14,5**

As medidas dos dois ângulos menores de um triângulo retângulo sempre somam 90 graus. Portanto, para encontrar n, subtraia como a seguir:

$$n = 90 - 75{,}5 = 14{,}5$$

639. **61,6**

Um retângulo tem quatro ângulos retos, cada um dos quais mede 90 graus.

Portanto, para encontrar n, subtraia como a seguir:

$$n = 90 - 28{,}4 = 61{,}6$$

640. **75,4**

As medidas dos quatro ângulos de um quadrilátero (um polígono de quatro lados) sempre somam 360 graus. O ângulo reto mede 90 graus, então, para encontrar n, subtraia como a seguir:

$$n = 360 - 90 - 108{,}2 - 86{,}4 = 75{,}4$$

641. **57,75**

Quando duas linhas são paralelas, todos os ângulos correspondentes são equivalentes. Portanto, você pode determinar o seguinte:

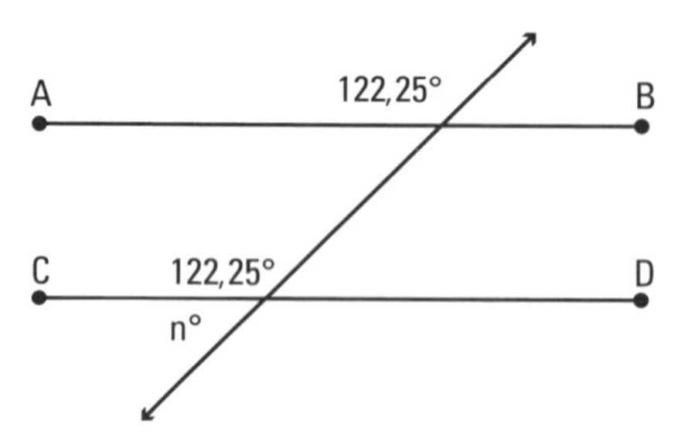

As medidas dos dois ângulos que resultam em uma linha reta sempre somam 180 graus.

Portanto, para encontrar n, subtraia como a seguir:

$$n = 180 - 122{,}25 = 57{,}75$$

642. 86,6

As medidas dos cinco ângulos de um pentágono (um polígono de cinco lados) sempre somam 540 graus. Um ângulo reto mede 90 graus, então, para encontrar n, subtraia como a seguir:

$$n = 540 - 90 - 118{,}3 - 83{,}9 - 161{,}2 = 86{,}6$$

643. 88,2

As medidas de dois ângulos que resultam em uma linha reta sempre somam 180 graus.

Portanto, para encontrar p, subtraia como a seguir:

$$p = 180 - 134{,}1 = 45{,}9$$

Um triângulo isósceles tem dois ângulos equivalentes, então, você pode desenhar o seguinte:

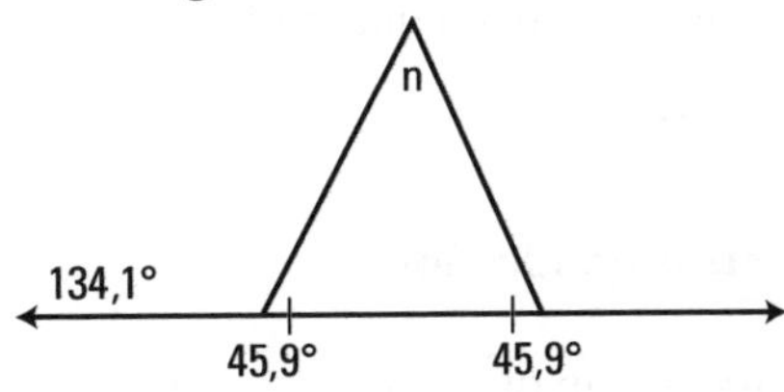

As medidas dos três ângulos de um triângulo sempre somam 180 graus. Portanto, para encontrar n, subtraia como a seguir:

$$n = 180 - 45{,}9 - 45{,}9 = 88{,}2$$

644. 70,9

Quando um triângulo está inscrito em um círculo de tal modo que um lado do triângulo é o diâmetro desse círculo, o ângulo oposto deste triângulo é um ângulo reto. Assim, *ABC* é um triângulo retângulo, então seus dois ângulos menores somam 90 graus. Portanto, para encontrar n, subtraia como a seguir:

$$n = 90 - 19{,}1 = 70{,}9$$

645. 69,75

BCDE é um paralelogramo, então $\overline{BC}$ e $\overline{ED}$ são paralelas. Assim, os ângulos *BCE* e *BEA* são equivalentes, então o ângulo *BEA* = 40,5.

$\overline{BE} = \overline{AE}$, então o triângulo *BEA* é isósceles. Dessa forma, os dois ângulos restantes deste triângulo são equivalentes, então ambos medem n graus. E, as medidas dos três ângulos de um triângulo sempre somam 180. Portanto, para encontrar n, utilize a equação a seguir:

$$180 = 40{,}5 + 2n$$

$$139{,}5 = 2n$$

$$69{,}75 = n$$

646. 36 polegadas quadradas

Use a fórmula da área de um quadrado:

$$A = s^2 = 6^2 = 36$$

647. 28 metros

Use a fórmula do perímetro de um quadrado:

$$P = 4s = 4 \times 7 = 28$$

648. 10.201 quilômetros quadrados

Use a fórmula da área de um quadrado:

$$A = s^2 = 101^2 = 10.201$$

649. 13,6 centímetros

Use a fórmula do perímetro de um quadrado:

$$P = 4s = 4 \times 3{,}4 = 13{,}6$$

650. 21 pés

Use a fórmula do perímetro de um quadrado, substituindo 84 para o perímetro, então resolva para encontrar s:

$$P = 4s$$

$$84 = 4s$$

$$21 = s$$

651. 48 pés

Comece usando a fórmula da área de um quadrado para encontrar seu lado. Substitua 144 para a área e resolva para encontrar *s*:

$$A = s^2$$
$$144 = s^2$$
$$12 = s$$

Agora, substitua 12 para *s* na fórmula do perímetro de um quadrado:

$$P = 4s = 4 \times 12 = 48$$

652. 240,25 pés quadrados

Comece usando a fórmula do perímetro de um quadrado para encontrar seu lado. Substitua 62 para o perímetro e resolva para encontrar *s*:

$$P = 4s$$
$$62 = 4s$$
$$15{,}5 = s$$

Agora, substitua 15,5 para *s* na fórmula da área de um quadrado:

$$A = s^2 = 15{,}5^2 = 240{,}25$$

653. 60 pés

Comece substituindo 25 como a área da fórmula da área de um quadrado ($A = s^2$) e resolva para encontrar *s*:

$$25 = s^2$$
$$\sqrt{25} = \sqrt{s^2}$$
$$5 = s$$

Portanto, o lado da sala mede 5 jardas. Converta jardas em pés, multiplicando por 3.

5 jardas = 15 pés

Agora, substitua 15 na fórmula do perímetro de um quadrado:

$$P = 4s = 4 \times 15 = 60$$

Portanto, o perímetro da sala é 60 pés.

654. 250.905.600 pés quadrados

Comece usando a fórmula 1 milha = 5.280 pés para converter as milhas em pés.

$$5.280 \times 3 = 15.840$$

Portanto, o lado do campo quadrado mede 15.840 pés. Substitua esse número na fórmula da área de um quadrado:

$$A = s^2 = 15.840^2 = 250.905.600$$

655. 0,4 quilômetros

O perímetro do parque é 10 vezes maior que sua área, então:

$$P = 10A$$

O perímetro de um quadrado é $4s$, assim, substitua este valor pelo P da equação acima:

$$4s = 10A$$

A área do quadrado é s^2, então, substitua este valor pelo A da equação anterior:

$$4s = 10s^2$$

Para encontrar s, comece dividindo ambos os lados por s:

$$4 = 10s$$

Agora, divida os dois lados por 10:

$$\frac{4}{10} = s \text{ ou } 0{,}4.$$

656. 24 centímetros quadrados

Use a fórmula da área de um retângulo:

$$A = lw = 8 \times 3 = 24$$

657. 36 metros

Use a fórmula do perímetro de um retângulo.

$$P = 2l + 2w = (2 \times 16) + (2 \times 2)$$

Simplifique.

$$= 32 + 4 = 36$$

658. **11,61 pés quadrados**

Use a fórmula da área de um retângulo.

$$A = lw = 4{,}3 \times 2{,}7 = 11{,}61$$

659. **$3\frac{1}{4}$ polegadas**

Use a fórmula do perímetro de um retângulo.

$$P = 2l + 2w = \left(2 \times \frac{7}{8}\right) + \left(2 \times \frac{3}{4}\right)$$

Calcule excluindo os fatores de 2:

$$= \frac{7}{4} + \frac{3}{2} = \frac{7}{4} + \frac{6}{4} = \frac{13}{4}$$

Converta essa fração imprópria em um número misto:

$$= 3\frac{1}{4}$$

660. **155,25 polegadas quadradas**

Use a fórmula da área de um retângulo.

$$A = lw = 13{,}5 \times 11{,}5 = 155{,}25$$

661. **$3\sqrt{10}$**

Use a fórmula da área de um retângulo.

$$A = lw = \sqrt{15} \times \sqrt{6} = \sqrt{90}$$

Simplifique fatorando.

$$= \sqrt{9}\sqrt{10} = 3\sqrt{10}$$

662. **50 pés**

Comece usando a fórmula da área de um retângulo, substituindo 100 para a área e 5 para a largura:

$$A = lw$$

$$100 = l \times 5$$

Divida ambos os lados por 5.

$$20 = l$$

Assim, o comprimento é 20. Agora, use a fórmula do perímetro de um retângulo, substituindo 20 para o comprimento e 5 para a largura.

$$P = 2l + 2w = (2 \times 20) + (2 \times 5)$$

Calcule.

$$= 40 + 10 = 50$$

663. $23\frac{1}{2}$ polegadas

Comece usando a fórmula da área de um retângulo, substituindo 30 para a área e 8 para o comprimento.

$$A = lw$$
$$30 = 8 \times w$$

Divida ambos os lados por 8.

$$\frac{30}{8} = w$$
$$\frac{15}{4} = w$$

Assim, a largura é $\frac{15}{4}$. Agora, use a fórmula do perímetro de um retângulo, substituindo 8 para o comprimento e $\frac{15}{4}$ para a largura.

$$P = 2l + 2w = (2 \times 8) + \left(2 \times \frac{15}{4}\right)$$

Calcule:

$$= 16 + \frac{15}{2} = 16 + 7\frac{1}{2} = 23\frac{1}{2}$$

664. 61 polegadas

Comece usando a fórmula da área de um retângulo, substituindo 156 para a área e 24 para o comprimento (porque 2 pés = 24 polegadas):

$$A = lw$$
$$156 = 24 \times w$$

Divida ambos os lados por 24.

$$6{,}5 = w$$

Assim, a largura é 6,5. Agora, use a fórmula do perímetro de um retângulo, substituindo 24 para o comprimento e 6,5 para a largura.

$$P = 2l + 2w = (2 \times 24) + (2 \times 6{,}5)$$

Calcule.

$$= 48 + 13 = 61$$

665. **24**

Se a área de um retângulo é 72 e tanto o comprimento quanto a largura são números inteiros, você pode escrever todas as possibilidades de comprimento e de largura como fatores pares de 72.

Para começar, encontre todos os fatores de 72.

Fatores de 72: 1, 2, 3, 4, 6, 8, 9, 12, 18, 24, 36, 72

$$72 \times 1$$
$$36 \times 2$$
$$24 \times 3$$
$$18 \times 4$$
$$12 \times 6$$
$$9 \times 8$$

Agora, substitua cada um desses pares na fórmula do perímetro de um retângulo ($P = 2l + 2w$) até você encontrar o número que apresente o perímetro de 54.

$$(2 \times 9) + (2 \times 8) = 18 + 16 = 34$$
$$(2 \times 12) + (2 \times 6) = 24 + 12 = 36$$
$$(2 \times 18) + (2 \times 4) = 36 + 8 = 44$$
$$(2 \times 12) + (2 \times 6) = 24 + 12 = 36$$
$$(2 \times 24) + (2 \times 3) = 48 + 6 = 54$$

Portanto, o comprimento e a largura são 24 e 3.

666. **45**

Use a fórmula para um paralelogramo:

$$A = bh = 9 \times 5 = 45$$

667. **3.102,7**

Use a fórmula para um paralelogramo.

$$A = bh = 71 \times 43{,}7 = 3.102{,}7$$

668. $\mathbf{8\frac{13}{15}}$

Use a fórmula para um paralelogramo.

$$A = bh = 3\frac{4}{5} \times 2\frac{1}{3}$$

Calcule convertendo ambos os números mistos em frações impróprias e, então, multiplique.

$$= \frac{19}{5} \times \frac{7}{3} = \frac{133}{15} = 8\frac{13}{15}$$

669. **20**

Use a fórmula da área de um trapézio.

$$A = \frac{b_1 + b_2}{2}h = \frac{7+3}{2} \times 4$$

Simplifique a fração.

$$= \frac{10}{2} \times 4 = 5 \times 4 = 20$$

670. **85,32**

Use a fórmula da área de um trapézio.

$$A = \frac{b_1 + b_2}{2}h = \frac{9{,}2 + 12{,}4}{2} \times 7{,}9$$

Simplifique a fração.

$$= \frac{21{,}6}{2} \times 7{,}9 = 10{,}8 \times 7{,}9 = 85{,}32$$

671. $\mathbf{\frac{23}{270}}$

Use a fórmula da área de um trapézio.

$$A = \frac{b_1 + b_2}{2}h = \frac{\frac{1}{9} + \frac{2}{5}}{2} \times \frac{1}{3}$$

Para simplificar, comece multiplicando as duas frações.

$$= \frac{\frac{1}{9} + \frac{2}{5}}{6}$$

Depois, some as duas frações no numerador.

$$= \frac{\frac{5}{45} + \frac{18}{45}}{6} = \frac{\frac{23}{45}}{6}$$

Agora, calcule esta fração transformando-a em uma divisão fracionária.

$$= \frac{23}{45} \div 6 = \frac{23}{45} \times \frac{1}{6} = \frac{23}{270}$$

672. **13,5 centímetros**

Use a fórmula para um paralelogramo, substituindo 94,5 para a área e 7 para a base.

$$A = bh$$
$$94{,}5 = 7h$$

Divida ambos os lados por 7.

$$13{,}5 = h$$

673. **12**

Comece substituindo a área e as bases na fórmula para um trapézio.

$$A = \frac{b_1 + b_2}{2}h$$
$$180 = \frac{9 + 21}{2}h$$

Simplifique a fração.

$$180 = \frac{30}{2}h$$
$$180 = 15h$$

Agora, divida ambos os lados por 15.

$$12 = h$$

674. $\mathbf{\frac{28}{45}}$

Use a fórmula para um paralelogramo, substituindo $\frac{4}{9}$ para a área e $\frac{5}{7}$ para a base.

$$A = bh$$
$$\frac{4}{9} = \frac{5}{7}h$$

Multiplique ambos os lados por $\frac{7}{5}$.

$$\frac{7}{5}\times\frac{4}{9}=\frac{7}{5}\times\frac{5}{7}h$$

$$\frac{28}{45}=h$$

675. **25,5**

Comece substituindo a área, a altura e a base na fórmula para um trapézio.

$$A=\frac{b_1+b_2}{2}h$$

$$45=\frac{4,5+b_2}{2}3$$

Divida ambos os lados por 3, então multiplique os dois lados por 2.

$$15=\frac{4,5+b_2}{2}$$

$$30=4,5+b_2$$

Agora, subtraia 4,5 de ambos os lados.

$$25,5=b_2$$

676. **36 polegadas quadradas**

Use a fórmula da área de um triângulo ($A=\frac{1}{2}bh$) para resolver o problema.

$$A=\frac{1}{2}bh=\frac{1}{2}(9)(8)=36$$

677. **34,5 metros quadrados**

Use a fórmula da área de um triângulo ($A=\frac{1}{2}bh$) para resolver o problema:

$$A=\frac{1}{2}bh=\frac{1}{2}(3)(23)=34,5$$

678. $\frac{1}{12}$

Use a fórmula da área de um triângulo ($A=\frac{1}{2}bh$) para resolver o problema.

$$A=\frac{1}{2}bh=\frac{1}{2}\left(\frac{4}{9}\right)\left(\frac{3}{8}\right)$$

Cancele os fatores comuns do numerador e do denominador.

$$=\frac{1}{1}\left(\frac{1}{3}\right)\left(\frac{1}{4}\right)=\frac{1}{12}$$

679. 110,5

Use a fórmula da área de um triângulo ($A = \frac{1}{2}bh$) para resolver o problema.

$$A = \frac{1}{2}bh = \frac{1}{2}(17)(13) = 110,5$$

680. 99

Em um triângulo retângulo, o comprimento de dois lados (os dois lados menores) são a base e a altura. Use a fórmula da área de um triângulo

($A = \frac{1}{2}bh$) para resolver o problema.

$$A = \frac{1}{2}bh = \frac{1}{2}(9)(22) = 99$$

681. 24 centímetros quadrados

Em um triângulo retângulo, o comprimento de dois lados (os dois lados menores) são a base e a altura. Use a fórmula da área de um triângulo

($A = \frac{1}{2}bh$) para resolver o problema.

$$A = \frac{1}{2}bh = \frac{1}{2}(4)(12) = 24$$

682. 30 metros

Use a fórmula da área de um triângulo ($A = \frac{1}{2}bh$) para resolver o problema, substituindo 60 para a área e 4 para a altura.

$$A = \frac{1}{2}bh$$
$$60 = \frac{1}{2}(b)(4)$$

Para encontrar a base b, primeiro multiplique $\frac{1}{2}$ por 4 no lado direito da equação; então, resolva para encontrar b.

$$60 = 2b$$
$$30 = b$$

683. **13**

Use a fórmula da área de um triângulo $\left(A = \frac{1}{2}bh\right)$ para resolver o problema, substituindo 78 para a área. Certifique-se de converter a base para polegadas: 1 pé = 12 polegadas.

$$A = \frac{1}{2}bh$$
$$78 = \frac{1}{2}(12)(h)$$

Para encontrar a altura h, primeiro multiplique $\frac{1}{2}$ por 12 do lado direito da equação, então, encontre h dividindo ambos os lados por 6.

$$78 = 6h$$
$$13 = h$$

684. **$1\frac{3}{4}$ polegadas**

Use a fórmula da área de um triângulo $\left(A = \frac{1}{2}bh\right)$ para resolver o problema, substituindo $\frac{5}{7}$ para a base e $\frac{5}{8}$ para a área.

$$A = \frac{1}{2}bh$$
$$\frac{5}{8} = \frac{1}{2}\left(\frac{5}{7}\right)(h)$$

Para encontrar a altura h, primeiro multiplique $\frac{1}{2}$ por $\frac{5}{7}$ do lado direito da equação.

$$\frac{5}{8} = \frac{5}{14}h$$

Agora, multiplique ambos os lados da equação por $\frac{14}{5}$.

$$\frac{14}{5} \times \frac{5}{8} = \frac{14}{5} \times \frac{5}{14}h$$
$$\frac{14}{1} \times \frac{1}{8} = h$$
$$\frac{14}{8} = h$$

Para finalizar, reduza a fração $\frac{14}{8}$ e converta-a em um número misto.

$$h = \frac{14}{8} = \frac{7}{4} = 1\frac{3}{4}$$

685. **13**

Para começar, use a fórmula da área de um triângulo ($A = \frac{1}{2}bh$), substituindo 84,5 para a área:

$$A = \frac{1}{2}bh$$
$$84{,}5 = \frac{1}{2}bh$$

Multiplique ambos os lados por 2 para se livrar da fração:

$$169 = bh$$

A base e a altura têm o mesmo valor, então, você pode usar a mesma variável h para ambos os valores. Portanto, $bh = (h)h = h^2$, então, você pode substituir h^2 para bh na equação anterior:

$$169 = h^2$$

Encontre h calculando a raiz quadrada de ambos os lados.

$$\sqrt{169} = \sqrt{h^2}$$
$$13 = h$$

686. **5 pés**

Use o teorema de Pitágoras ($a^2 + b^2 = c^2$) para encontrar a hipotenusa:

$$a^2 + b^2 = c^2$$
$$3^2 + 4^2 = c^2$$
$$9 + 16 = c^2$$
$$25 = c^2$$
$$\sqrt{25} = \sqrt{c^2}$$
$$5 = c$$

687. **26 centímetros**

Use o teorema de Pitágoras ($a^2 + b^2 = c^2$) para encontrar a hipotenusa:

$$a^2 + b^2 = c^2$$
$$10^2 + 24^2 = c^2$$
$$100 + 576 = c^2$$
$$676 = c^2$$

Para finalizar, calcule a raiz quadrada de ambos os lados da equação:

$$\sqrt{676} = \sqrt{c^2}$$
$$26 = c$$

688. $\mathbf{4\sqrt{5}}$

Use o teorema de Pitágoras ($a^2 + b^2 = c^2$) para encontrar a hipotenusa:

$$a^2 + b^2 = c^2$$
$$4^2 + 8^2 = c^2$$
$$16 + 64 = c^2$$
$$80 = c^2$$

Calcule a raiz quadrada de ambos os lados da equação.

$$\sqrt{80} = \sqrt{c^2}$$
$$\sqrt{80} = c$$

Simplifique fatorando como a seguir:

$$\sqrt{16}\sqrt{5} = c$$
$$4\sqrt{5} = c$$

689. $\mathbf{\sqrt{265}}$

Use o teorema de Pitágoras ($a^2 + b^2 = c^2$) para encontrar a hipotenusa:

$$a^2 + b^2 = c^2$$
$$11^2 + 12^2 = c^2$$
$$121 + 144 = c^2$$
$$265 = c^2$$

Calcule a raiz quadrada de ambos os lados da equação.

$$\sqrt{265} = \sqrt{c^2}$$
$$\sqrt{265} = c$$

690. $\mathbf{\sqrt{5}}$

Use o teorema de Pitágoras ($a^2 + b^2 = c^2$) para encontrar a hipotenusa:

$$a^2 + b^2 = c^2$$
$$\sqrt{2}^2 + \sqrt{3}^2 = c^2$$
$$2 + 3 = c^2$$
$$5 = c^2$$

Calcule a raiz quadrada de ambos os lados da equação.

$$\sqrt{5} = \sqrt{c^2}$$

$$\sqrt{5} = c$$

691. $\sqrt{173}$

Use o teorema de Pitágoras ($a^2 + b^2 = c^2$) para encontrar a hipotenusa:

$$a^2 + b^2 = c^2$$

$$\left(4\sqrt{3}\right)^2 + \left(5\sqrt{5}\right)^2 = c^2$$

Calcule o lado esquerdo da equação.

$$\left(4^2\sqrt{3}^2\right) + \left(5^2\sqrt{5}^2\right) = c^2$$

$$(16 \times 3) + (25 \times 5) = c^2$$

$$48 + 125 = c^2$$

$$173 = c^2$$

Calcule a raiz quadrada de ambos os lados da equação.

$$\sqrt{173} = \sqrt{c^2}$$

$$\sqrt{173} = c$$

692. 1

Use o teorema de Pitágoras ($a^2 + b^2 = c^2$) para encontrar a hipotenusa:

$$a^2 + b^2 = c^2$$

$$\left(\frac{5}{13}\right)^2 + \left(\frac{12}{13}\right)^2 = c^2$$

Calcule o lado esquerdo da equação utilizando os passos a seguir:

$$\left(\frac{5}{13}\right)\left(\frac{5}{13}\right) + \left(\frac{12}{13}\right)\left(\frac{12}{13}\right) = c^2$$

$$\frac{25}{169} + \frac{144}{169} = c^2$$

$$\frac{169}{169} = c^2$$

$$1 = c^2$$

$$\sqrt{1} = \sqrt{c^2}$$

$$1 = c$$

693. $\frac{5}{12}$

Use o teorema de Pitágoras ($a^2 + b^2 = c^2$) para encontrar a hipotenusa:

$$a^2 + b^2 = c^2$$
$$\left(\frac{1}{3}\right)^2 + \left(\frac{1}{4}\right)^2 = c^2$$

Calcule o lado esquerdo da equação.

$$\left(\frac{1}{3}\right)\left(\frac{1}{3}\right) + \left(\frac{1}{4}\right)\left(\frac{1}{4}\right) = c^2$$
$$\frac{1}{9} + \frac{1}{16} = c^2$$
$$\frac{25}{144} = c^2$$

Calcule a raiz quadrada de ambos os lados da equação.

$$\sqrt{\frac{25}{144}} = \sqrt{c^2}$$
$$\frac{\sqrt{25}}{\sqrt{144}} = \sqrt{c^2}$$
$$\frac{5}{12} = c$$

694. 40

Use o teorema de Pitágoras ($a^2 + b^2 = c^2$) para encontrar o comprimento do lado maior:

$$a^2 + b^2 = c^2$$
$$75^2 + b^2 = 85^2$$
$$5.625 + b^2 = 7.225$$

Subtraia 5.625 de ambos os lados, então, resolva a raiz quadrada de ambos os lados da equação.

$$b^2 = 1.600$$
$$\sqrt{b^2} = \sqrt{1.600}$$
$$b = 40$$

695. $\mathbf{7\sqrt{3}}$

Use o teorema de Pitágoras ($a^2 + b^2 = c^2$) para encontrar o comprimento do lado maior:

$$a^2 + b^2 = c^2$$
$$7^2 + b^2 = 14^2$$
$$49 + b^2 = 196$$

Subtraia 49 de ambos os lados, então, calcule a raiz quadrada de ambos os lados da equação.

$$b^2 = 147$$
$$\sqrt{b^2} = \sqrt{147}$$
$$b = \sqrt{147}$$

Simplifique fatorando como a seguir:

$$b = \sqrt{49}\sqrt{3}$$
$$b = 7\sqrt{3}$$

696. **16**

Use a fórmula do diâmetro de um círculo:

$$D = 2r = 2 \times 8 = 16$$

697. $\mathbf{121\pi}$

Use a fórmula da área de um círculo:

$$A = \pi r^2 = \pi \times 11^2 = 121\pi$$

698. $\mathbf{40\pi}$

Use a fórmula da circunferência de um círculo:

$$C = 2\pi r = 2 \times \pi \times 20 = 40\pi$$

699. $\mathbf{2{,}89\pi}$

Use a fórmula da área de um círculo:

$$A = \pi r^2 = \pi \times 1{,}7^2 = 2{,}89\pi$$

700. $\mathbf{13\pi}$

Use a fórmula da circunferência de um círculo:

$$C = 2\pi r = 2 \times \pi \times 6{,}5 = 13\pi$$

701. $\mathbf{99\pi}$

A fórmula do diâmetro de um círculo é $D = 2r$ e a fórmula da circunferência é $C = 2\pi r$. Perceba que a única diferença entre o diâmetro do círculo ($D = 2r$) e a sua circunferência ($C = 2\pi r$) é o fator de π. Então, a maneira mais rápida de converter o diâmetro em uma circunferência é simplesmente multiplicar por π.

Portanto, se um círculo possui um diâmetro de 99, sua circunferência é 99π.

702. $\mathbf{\frac{5}{6}\pi}$

A fórmula do diâmetro do círculo: é $D = 2r$ e a fórmula da circunferência é $C = 2\pi r$. Perceba que a única diferença entre o diâmetro do círculo ($D = 2r$) e a sua circunferência ($C = 2\pi r$) é o fator de π. Então, a maneira mais rápida de converter o diâmetro em uma circunferência é simplesmente multiplicar por π.

Portanto, se um círculo possui um diâmetro de $\frac{5}{6}$, sua circunferência é $\frac{5}{6}\pi$.

703. $\mathbf{2.500\pi}$

Um círculo com um diâmetro 100 possui um raio de 50 (porque $D = 2r$). Substitua esse valor na fórmula da área de um círculo:

$$A = \pi r^2 = \pi \times 50^2 = 2.500\pi$$

704. **9**

Use a fórmula da área de um círculo, substituindo 81π para a área:

$$A = \pi r^2$$

$$81\pi = \pi r^2$$

Divida ambos os lados da equação por π.

$$81 = r^2$$

Agora, calcule a raiz quadrada de cada lado.

$$\sqrt{81} = \sqrt{r^2}$$

$$9 = r$$

705. **33**

Use a fórmula da circunferência de um círculo, substituindo 66π para a circunferência:

$$C = 2\pi r$$

$$66\pi = 2\pi r$$

Divida ambos os lados da equação por π e depois por 2.

$$66 = 2r$$

$$33 = r$$

706. **$29{,}16\pi$**

Para começar, encontre o raio utilizando-se da fórmula da circunferência de um círculo, substituindo $10{,}8\pi$ para a circunferência:

$$C = 2\pi r$$

$$10{,}8\pi = 2\pi r$$

Divida ambos os lados da equação por π e depois por 2:

$$10{,}8 = 2r$$

$$5{,}4 = r$$

Agora, use a fórmula da área substituindo 5,4 para o raio:

$$A = \pi r^2 = \pi \times 5{,}4^2 = 29{,}16\pi$$

707. **$\frac{4}{5}\pi$**

Para começar, encontre o raio utilizando-se da fórmula da área de um círculo, substituindo $\frac{4}{25}\pi$ para a área:

$$A = \pi r^2$$

$$\frac{4}{25}\pi = \pi r^2$$

Divida ambos os lados da equação por π.

$$\frac{4}{25} = r^2$$

Agora, calcule a raiz quadrada em ambos os lados.

$$\sqrt{\frac{4}{25}} = \sqrt{r^2}$$

$$\frac{\sqrt{4}}{\sqrt{25}} = \sqrt{r^2}$$

$$\frac{2}{5} = r$$

E então use a fórmula da circunferência, substituindo $\frac{2}{5}$ para o raio:

$$C = 2\pi r = 2 \times \pi \times \frac{2}{5} = \frac{4}{5}\pi$$

708. $\frac{4}{\sqrt{\pi}}$

Use a fórmula da área de um círculo, substituindo 16 para a área:

$$A = \pi r^2$$

$$16 = \pi r^2$$

Divida ambos os lados da equação por π.

$$\frac{16}{\pi} = r^2$$

Agora, calcule a raiz quadrada em ambos os lados.

$$\sqrt{\frac{16}{\pi}} = \sqrt{r^2}$$

$$\frac{\sqrt{16}}{\sqrt{\pi}} = \sqrt{r^2}$$

$$\frac{4}{\sqrt{\pi}} = r$$

709. $\frac{85{,}5625}{\pi}$

Para começar, encontre o raio usando a fórmula da circunferência de um círculo, substituindo 18,5 para a circunferência:

$$C = 2\pi r$$

$$18{,}5 = 2\pi r$$

Divida ambos os lados da equação por 2 e depois por π.

$$9{,}25 = \pi r$$

$$\frac{9{,}25}{\pi} = r$$

Agora, use a fórmula da área de um círculo, substituindo $\frac{9{,}25}{\pi}$ para o raio:

$$A = \pi r^2 = \pi \times \left(\frac{9{,}25}{\pi}\right)^2$$

Para finalizar, primeiro calcule a potência.

$$= \pi \times \frac{9{,}25^2}{\pi^2} = \frac{85{,}5625\pi}{\pi^2}$$

Agora, cancele o fator de π no numerador e no denominador.

$$= \frac{85{,}5625}{\pi}$$

710. 1.728 polegadas cúbicas

Use a fórmula do volume de um cubo:

$$V = s^3 = 12^3$$

Calcule como a seguir:

$$= 12 \times 12 \times 12 = 1.728$$

711. 421,875

Use a fórmula do volume de um cubo:

$$V = s^3 = 7,5^3$$

Calcule como a seguir:

$$= 7,5 \times 7,5 \times 7,5 = 421,875$$

712. 100 polegadas

Use a fórmula do volume de um cubo, substituindo 1.000.000 para o volume:

$$V = s^3$$
$$1.000.000 = s^3$$

Para encontrar o volume de *s*, você deve encontrar o número que, quando é multiplicado por ele mesmo 3 vezes é igual a 1.000.000. Um pouco de tentativa e erro deixa este exercício óbvio:

$$10 \times 10 \times 10 = 1.000$$
$$100 \times 100 \times 100 = 1.000.000$$

713. 600 polegadas cúbicas

Use a fórmula do volume de uma caixa:

$$V = lwh = 15 \times 4 \times 10 = 600$$

714. 327,25 polegadas cúbicas

Use a fórmula do volume de uma caixa:

$$V = lwh = 8,5 \times 11 \times 3,5 = 327,25$$

715. $\frac{55}{512}$ **polegadas cúbicas**

Use a fórmula do volume de uma caixa:

$$V = lwh = \frac{1}{4} \times \frac{5}{8} \times \frac{11}{16} = \frac{55}{512}$$

716. **5 centímetros**

Use a fórmula para uma caixa, substituindo o valor 20.000 para o volume, 80 para o comprimento e 50 para a largura:

$$V = lwh$$
$$20.000 = 80 \times 50 \times h$$

Simplifique e divida ambos os lados por 4.000:

$$20.000 = 4.000h$$
$$5 = h$$

717. **0,0456 polegadas**

Use a fórmula para uma caixa, substituindo o valor 45,6 para o volume, 10 para o comprimento e 100 para a altura:

$$V = lwh$$
$$45{,}6 = 10 \times w \times 100$$

Simplifique e divida ambos os lados por 1.000.

$$45{,}6 = 1.000 \times w$$
$$0{,}0456 = w$$

718. **24π pés cúbicos**

Use a fórmula do volume de um cilindro:

$$V = \pi r^2 h = \pi \times 2^2 \times 6$$

Simplifique.

$$= \pi \times 4 \times 6 = 24\pi$$

719. **222.750π**

Use a fórmula do volume de um cilindro:

$$V = \pi r^2 h = \pi \times 45^2 \times 110$$

Calcule.

$$= \pi \times 2.025 \times 110 = 222.750\pi$$

720. **0,176π metros cúbicos**

Use a fórmula do volume de um cilindro:

$$V = \pi r^2 h = \pi \times 0{,}4^2 \times 1{,}1$$

Simplifique:

$$= \pi \times 0{,}16 \times 1{,}1 = 0{,}176\pi$$

721. **$\frac{45}{128}\pi$ polegadas cúbicas**

Use a fórmula do volume de um cilindro:

$$V = \pi r^2 h = \pi \times \left(\frac{3}{4}\right)^2 \times \frac{5}{8}$$

Simplifique.

$$= \pi \times \left(\frac{3}{4}\right)\left(\frac{3}{4}\right) \times \frac{5}{8} = \pi \times \frac{9}{16} \times \frac{5}{8} = \frac{45}{128}\pi$$

722. **6,5 pés**

Use a fórmula do volume de um cilindro, substituindo 58,5π para o volume e 3 para o raio:

$$V = \pi r^2 h$$
$$58{,}5\pi = \pi \times 3^2 \times h$$
$$58{,}5\pi = \pi \times 9 \times h$$

Divida ambos os lados por π e depois por 9:

$$58{,}5 = 9h$$
$$6{,}5 = h$$

723. **36π**

Use a fórmula do volume de uma esfera:

$$V = \frac{4}{3}\pi r^3 = \frac{4}{3} \times \pi \times 3^3 = \frac{4 \times \pi \times 27}{3}$$

Exclua o fator de 3 do numerador e do denominador e, então, simplifique.

$$= 4 \times \pi \times 9 = 36\pi$$

724. $\frac{9}{128}\pi$

Use a fórmula do volume da esfera:

$$V = \frac{4}{3}\pi r^3 = \frac{4}{3}\times\pi\times\left(\frac{3}{8}\right)^3$$

Calcule a potência, exclua os fatores onde for possível e, então, multiplique:

$$= \frac{4}{3}\times\pi\times\left(\frac{3}{8}\right)\left(\frac{3}{8}\right)\left(\frac{3}{8}\right) = \frac{1}{1}\times\pi\times\left(\frac{1}{2}\right)\left(\frac{3}{8}\right)\left(\frac{3}{8}\right) = \frac{9}{128}\pi$$

725. **2,304π metros cúbicos**

Use a fórmula do volume da esfera:

$$V = \frac{4}{3}\pi r^3 = \frac{4}{3}\times\pi\times 1{,}2^3$$

Calcule a potência.

$$= \frac{4}{3}\times\pi\times(1{,}2)(1{,}2)(1{,}2) = \frac{4}{3}\times\pi\times 1{,}728$$

Agora, multiplique $\frac{4}{3}$ por 1,728. Você pode fazer isso em dois passos: primeiro, multiplique por 4 e então, divida por 3:

$$= \frac{6{,}912}{3}\times\pi$$
$$= 2{,}304\pi$$

726. $\frac{1}{2}$ **pés**

Use a fórmula do volume de uma esfera, substituindo $\frac{1}{6}\pi$ para o volume:

$$V = \frac{4}{3}\pi r^3$$
$$\frac{1}{6}\pi = \frac{4}{3}\pi r^3$$

Divida ambos os lados da equação por π.

$$\frac{1}{6} = \frac{4}{3}r^3$$

Agora, multiplique ambos os lados da equação por $\frac{3}{4}$.

$$\frac{3}{4}\times\frac{1}{6} = \frac{3}{4}\times\frac{4}{3}r^3$$
$$\frac{1}{8} = r^3$$

O raio r é um número que, quando multiplicado por ele mesmo 3 vezes é igual a $\frac{1}{8}$. Este número é $\frac{1}{2}$ porque:

$$\frac{1}{2}\times\frac{1}{2}\times\frac{1}{2}=\frac{1}{8}$$

727. **32 polegadas cúbicas**

Use a fórmula do volume de uma pirâmide:

$$V=\frac{1}{3}s^2h=\frac{1}{3}\times 4^2\times 6$$

Calcule a potência e exclua o fator de 3 do numerador e do denominador.

$$=\frac{1}{3}\times 16\times 6=16\times 2=32$$

728. **4 metros**

Use a fórmula do volume de uma pirâmide, substituindo 80 para o volume e 15 para a altura:

$$V=\frac{1}{3}s^2h$$

$$80=\frac{1}{3}\times s^2\times 15$$

Exclua o fator de 3 do numerador e do denominador; então, divida ambos os lados da equação por 5.

$$80=s^2\times 5$$

$$16=s^2$$

Agora, calcule a raiz quadrada de ambos os lados da equação.

$$\sqrt{16}=\sqrt{s^2}$$

$$4=s$$

729. **3.000π polegadas cúbicas**

Use a fórmula do volume de um cone:

$$V=\frac{1}{3}\pi r^2h=\frac{1}{3}\pi\times 30^2\times 10$$

Calcule a potência e exclua o fator de 3 do numerador e do denominador.

$$=\frac{1}{3}\pi\times 900\times 10=300\pi\times 10=3.000\pi$$

730. **11**

Use a fórmula do volume de um cone, utilizando 132π para o volume e 6 para o raio:

$$V = \frac{1}{3}\pi r^2 h$$
$$132\pi = \frac{1}{3} \times \pi \times 6^2 \times h$$

Calcule a potência, exclua o fator de 3 do numerador e do denominador e, então, divida ambos os lados da equação por 12π.

$$132\pi = \frac{1}{3} \times \pi \times 36 \times h$$
$$132\pi = 12\pi h$$
$$11 = h$$

731. **Kent**

Brian coletou R$300 e Kent R$500, então, Kent coletou R$200 a mais que Brian.

732. **R$1.800**

Ariana coletou R$600, Eva R$800 e Stella R$400. Portanto, juntas, elas coletaram R$600 + R$800 + R$400 = R$1.800.

733. $\frac{1}{9}$

Stella coletou R$400. A quantia total é de R$600 + R$300 + R$800 + R$500 + R$400 + R$1.000 = R$3.600. Crie uma fração com as duas quantias como a seguir:

$$\frac{\underline{Stella}}{Total} = \frac{\text{R\$400}}{\text{R\$3.600}} = \frac{1}{9}$$

734. **2:5**

Stella coletou R$400 e Tyrone R$1.000. Para encontrar a proporção, crie uma fração com esses dois números e reduza-a:

$$\frac{\text{R\$400}}{\text{R\$1.000}} = \frac{4}{10} = \frac{2}{5}$$

Portanto, Stella e Tyrone coletaram fundos em uma proporção de 2:5.

735. Kent

Eva coletou R$800, então, se ela tivesse coletado R$300 a menos, ela teria coletado R$500. Kent coletou R$500.

736. 44%

Ariana coletou R$600 e Tyrone R$1.000, então, juntos, eles coletaram R$1.600. A quantia total coletada foi R$3.600 (veja a Resposta 733). Crie uma fração com essas duas quantias:

$$\frac{R\$1.600}{R\$3.600} = \frac{4}{9}$$

Agora, divida $4 \div 9$ para converter essa fração em uma dízima periódica e, então, em uma porcentagem:

$$= 0{,}\bar{4} = 44{,}\bar{4}\% \approx 44\%$$

737. Bioquímica e Economia

A matéria Bioquímica conta 35% do tempo de estudo da Kaitlin e Economia conta 15%. Juntas, essas matérias contam 50% do seu tempo.

738. Cálculo, Economia e Espanhol

Cálculo conta 20% do tempo de estudo de Kaitlin, Economia 15% e Espanhol 20%. Juntas, essas matérias contam 55% do seu tempo.

739. 4 horas

Katlin passou 20% do seu tempo estudando Espanhol. Assim, se ela passou 20 horas estudando na semana passada, ela passou 20% das 20 horas estudando Espanhol:

$$0{,}2 \times 20 = 4$$

Portanto, ela passou 4 horas estudando Espanhol.

740. 30 horas

Kaitlin passou 20% do seu tempo estudando Cálculo e 15% estudando Economia. Assim, ela passou 5% a mais do seu tempo estudando Cálculo do que Economia. Então, se 5% do seu tempo representa 1,5 horas, multiplicar este valor por 20, representaria 100% do seu tempo de estudo (porque 5% × 20 = 100%):

$$1{,}5 \times 20 = 30$$

Portanto, Kaitlin passou 30 horas estudando.

741. 30 horas

Kaitlin passou 10% do seu tempo estudando Física. Assim, se ela passou 3 horas estudando para esta matéria, ela passou 10 vezes mais tempo estudando para todas as outras matérias. Portanto, ela passou 30 horas estudando para todas as matérias.

742. 4 horas 40 minutos

Kaitlin passa 15% do seu tempo estudando Economia. Se esta matéria contasse como 2 horas, então, 1/3 deste tempo — ou seja, 40 minutos — contaria como 5% do seu tempo. Então, multiplicando esta quantidade de tempo por 7 (40 minutos × 7 = 280 minutos) contaria como 35% do seu tempo. Portanto, Kaitlin passou 280 minutos estudando bioquímica, o que é igual a 4 horas 40 minutos.

743. Outubro

O lucro líquido foi de R$2.800 em fevereiro e foi igual no mês de outubro.

744. R$8.800

O lucro líquido de janeiro, fevereiro e março foi R$2.400 + R$2.800 + R$3.600 = R$8.800.

745. Março

Entre março e abril, o lucro líquido aumentou de R$4.400 – R$3.600 = R$800. Isso é equivalente ao lucro mostrado em março quando comparado a fevereiro (R$800), porém maior que o aumento do lucro mostrado em fevereiro (R$400), maio (queda no lucro), junho (R$400), julho (R$400), agosto (R$400), setembro e outubro (queda do lucro), novembro (R$400) ou dezembro (R$400).

746. Agosto e setembro

Em agosto e setembro, o lucro líquido combinado foi de R$5.200 + R$3.600 = R$8.800.

747. Janeiro

Para começar, calcule o total do lucro líquido do ano:

R$2.400 + R$2.800 + R$3.600 + R$4.400 + R$4.000 + 4.400 + R$4.800 + R$5.200 + R$ 3.600 + R$2.800 + R$3.200 + R$3.600 = R$44.800

Agora, calcule 5% de R$44.800:

$$\text{R\$}44.800 \times 0{,}05 = \text{R\$}2.240$$

O lucro líquido mais próximo de R$2.240 foi R$2.400 em janeiro.

748. 22.000

A cidade de Plattfield é a maior do condado de Alabaster. Sua população é equivalente a 11 bonecos e cada um representa 2.000 habitantes, então sua população é de 2.000 × 11 = 22.000 habitantes.

749. Talkingham

Para começar, encontre a população total do condado:

$$2.000 \times 11 = 22.000$$

Agora, calcule $\frac{1}{6}$ de 78.000:

$$\frac{1}{6} \times 78.000 = 78.000 \div 6 = 13.000$$

Talkingham tem uma população de 14.000 habitantes, que é ligeiramente maior que 13.000.

750. 19%

Como calculado na Resposta 749, todo o condado possui uma população de 78.000 habitantes. A cidade de Morrissey Station tem uma população de 15.000 habitantes. Crie uma fração com esses dois números como a seguir:

$$\frac{15.000}{78.000} = \frac{5}{26}$$

Converta essa fração em um número decimal dividindo 5 ÷ 26 e, então, converta o número decimal em uma porcentagem como a seguir:

$$5 \div 26 \approx 0{,}192 = 19\%$$

751. Barker Lake e Talkingham

Plattfield tem uma população de 22.000 habitantes, Barker Lake tem uma população de 9.000 habitantes e a população de Talkingham é de 14.000. Portanto, juntas, as cidades de Barker Lake e Talkingham têm uma população de 9.000 + 14.000 = 23.000 habitantes, o que é 1.000 a mais que a população de Plattfield.

752. 20%

A população de Talkingham é de 14.000. Se ela aumentasse em 2.000 habitantes (um boneco), assim, sua população seria de 16.000. E se todas as outras cidades restantes continuassem com a mesma população, então a população do condado também aumentaria em 2.000 pessoas, indo de 78.000 (veja a Resposta 749) para 80.000.

Crie uma fração com esses dois números:

$$\frac{16.000}{80.000} = \frac{1}{5} = 20\%$$

753. 69%

Os dois candidatos mais votados foram Bratlafski com 41% e McCullers com 28%, então, juntos, eles receberam 69% dos votos.

754. Farelese e McCullers

Farelese recebeu 7% dos votos e McCullers recebeu 28%, então, juntos, eles receberam 7% + 28% = 35%.

755. 3.000

Farelese recebeu 7% dos votos e Williamson recebeu 4%. Se 100.000 votos fossem contados, Farelese receberia 7.000 votos (0,07 × 100.000) e Williamson receberia 4.000 (0,04 × 100.000). Portanto, Farelese receberia 3.000 votos a mais que Williamson.

756. 200.000

Jordan recebeu 17% dos votos, então, se ela recebeu 34.000 votos, cada ponto percentual contaria como:

$$\frac{34.000}{17} = 2.000$$

Portanto, se cada ponto percentual contou 2.000 votos, 100% dos votos seriam 200.000 votos.

757. 39.200

Bratlaski recebeu 41% dos votos e Pardee recebeu 3%. Então, Bratlaski recebeu 38% de votos a mais que Pardee. Se 38% dos votos representassem 53.200 votos, cada ponto percentual contaria como:

$$\frac{53.200}{38} = 1.400$$

Portanto, se cada ponto percentual contou como 1.400 votos, a parte de McCullers de 28% dos votos seria:

$$1.400 \times 28 = 39.200$$

758. 2.500

Setecentas e cinquenta árvores foram plantadas no condado de Edinburgh e 1.750 foram plantadas no condado de Manchester, então, juntas, as cidades possuem 750 + 1.750 = 2.500 árvores.

759. 8.000

O número total das árvores era como a seguir:

$$1.500 + 500 + 2.250 + 750 + 1.250 + 1.750 = 8.000$$

760. Dublin e Manchester

Na Resposta 759, o número total das árvores dos seis condados é calculado como 8.000.

Portanto, 50% das árvores é igual a 4.000. Dublin conta com 2.250 árvores e Manchester com 1.750, então, juntas, as cidades contam 2.500 + 1.750 = 4.000 árvores.

761. Birmingham

O número total de árvores é 8.000 (veja na Resposta 759). Portanto, 18,75% das árvores é

$$0,1875 \times 8.000 = 1.500$$

Mil e quinhentas árvores foram plantadas no condado de Birmingham.

762. $\frac{1}{6}$

O número total de árvores é 8.000 (veja na Resposta 759), das quais 500 são do condado de Calais. Se forem plantadas mais 1.000 árvores no condado de Calais, então, 1.500 árvores seriam plantadas ali, resultando em um total de 9.000 árvores. Crie uma fração com esses dois números e a reduza:

$$\frac{1.500}{9.000} = \frac{15}{90} = \frac{1}{6}$$

763. **Veja abaixo.**

i. Q

ii. S

iii. R

iv. P

v. T

764. **6**

$Q = (1,6)$. Para ir de $(0,0)$ para $(1,6)$, você precisa

subir 6 e *atravessar* 1

Traduza essas palavras como a seguir:

$$+\ 6\ /\ 1$$

Portanto, a inclinação da linha que passa pela origem e por Q é

$$+\frac{6}{1} = 6$$

765. $\frac{1}{3}$

$S = (-3, -1)$. Para ir de $(-3, -1)$ para $(0,0)$, você precisa

subir 1 e *atravessar 3*

Traduza essas palavras como a seguir:

$$+\ 1\ /\ 3$$

Portanto, a inclinação da linha que passa pela origem e por S é

$$+\frac{1}{3}=\frac{1}{3}$$

766. **– 1**

$P = (3, 4)$ e $Q = (1, 6)$. Para ir de (1, 6) para (3, 4), você precisa

descer 2 e *atravessar 2*

Traduza essas palavras como a seguir:

– 2 / 2

Portanto, a inclinação da linha que passa por P e Q é

$$-\frac{2}{2}=-1$$

767. $-\frac{8}{7}$

$R = (–2, 5)$ e $T = (5, –3)$. Para ir de (–2, 5) para (5, –3), você precisa

descer 8 e *atravessar 7*

Traduza essas palavras como a seguir:

– 8 / 7

Portanto, a inclinação da linha que passa por R e por T é

$$-\frac{8}{7}$$

768. $-\frac{1}{4}$

$S = (–3,–1)$ e $T = (5, –3)$. Para ir de (–3, –1) para (5, –3), você precisa

descer 2 e *atravessar 8.*

Traduza essas palavras como a seguir:

– 2 / 8

Portanto, a inclinação da linha que passa por R e por T é

$$-\frac{2}{8}=-\frac{1}{4}$$

769. 5

Para começar, desenhe um triângulo retângulo com a linha que você quer medir como a hipotenusa:

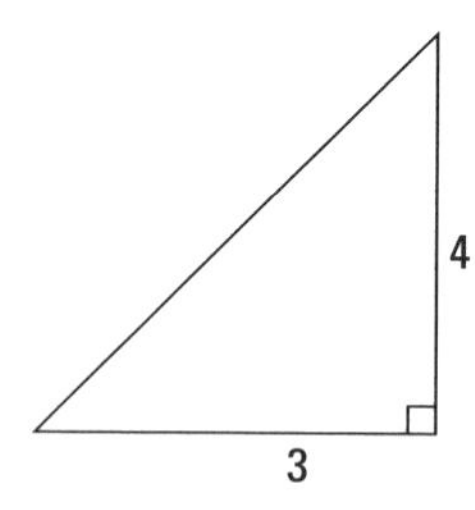

Agora, perceba que o lado horizontal do triângulo possui um comprimento 3 e o lado vertical possui um comprimento 4. Portanto, este é um triângulo retângulo 3-4-5, então, a distância entre a origem e *P* é 5.

770. $\sqrt{37}$

Para começar, desenhe um triângulo retângulo com a linha que você quer medir como a hipotenusa:

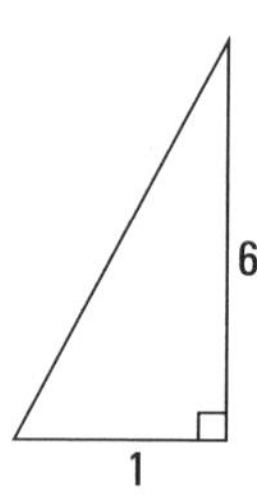

Agora, perceba que o lado horizontal do triângulo possui um comprimento 1 e o lado vertical possui um comprimento 6. Use o teorema de Pitágoras para medir o comprimento da hipotenusa.

$$a^2 + b^2 = c^2$$
$$1^2 + 6^2 = c^2$$
$$1 + 36 = c^2$$
$$37 = c^2$$
$$\sqrt{37} = c$$

Portanto, a distância entre *R* e *S* é $\sqrt{37}$.

771. **8**

$$Média = \frac{Soma\ dos\ itens}{Número\ de\ itens} = \frac{4+9+11}{3}$$

Simplifique.

$$= \frac{24}{3} = 8$$

772. **26**

Para encontrar a média, use a fórmula a seguir:

$$Média = \frac{Soma\ dos\ itens}{Número\ de\ itens} = \frac{2+2+16+29+81}{5}$$

Simplifique.

$$= \frac{130}{5} = 26$$

773. **1.411**

Para encontrar a média, use a fórmula a seguir:

$$Média = \frac{Soma\ dos\ itens}{Número\ de\ itens} = \frac{245+1.024+2.964}{3}$$

Simplifique.

$$= \frac{4.233}{3} = 1.411$$

774. **48,2**

Para encontrar a média, use a fórmula a seguir:

$$Média = \frac{Soma\ dos\ itens}{Número\ de\ itens} = \frac{17+23+35+64+102}{5}$$

Simplifique.

$$= \frac{241}{5} = 48,2$$

775. **9,1**

Para encontrar a média, use a fórmula a seguir:

$$Média = \frac{Soma\ dos\ itens}{Número\ de\ itens} = \frac{3,5+4,1+9,2+19,6}{4}$$

Simplifique.

$$= \frac{36{,}4}{4} = 9{,}1$$

776. **307,418**

Para encontrar a média, use a fórmula a seguir:

$$Média = \frac{Soma\ dos\ itens}{Número\ de\ itens} = \frac{7{,}214 + 91{,}8 + 823{,}24}{3}$$

Simplifique.

$$= \frac{922{,}254}{3} = 307{,}418$$

777. $\mathbf{\frac{7}{45}}$

Para começar, encontre a soma de $\frac{1}{5}$ e $\frac{1}{9}$.

$$\frac{1}{5} + \frac{1}{9} = \frac{14}{45}$$

Agora, utilize esse resultado no numerador da fórmula da média, com o número 2 como o denominador (porque você está calculando a média de dois itens).

$$Média = \frac{Soma\ dos\ itens}{Número\ de\ itens} = \frac{\frac{14}{45}}{2}$$

Agora, simplifique a fração complexa convertendo-a em uma divisão fracionária.

$$= \frac{14}{45} \div 2 = \frac{14}{45} \times \frac{1}{2}$$

Simplifique fatorando o 2 do numerador e do denominador; então, multiplique:

$$= \frac{7}{45} \times \frac{1}{1} = \frac{7}{45}$$

778. $\mathbf{4\frac{61}{90}}$

Para começar, encontre a soma de $3\frac{1}{3}$, $4\frac{1}{5}$ e $6\frac{1}{2}$. Para fazer isso, converta todos os números mistos em frações impróprias.

$$3\frac{1}{3} + 4\frac{1}{5} + 6\frac{1}{2} = \frac{10}{3} + \frac{21}{5} + \frac{13}{2}$$

Agora, aumente os termos das três frações em um termo comum de 30 no denominador.

$$= \frac{100}{30} + \frac{126}{30} + \frac{195}{30} = \frac{421}{30}$$

Depois, substitua esse resultado no numerador da fórmula da média, com 3 como denominador (porque você está calculando a média de 3 itens).

$$Média = \frac{Soma\ dos\ itens}{Número\ de\ itens} = \frac{\frac{421}{30}}{3}$$

Agora, simplifique a fração complexa convertendo-a em uma divisão fracionária.

$$= \frac{421}{30} \div 3 = \frac{421}{30} \times \frac{1}{3} = \frac{421}{90}$$

Converta essa fração imprópria em um número misto dividindo 421 por 90.

$$= 4\frac{61}{90}$$

779. R$65

Kathi trabalhou três dias, a uma média de R$60 pelos três dias. Assim, ela ganhou um total de R$60 × 3 = R$180 de segunda-feira a quarta-feira. Ela ganhou R$40 na segunda-feira e R$75 na terça-feira, então, subtraia essas quantias de R$180 para encontrar quanto ela ganhou na quarta-feira.

R$180 – R$40 – R$75 = R$65

Portanto, Kathi ganhou R$65 na quarta-feira.

780. 9 milhas

Antoine caminhou por 4 dias a uma média de 7 milhas por dia, então ele caminhou 7 × 4 = 28 milhas ao todo. Subtraia as distâncias que ele caminhou nos três primeiros dias de 28.

$$28 - 8 - 4{,}5 - 6{,}5 = 9$$

Portanto, Antoine caminhou 9 milhas no último dia.

781. $7\frac{1}{4}$

A lagarta rastejou uma média de $5\frac{1}{8}$ polegadas em 5 minutos, então, multiplique para encontrar o total da distância.

$$5\frac{1}{8}\times 5 = 25\frac{5}{8}$$

Assim, a lagarta rastejou $25\frac{5}{8}$ polegadas em 5 minutos. Ela rastejou $18\frac{3}{8}$ polegadas nos primeiros quatro minutos, então, subtraia para encontrar a distância que a lagarta rastejou no último minuto.

$$25\frac{5}{8} - 18\frac{3}{8} = 7\frac{2}{8} = 7\frac{1}{4}$$

Portanto, a lagarta rastejou $7\frac{1}{4}$ polegadas no último minuto.

782. 8 horas 40 minutos

Eleanor estudou uma média de 9 horas por dia durante 7 dias, então ela estudou um total de $9 \times 7 = 63$ horas em 7 dias.

No último dia, ela estudou por 4 horas. Nos 3 dias anteriores, ela estudou por uma média de 11 horas por dia, então ela estudou por $11 \times 33 = 33$ horas. Assim, subtraia estes dois valores de 63.

$$63 - 4 - 33 = 26$$

Assim, ela estudou por um total de 26 horas nos primeiros 3 dias da semana. Para encontrar a média desses três dias, divida 26 por 3.

$$\frac{26}{3} = 8\frac{2}{3}$$

Portanto, Eleanor estudou uma média de $8\frac{2}{3}$ horas ao longo dos três primeiros dias da semana. Isso é igual a 8 horas 40 minutos.

783. 17

Para calcular a média ponderada, primeiro calcule a soma dos produtos das cinco turmas.

$$(16\times 4)+(21\times 1)$$
$$= 64 + 21 = 85$$

Agora, use esse resultado como o numerador da fórmula da média e divida por 5.

$$Média = \frac{Soma\ dos\ itens}{Número\ de\ itens} = \frac{85}{5} = 17$$

Portanto, a média das turmas é de 17 alunos.

784. **8,75 minutos**

Para calcular a média ponderada, primeiro calcule a soma dos produtos dos oito discursos.

$$(8 \times 5) + (10 \times 3)$$
$$= 40 + 30 = 70$$

Agora, use esse resultado como o numerador da fórmula da média e divida por 8.

$$Média = \frac{Soma\ dos\ itens}{Número\ de\ itens} = \frac{70}{8} = 8{,}75$$

Portanto, a média dos discursos foi de 8,75 minutos.

785. **R$316**

Para calcular a média ponderada, primeiro calcule a soma dos produtos das 10 semanas.

$$(280 \times 4) + (340 \times 6)$$
$$= 1.120 + 2.040 = 3.160$$

Agora, use esse resultado como o numerador da fórmula da média e divida por 10.

$$Média = \frac{Soma\ dos\ itens}{Número\ de\ itens} = \frac{3160}{10} = 316$$

Portanto, a média semanal da renda de Jake foi de R$316.

786. **R$783**

Para calcular a média ponderada, primeiro calcule a soma dos produtos dos 12 meses.

$$(1.000 \times 6) + (500 \times 4) + (700 \times 2)$$
$$= 6.000 + 2.000 + 1.400 = 9.400$$

Agora, use esse resultado como o numerador da fórmula da média e divida por 12.

$$Média = \frac{Soma\ dos\ itens}{Número\ de\ itens} = \frac{9.400}{12} \approx 783$$

Portanto, a média da economia é de aproximadamente R$783.

787. **8 minutos e 3 segundos**

Substitua o total do tempo da Angela na fórmula da média e divida pelo total do número de voltas que ela correu, que foi igual a 10.

$$Média = \frac{Soma\ dos\ itens}{Número\ de\ itens} = \frac{31:50 + 48:40}{10}$$

Calcule.

$$\frac{80:30}{10} = 8:03$$

Portanto, o tempo médio de Angela é de 8 minutos e 3 segundos.

788. **8,5**

Para calcular a média ponderada, primeiro calcule a soma dos produtos dos 12 testes.

$$(10 \times 2) + (9 \times 5) + (8 \times 3) + (7 \times 1) + (6 \times 1)$$
$$= 20 + 45 + 24 + 7 + 6 = 102$$

Agora, use esse resultado como o numerador da fórmula da média e divida por 12.

$$Média = \frac{Soma\ dos\ itens}{Número\ de\ itens} = \frac{102}{12} = 8{,}5$$

Portanto, a média das notas de Kevin foi de 8,5.

789. **9,4 pés**

Para calcular a média ponderada, primeiro calcule a soma dos produtos dos 20 andares.

$$20 + (12 \times 4) + (15 \times 8)$$
$$= 20 + 48 + 120 = 188$$

Agora, use esse resultado como o numerador da fórmula da média e divida por 20.

$$Média = \frac{Soma\ dos\ itens}{Número\ de\ itens} = \frac{188}{20} = 9{,}4$$

Portanto, a média da altura é de 9,4 pés.

790. **350**

Para calcular a média ponderada, primeiro calcule a soma dos produtos dos quebra-cabeças.

$$(300 \times 2) + (1.000 \times 3) + (500 \times 4)$$
$$= 600 + 3.000 + 2.000 = 5.600$$

Agora, some o número de dias que ela gastou para completar estes quebra-cabeças:

$$3 + 7 + 6 = 16$$

Use esses resultados como o numerador e o denominador da fórmula da média.

$$Média = \frac{Soma\ dos\ itens}{Número\ de\ itens} = \frac{5.600}{16} = 350$$

Portanto, ela montou uma média 350 peças por dia.

791. **65 mph**

Para calcular a média ponderada, primeiro calcule a soma dos produtos dos quatro tempos da viagem (certifique-se de converter os minutos em horas).

$$(0,75 \times 75) + (1,5 \times 65) + (1,25 \times 55) + (1 \times 70)$$
$$= 56,25 + 97,5 + 68,75 + 70 = 292,5$$

Agora, use esse resultado como o numerador da fórmula da média e divida o total do tempo da viagem (0,75 horas + 1,5 horas + 1,25 horas + 1 hora = 4,5 horas).

$$Média = \frac{Soma\ dos\ itens}{Número\ de\ itens} = \frac{292,5}{4,5} = 65$$

Portanto, a média de velocidade de Gerald foi de 65 milhas por hora.

792. **15**

O número da mediana de qualquer conjunto de dados com um número ímpar de valores é o número do meio (quando os números estão em ordem). Neste caso, a mediana é 15.

793. **41**

O número da mediana de qualquer conjunto de dados com um número par de valores é a média dos dois números do meio (quando os números estão em ordem). Neste caso, os números do meio são 37 e 45, então, encontre a média como a seguir:

$$Média = \frac{Soma\ dos\ itens}{Número\ de\ itens} = \frac{37+45}{2}$$

Simplifique.

$$= \frac{82}{2} = 41$$

Portanto, a mediana é 41.

794. 16

A moda de um conjunto de dados é o valor que aparece mais vezes. Neste caso, 16 aparece três vezes, então, essa é a moda.

795. 0,5

O número da mediana de qualquer conjunto de dados com um número par de valores é a média dos dois números do meio quando os números estão listados em ordem ascendente (ou descendente). Neste caso, os números do meio são 5 e 6, então, encontre a média como a seguir:

$$Média = \frac{Soma\ dos\ itens}{Número\ de\ itens} = \frac{5+6}{2}$$

Simplifique.

$$= \frac{11}{2} = 5{,}5$$

Portanto, a mediana é 5,5. A moda é o valor que aparece mais vezes no conjunto de dados, então, a moda é 5. Assim, a diferença entre a mediana e a moda é 5,5 – 5 = 0,5.

796. 13

Calcule a média usando a fórmula.

$$Média = \frac{Soma\ dos\ itens}{Número\ de\ itens}$$

$$= \frac{1+1+11+11+11+12+13+14+14+14+63}{11}$$

Simplifique:

$$= \frac{165}{11} = 15$$

Portanto, a media é 15. A mediana é o número do meio, que é 12. As duas modas são os números que aparecem mais vezes no conjunto de dados, que são 11 e 14. Portanto, 13 (o único número inteiro entre 11 e 15 que não foi excluído) não é a média, a mediana ou a moda do conjunto de dados.

797. **36**

Para calcular o número de combinações, multiplique o número de resultados possíveis para cada dado. Como existem seis lados em cada dado, existem seis resultados diferentes para cada:

$$6 \times 6 = 36$$

798. **1.920**

Para calcular o número de combinações, multiplique o número de resultados possíveis para cada dado:

$$8 \times 12 \times 20 = 1.920$$

799. **56**

Para calcular o número de combinações, multiplique o número de ternos, camisas e gravatas.

$$2 \times 4 \times 7 = 56$$

Portanto, Jeff tem 56 combinações possíveis de ternos, camisas e gravatas.

800. **96**

Para calcular o número de combinações, multiplique o número de tipos de ovo, carne, batata e bebida.

$$4 \times 3 \times 2 \times 4 = 96$$

Portanto, são possíveis 96 combinações de café da manhã.

801. **1.024**

Existem dez perguntas e cada uma pode ser respondida com *sim* ou *não* (duas possibilidades para cada), então calcule como a seguir.

$$2 \times 2 \times 2 \times 2 \times 2 \times 2 \times 2 \times 2 \times 2 \times 2 = 1.024$$

802. 17.576

Cada uma das três letras pode ser qualquer uma das 26 letras do alfabeto, então, calcule como a seguir:

$$26 \times 26 \times 26 = 17.576$$

803. 1.679.616

Cada um dos quatro símbolos pode ser qualquer um dos 10 dígitos ou das 26 letras, então, existem 36 símbolos no total. Calcule como a seguir:

$$36 \times 36 \times 36 \times 36 = 1.679.616$$

804. 24

A primeira letra pode ser qualquer uma das quatro letras possíveis (A, B, C ou D). A segunda pode ser qualquer uma das três restantes. A terceira pode ser qualquer uma das duas letras restantes. Finalmente, a última letra pode ser a única letra restante. Multiplique esses quatro números para encontrar o número total de resultados possíveis:

$$4 \times 3 \times 2 \times 1 = 24$$

Portanto, existem 24 maneiras possíveis de retirar as quatro letras diferentes da sacola.

805. 120

A primeira pessoa a chegar pode ser qualquer uma das cinco pessoas. A segunda, pode ser qualquer uma das quatro restantes. A terceira, pode ser qualquer uma das três restantes. A quarta, qualquer uma das duas restantes. E a quinta só pode ser a única restante. Calcule o número total de possíveis resultados, multiplicando.

$$5 \times 4 \times 3 \times 2 \times 1 = 120$$

806. 720

A primeira cobertura pode ser qualquer uma das seis. A segunda, pode ser qualquer uma das cinco restantes. A terceira, qualquer uma das quatro restantes. A quarta, qualquer uma das três restantes. A quinta, qualquer uma das duas restantes. E a sexta só pode ser a única restante. Calcule o número total dos resultados possíveis, multiplicando.

$$6 \times 5 \times 4 \times 3 \times 2 \times 1 = 720$$

807. **40.320**

O primeiro livro pode ser qualquer um dos oito. O segundo, pode ser qualquer um dos sete restantes. O terceiro, qualquer um dos seis restantes. O quarto, qualquer um dos cinco restantes. O quinto, qualquer um dos quatro restantes. O sexto, qualquer um dos três restantes. O sétimo, qualquer um dos dois restantes. E o oitavo só pode ser o único restante. Calcule o número total dos resultados possíveis, multiplicando.

$$8 \times 7 \times 6 \times 5 \times 4 \times 3 \times 2 \times 1 = 40.320$$

808. **6.840**

O lançador pode ser qualquer uma das 20 crianças. O batedor qualquer uma das 19 crianças restantes. E o corredor qualquer uma das 18 restantes. Calcule o número total de resultados possíveis, multiplicando.

$$20 \times 19 \times 18 = 6.840$$

809. **15.600**

A primeira letra pode ser qualquer um das 26. A segunda, pode ser qualquer uma das 25 restantes. E a terceira, qualquer uma das 24 restantes. Calcule o número total de resultados possíveis, multiplicando.

$$26 \times 25 \times 24 = 15.600$$

810. **132.600**

A primeira carta pode ser qualquer uma das 52. A segunda, pode ser qualquer uma das 51 restantes. E a terceira, qualquer uma das 50 restantes. Calcule o número total de resultados possíveis, multiplicando.

$$52 \times 51 \times 50 = 132.600$$

811. **43.680**

O presidente pode ser qualquer um dos 16 membros. O vice-presidente, pode ser qualquer um dos 15 membros restantes. O tesoureiro, qualquer um dos 14 restantes. E o secretário, qualquer um dos 13 restantes. Calcule o número total de resultados possíveis, multiplicando.

$$16 \times 15 \times 14 \times 13 = 43.680$$

812. 27.216

O primeiro dígito pode ser qualquer um dos nove dígitos de 1 a 9. O segundo, pode ser qualquer um dos nove restantes, de 0 a 9. O terceiro, qualquer um dos oito restantes. O quarto, qualquer um dos sete restantes. E o quinto pode ser qualquer um dos seis restantes. Calcule o número total de resultados possíveis, multiplicando.

$$9 \times 9 \times 8 \times 7 \times 6 = 27.216$$

813. 2.160

A primeira letra pode ser qualquer uma das três vogais. A segunda, pode ser qualquer uma das seis letras restantes. A terceira, qualquer uma das cinco restantes. A quarta, qualquer uma das quatro restantes. A quinta, qualquer uma das três restantes. A sexta, qualquer uma das duas restantes. E a sétima só pode ser a única restante. Calcule o número total de resultados possíveis, multiplicando.

$$3 \times 6 \times 5 \times 4 \times 3 \times 2 \times 1 = 2.160$$

814. 432

A primeira letra deve ser uma das três vogais. A segunda, pode ser qualquer uma das duas vogais restantes. A terceira deve ser uma das quatro consoantes. A quarta, qualquer uma das três consoantes restantes. A quinta, qualquer uma das três letras restantes. A sexta, qualquer uma das duas letras restantes. E a sétima, só pode ser a única restante. Calcule o número total de resultados possíveis, multiplicando.

$$3 \times 2 \times 4 \times 3 \times 3 \times 2 \times 1 = 432$$

815. 36

A primeira pessoa a chegar pode ser qualquer uma das três mulheres, a segunda, pode ser qualquer uma das duas restantes e a terceira, a única restante. Então, a quarta pessoa só pode ser um dos três homens. A quinta, qualquer um dos dois homens restantes e a sexta, o único homem restante. Multiplique estes seis números e calcule o número total de resultados possíveis:

$$3 \times 2 \times 1 \times 3 \times 2 \times 1 = 36$$

816. **36**

Cada homem chegou logo depois de uma mulher, então, as mulheres chegaram em primeiro, terceiro e quinto lugares, e os homens em segundo, quarto e sexto. A primeira pessoa a chegar foi uma das três mulheres, a segunda um dos três homens, a terceira foi uma das duas mulheres restantes, a quarta, um dos dois homens restantes, a quinta, a única mulher restante e a sexta, o único homem restante. Multiplique esses seis números e calcule o número total de resultados possíveis.

$$3 \times 3 \times 2 \times 2 \times 1 \times 1 = 36$$

817. $\mathbf{\frac{1}{10}}$

Quando você tirar um ingresso da sacola que contém 10 ingressos, existirá um total de 10 resultados possíveis. Neste caso, há apenas um resultado a ser atingido: tirar da sacola o ingresso de número 1. Substitua essa informação na fórmula da probabilidade.

$$Probabilidade = \frac{Resultado\ a\ ser\ atingido}{Total\ dos\ Resultados} = \frac{1}{10}$$

Portanto, a probabilidade é $\frac{1}{10}$.

819. $\mathbf{\frac{1}{2}}$

Quando você tirar um ingresso da sacola que contém 10 ingressos, existirá um total de 10 resultados possíveis. Neste caso, há cinco resultados a serem atingidos: tirar da sacola os ingressos de número 2, 4, 6, 8 ou 10. Substitua essa informação na fórmula da probabilidade.

$$Probabilidade = \frac{Resultado\ a\ ser\ atingido}{Total\ dos\ Resultados} = \frac{5}{10} = \frac{1}{2}$$

Portanto, a probabilidade é $\frac{1}{2}$.

819. $\mathbf{\frac{2}{5}}$

Quando você tirar um ingresso da sacola que contém 10 ingressos, existirá um total de 10 resultados possíveis. Neste caso, há quatro resultados a serem atingidos: tirar da sacola os ingressos de número 7, 8, 9 ou 10. Substitua essa informação na fórmula da probabilidade.

$$Probabilidade = \frac{Resultado\ a\ ser\ atingido}{Total\ dos\ Resultados} = \frac{4}{10} = \frac{2}{5}$$

Portanto, a probabilidade é $\frac{2}{5}$.

820. $\frac{2}{9}$

Quando você tirar um ingresso da sacola que contém 10 ingressos, existirá um total de 10 resultados possíveis. Então, quando você tirar da sacola o segundo ingresso, existirão nove possíveis resultados. Portanto, existe um total de $10 \times 9 = 90$ resultados.

Neste caso, existem cinco resultados a serem atingidos pelo primeiro ingresso a ser tirado da sacola (os números 1, 3, 5, 7 ou 9) e quatro resultados a serem atingidos pelo segundo ingresso a ser tirado da sacola (qualquer um dos quatro números ímpares que restaram após o primeiro ingresso ser retirado da sacola). Portanto, existem $5 \times 4 = 20$ resultados a serem atingidos. Substitua essa informação na fórmula da probabilidade.

$$Probabilidade = \frac{Resultado\ a\ ser\ atingido}{Total\ dos\ Resultados} = \frac{20}{90} = \frac{2}{9}$$

Portanto, a probabilidade é $\frac{2}{9}$.

821. $\frac{1}{6}$

Quando você joga um dado de seis lados, existe um total de seis resultados possíveis. Neste caso, existe apenas um resultado a ser atingido: tirar o número 2. Substitua essa informação na fórmula da probabilidade.

$$Probabilidade = \frac{Resultado\ a\ ser\ atingido}{Total\ dos\ Resultados} = \frac{1}{6}$$

Portanto, a probabilidade é $\frac{1}{6}$.

822. $\frac{2}{3}$

Quando você joga um dado de seis lados, existe um total de seis resultados possíveis. Neste caso, existem quatro resultados a serem atingidos: tirar os números 3, 4, 5 e 6. Substitua essa informação na fórmula da probabilidade.

$$Probabilidade = \frac{Resultado\ a\ ser\ atingido}{Total\ dos\ Resultados} = \frac{4}{6} = \frac{2}{3}$$

Portanto, a probabilidade é $\frac{2}{3}$.

823. $\frac{5}{6}$

Quando você joga um dado de seis lados, existe um total de seis resultados possíveis. Neste caso, existem cinco resultados a serem atingidos: tirar os números 1, 3, 4, 5 e 6. Substitua essa informação na fórmula da probabilidade.

$$Probabilidade = \frac{Resultado\ a\ ser\ atingido}{Total\ dos\ Resultados} = \frac{5}{6}$$

Portanto, a probabilidade é $\frac{5}{6}$.

824. $\frac{1}{36}$

Quando você joga um dado de seis lados, existe um total de seis resultados possíveis para o primeiro dado e seis para o segundo. Assim, o número total dos resultados é $6 \times 6 = 36$.

Neste caso, existe um resultado a ser atingido: tirar o número 6 no primeiro dado e tirar o número 6 no segundo dado.

Substitua essa informação na fórmula da probabilidade.

$$Probabilidade = \frac{Resultado\ a\ ser\ atingido}{Total\ dos\ Resultados} = \frac{1}{36}$$

Portanto, a probabilidade é $\frac{1}{36}$.

825. $\frac{1}{12}$

Quando você joga um dado de seis lados, existe um total de seis resultados possíveis para o primeiro dado e seis para o segundo. Assim, o número total dos resultados é $6 \times 6 = 36$.

Neste caso, existem três resultados a serem atingidos: tirar o número 4 no primeiro dado e o número 6 no segundo, o 5 no primeiro e o 5 no segundo e o 6 no primeiro e o 4 no segundo.

Substitua essa informação na fórmula da probabilidade.

$$Probabilidade = \frac{Resultado\ a\ ser\ atingido}{Total\ dos\ Resultados} = \frac{3}{36} = \frac{1}{12}$$

Portanto, a probabilidade é $\frac{1}{12}$.

826. $\frac{2}{9}$

Quando você joga um dado de seis lados, existe um total de seis resultados possíveis para o primeiro dado e seis para o segundo. Assim, o número total dos resultados é $6 \times 6 = 36$.

Para contar o número de resultados a serem atingidos, primeiro conte o número de 11s e depois o número de 7s.

Existem dois resultados a serem atingidos que somam 11: tirar o número 5 no primeiro dado e o número 6 no segundo e o 6 no primeiro e 5 no segundo.

Existem seis resultados a serem atingidos que somam 7: tirar o número 1 no primeiro dado e o número 6 no segundo, o 2 no primeiro e o 5 no segundo, o 3 no primeiro e o 4 no segundo, o 4 no primeiro e o 3 no segundo, o 5 no primeiro e o 2 no segundo e o 6 no primeiro e o 1 no segundo.

Portanto, existem 8 resultados a serem atingidos e um total de 36 resultados. Substitua essa informação na fórmula da probabilidade.

$$Probabilidade = \frac{Resultado\ a\ ser\ atingido}{Total\ dos\ Resultados} = \frac{8}{36} = \frac{2}{9}$$

Portanto, a probabilidade é $\frac{2}{9}$.

827. $\frac{1}{36}$

Quando você joga três dados de seis lados, existe um total de seis resultados possíveis para o primeiro dado, seis para o segundo e seis para o terceiro. Assim, o número total dos resultados é $6 \times 6 \times 6 = 216$.

Existem seis resultados a serem atingidos que somam 16:

$6 + 6 + 4$

$6 + 4 + 6$

$6 + 5 + 5$

$5 + 6 + 5$

$5 + 5 + 6$

$4 + 6 + 6$

Assim, existem 6 resultados a serem atingidos e um total de 216 resultados. Substitua essa informação na fórmula da probabilidade.

$$Probabilidade = \frac{Resultado\ a\ ser\ atingido}{Total\ dos\ Resultados} = \frac{6}{216} = \frac{1}{36}$$

Portanto, a probabilidade é $\frac{1}{36}$.

828. $\frac{1}{13}$

Quando você escolhe uma carta em um baralho de 52 cartas, existe um total de 52 resultados possíveis. Neste caso, existem quatro resultados a serem atingidos: escolher um dos quatro ases. Substitua essa informação na fórmula da probabilidade.

$$Probabilidade = \frac{Resultado\ a\ ser\ atingido}{Total\ dos\ Resultados} = \frac{4}{52} = \frac{1}{13}$$

Portanto, a probabilidade é $\frac{1}{13}$.

829. $\frac{1}{4}$

Quando você escolhe uma carta em um baralho de 52 cartas, existe um total de 52 resultados possíveis. Neste caso, existem 13 resultados a serem atingidos: escolher uma das 13 cartas de copas. Substitua essa informação na fórmula da probabilidade.

$$Probabilidade = \frac{Resultado\ a\ ser\ atingido}{Total\ dos\ Resultados} = \frac{13}{52} = \frac{1}{4}$$

Portanto, a probabilidade é $\frac{1}{4}$.

830. $\frac{3}{13}$

Quando você escolhe uma carta de um baralho de 52 cartas, existe um total de 52 resultados possíveis. Neste caso, existem 12 resultados a serem atingidos: escolher um dos quatro reis, uma das quatro rainhas e um dos quatro valetes. Substitua essa informação na fórmula da probabilidade.

$$Probabilidade = \frac{Resultado\ a\ ser\ atingido}{Total\ dos\ Resultados} = \frac{12}{52} = \frac{3}{13}$$

Portanto, a probabilidade é $\frac{3}{13}$.

831. $\frac{1}{221}$

Quando você escolhe duas cartas de um baralho de 52 cartas, existe um total de 52 resultados possíveis para a primeira carta e 51 para a segunda. Assim, $52 \times 51 = 2.652$ resultados possíveis.

Neste caso, existem quatro resultados a serem atingidos para a primeira carta (escolher um dos quatro ases) e três para a segunda (escolher um dos três ases restantes). Dessa forma, $4 \times 3 = 12$ resultados possíveis.

Substitua essa informação na fórmula da probabilidade.

$$Probabilidade = \frac{Resultado\ a\ ser\ atingido}{Total\ dos\ Resultados} = \frac{12}{2.652} = \frac{1}{221}$$

Portanto, a probabilidade é $\frac{1}{221}$.

832. $\frac{1}{270.725}$

Quando você escolhe quatro cartas de um baralho de 52 cartas, existe um total de 52 resultados possíveis para a primeira carta, 51 para a segunda, 50 para a terceira e 49 para a quarta. Assim, $52 \times 51 \times 50 \times 49 = 6.497.400$ resultados possíveis.

Neste caso, existem quatro resultados a serem atingidos para a primeira carta (escolher um dos quatro ases), três para a segunda (escolher um dos três ases restantes), dois para a terceira (escolher um dos dois ases restante) e um para a quarta (escolher o ás restante). Dessa forma, $4 \times 3 \times 2 \times 1 = 24$ resultados possíveis.

Substitua essa informação na fórmula da probabilidade.

$$Probabilidade = \frac{Resultado\ a\ ser\ atingido}{Total\ dos\ Resultados} = \frac{24}{6.497.400} = \frac{1}{270.725}$$

Portanto, a probabilidade é $\frac{1}{270.725}$.

833. $\frac{1}{2}$

A primeira pessoa a chegar foi uma das seis pessoas, então, o número total de resultados possíveis foi seis. Desses seis, existem três resultados a serem atingidos (cada uma das três mulheres chegar primeiro).

Substitua essa informação na fórmula da probabilidade.

$$Probabilidade = \frac{Resultado\ a\ ser\ atingido}{Total\ dos\ Resultados} = \frac{3}{6} = \frac{1}{2}$$

Portanto, a probabilidade é $\frac{1}{2}$.

834. $\frac{1}{20}$

Há um total de seis resultados possíveis para a primeira pessoa, cinco resultados possíveis para a segunda e quatro para a terceira. Assim, o número total de resultados possíveis é $6 \times 5 \times 4 = 120$.

Existem três resultados a serem atingidos para a primeira pessoa (uma das três mulheres chega primeiro), dois para a segunda pessoa (uma das duas mulheres restantes chega em segundo) e um para a terceira (a única mulher restante chega por último). Dessa forma, o número de resultados a serem atingidos é $3 \times 2 \times 1 = 6$.

Então, existem seis resultados a serem atingidos e um total de 120 resultados. Substitua essa informação na fórmula da probabilidade.

$$Probabilidade = \frac{Resultado\ a\ ser\ atingido}{Total\ dos\ Resultados} = \frac{6}{120} = \frac{1}{20}$$

Portanto, a probabilidade é $\frac{1}{20}$.

835. $\frac{1}{20}$

Há um total de seis resultados possíveis para a primeira pessoa, cinco resultados possíveis para a segunda, quatro para a terceira, três para a quarta, dois para a quinta e um para a sexta. Assim, o número total de resultados possíveis é $6 \times 5 \times 4 \times 3 \times 2 \times 1 = 720$.

Cada homem chegou logo após uma mulher, então, as mulheres chegaram em primeiro, terceiro e quinto lugares e os homens chegaram em segundo, quarto e sexto lugares. A primeira pessoa a chegar foi uma das três mulheres, a segunda, um dos três homens, a terceira, uma das duas mulheres restantes, a quarta um dos dois homens restantes, a quinta, a mulher restante e a sexta, o homem restante. Multiplique esses seis números:

$$3 \times 3 \times 2 \times 2 \times 1 \times 1 = 36$$

Então, o número total de resultados é 720 e o de resultados a serem atingidos é 36. Substitua esses números na fórmula da probabilidade.

$$Probabilidade = \frac{Resultado\ a\ ser\ atingido}{Total\ dos\ Resultados} = \frac{36}{720} = \frac{1}{20}$$

Portanto, a probabilidade é $\frac{1}{20}$.

836. **{1, 3, 5, 6, 7, 8, 9}**

$P \cup Q$ é a união de $P = \{1, 3, 5, 7, 9\}$ e $Q = \{6, 7, 8\}$. A união inclui todos os elementos de *qualquer* conjunto.

837. **{7}**

$P \cap Q$ é a interseção entre $P = \{1, 3, 5, 7, 9\}$ e $Q = \{6, 7, 8\}$. A interseção inclui todos os elementos de *ambos* os conjuntos.

838. **{1, 3, 5, 9}**

$P - Q$ é o complemento relativo de $P = \{1, 3, 5, 7, 9\}$ e de $Q = \{6, 7, 8\}$. O complemento relativo inclui apenas os elementos do primeiro conjunto (P) que *não* estejam no segundo conjunto (Q).

839. **{6, 8}**

$Q - P$ é o complemento relativo de $Q = \{6, 7, 8\}$ e $P = \{1, 3, 5, 7, 9\}$. O complemento relativo inclui apenas os elementos do primeiro conjunto (Q) que *não* estejam no segundo conjunto (P).

840. **{3, 6, 7, 8, 9}**

$Q \cup S$ é a união de $Q = \{6, 7, 8\}$ e $S = \{3, 6, 9\}$ que inclui todos os elementos de *qualquer* conjunto.

841. $\varnothing$

$R \cap S$ é a interseção entre $R = \{1, 2, 4, 5\}$ e $S = \{3, 6, 9\}$ que inclui todos os elementos de *ambos* os conjuntos. Os dois conjuntos não possuem elementos em comum, então a interseção desses conjuntos é o conjunto vazio.

842. **{1, 5}**

Comece encontrando $P \cup Q$. Essa é a união de $P = \{1, 3, 5, 7, 9\}$ e $Q = \{6, 7, 8\}$. A união inclui todos os elementos de *qualquer* conjunto, então

$$P \cup Q = \{1, 3, 5, 6, 7, 8, 9\}$$

Agora, encontre a interseção entre esse conjunto e $R = \{1, 2, 4, 5\}$. A interseção inclui cada elemento de *ambos* os conjuntos, assim

$$(P \cup Q) \cap R = \{1, 5\}$$

843. **{1, 3, 5, 7, 9}**

Comece encontrando $Q \cap R$. Essa é a interseção entre $Q = \{6, 7, 8\}$ e $R = \{1, 2, 4, 5\}$. A interseção inclui cada elemento de *ambos* os conjuntos, então

$$Q \cap R = \varnothing$$

Agora, encontre a união desse conjunto e de $P = \{1, 3, 5, 7, 9\}$. A união inclui cada elemento de *qualquer* conjunto, assim

$$P \cup (Q \cap R) = \{1, 3, 5, 7, 9\}$$

844. {1, 5}

Comece encontrando $Q \cup S$. Essa é a união de $Q = \{6, 7, 8\}$ e $S = \{3, 6, 9\}$, que inclui todos os elementos de *qualquer* conjunto, então

$$Q \cup S = \{3, 6, 7, 8, 9\}$$

Agora, encontre o complemento relativo de $P = \{1, 3, 5, 7, 9\}$ e esse conjunto — ou seja, o conjunto de elementos de P que *não* estejam em $Q \cup S$:

$$P - (Q \cup S) = \{1, 5\}$$

845. {1, 3, 5, 6, 9}

Comece encontrando $P - Q$. Esse é o complemento relativo entre $P = \{1, 3, 5, 7, 9\}$ e $Q = \{6, 7, 8\}$. O complemento relativo inclui apenas os elementos do primeiro conjunto (P) que *não* estejam no segundo conjunto (Q), então

$$P - Q = \{1, 3, 5, 9\}$$

Agora, encontre a união desse conjunto e do conjunto $S = \{3, 6, 9\}$. A união inclui cada elemento de *qualquer* conjunto, assim

$$(P - Q) \cup S = \{1, 3, 5, 6, 9\}$$

846. ∅

Comece encontrando $Q - S$. Este é o complemento relativo de $Q = \{6, 7, 8\}$ e de $S = \{3, 6, 9\}$. O complemento relativo inclui apenas os elementos do primeiro conjunto (Q) que *não* estejam no segundo conjunto (S), então

$$Q - S = \{7, 8\}$$

Agora, encontre a interseção desse conjunto com $R = \{1, 2, 4, 5\}$. A interseção inclui cada elemento de *ambos* os conjuntos, assim

$$(Q - S) \cap R = \varnothing$$

847. **{1, 5, 7}**

Comece encontrando $Q \cup R$ e $P - S$:

$$Q \cup R = \{1, 2, 4, 5, 6, 7, 8\}$$

$$P - S = \{1, 5, 7\}$$

Agora, encontre a interseção desses dois conjuntos:

$$(Q \cup R) \cap (P - S) = \{1, 5, 7\}$$

848. **{..., –4, –2, 0, 2, 4, ...}**

O conjunto dos números inteiros é {..., –2, –1, 0, 1, 2, ...}, e o conjunto dos números inteiros pares é {..., –4, –2, 0, 2, 4, ...}. A interseção inclui cada elemento de *ambos* os conjuntos.

849. **{1, 3, 5, 7, ...}**

O conjunto dos números inteiros positivos é {1, 2, 3, 4, ...} e o conjunto dos números inteiros pares é {..., –4, –2, 0, 2, 4, ...}. O complemento relativo inclui apenas os elementos do primeiro conjunto que *não* estejam no segundo.

850. **{..., –3, –1, 2, 4, 6, ...}**

O conjunto dos números inteiros ímpares negativos é {..., –7, –5, –3, –1} e o conjunto dos números inteiros pares positivos é {2, 4, 6, 8, ...}. A união inclui os elementos que estejam em *qualquer* conjunto.

851. $\varnothing$

O conjunto dos números inteiros ímpares negativos é {..., –7, –5, –3, –1} e o conjunto dos números inteiros pares positivos é {2, 4, 6, 8, ...}. A interseção inclui todos os elementos que estejam em *ambos* os conjuntos.

852. **{..., 3, 4, 5, 6, 7}**

O complemento de um conjunto inclui cada elemento do conjunto universal, porém *não* do próprio conjunto. O conjunto universal, neste caso, é {..., –2, –1, 0, 1, 2, ...} e o conjunto dos números inteiros maiores que 7 é {8, 9, 10, 11, 12, ...}. Portanto, o complemento desse conjunto inclui todos os números inteiros menores ou iguais a 7, {..., 3, 4, 5, 6, 7}.

853. **{..., –4, –2, 0, 2, 4, ...}**

O complemento de um conjunto inclui cada elemento do conjunto universal, porém *não* do próprio conjunto. O conjunto universal, neste caso, é {..., –2, –1, 0, 1, 2, ...} e o conjunto dos números inteiros ímpares é {..., –3, –1, 1, 3, 5, ...}. Portanto, o complemento desse conjunto é o conjunto de números inteiros pares, {..., –4, –2, 0, 2, 4, ...}.

854. **{..., –2, –1, 0, 1, 2, ...}**

O complemento de um conjunto inclui cada elemento do conjunto universal, porém *não* do próprio conjunto. O conjunto universal, neste caso, é {..., –2, –1, 0, 1, 2, ...} e o próprio conjunto é o conjunto vazio, ∅. Como o conjunto vazio não possui elementos, nenhum elemento precisa ser removido do conjunto universal para formar seu complemento. Portanto, o complemento de ∅ é {..., –2, –1, 0, 1, 2, ...}.

855. **{..., –5, –4, –3, –2, –1}**

O complemento de um conjunto inclui cada elemento do conjunto universal, porém *não* do próprio conjunto. O conjunto universal, neste caso, é {..., –2, –1, 0, 1, 2, ...} e o conjunto dos números inteiros não negativos é {0, 1, 2, 3, 4 ,...}. Portanto, o complemento desse conjunto é {..., –5,–4, –3, –2, –1}.

Outra maneira de pensar sobre isso é: o complemento do conjunto dos números inteiros *não negativos* é o conjunto dos números inteiros *negativos*.

856. **29**

O diagrama mostra que 6 alunos são apenas veteranos, 3 são apenas membros do clube de estudantes avançados, 8 são ambos e 12 nenhum. Portanto, o clube possui 6 + 3 + 8 + 12 = 29 membros.

857. **27**

O diagrama mostra que apenas 20 pessoas possuem o sobrenome Kinney, apenas 9 moram fora do estado e 6 não possuem nem o sobrenome Kinney nem moram fora do estado. Assim, 20 + 9 + 6 = 35 das 42 pessoas participantes. Então, 7 pessoas possuem o sobrenome Kinney e moram fora do estado. Portanto, um total de 20 + 7 = 27 pessoas que possuem o sobrenome Kinney.

858. **2**

O diagrama mostra que 10 pessoas foram escaladas para a peça *12 Homens e Uma Sentença*, porém não foram escaladas para a peça *Longa Viagem Noite Adentro*. E a peça *12 Homens e Uma Sentença* tinha 13 pessoas no elenco, então, 3 foram escaladas para ambas as peças. A peça *Longa Viagem Noite Adentro* tinha 5 pessoas, então, 2 foram escaladas para esta peça, mas não para a peça *12 Homens e Uma Sentença*.

859. **3**

O conselho inclui dois oficiais que trabalharam em mais de um contrato. Assim, dos 7 oficiais, os outros 5 trabalham em seu primeiro contrato. E das 10 pessoas que trabalharam em mais de um contrato, 8 são não oficiais. Isso representa 15 membros do conselho, portanto, os três restantes são não oficiais que trabalham no primeiro contrato. O diagrama de Venn, a seguir mostra estas informações:

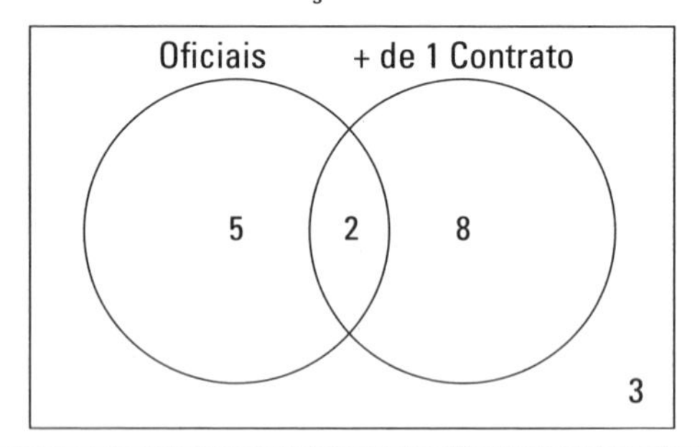

860. **11**

Três das crianças não possuem nem gato e nem cachorro, então 21 alunos possuem pelo menos um desses animais. Deles, 15 possuem um gato e 10 possuem um cachorro. Assim, 15 + 10 = 25, que possui 4 números a mais que 21. Portanto, exatamente 4 alunos possuem um gato e um cachorro.

Você pode ver esta decomposição no diagrama de Venn a seguir:

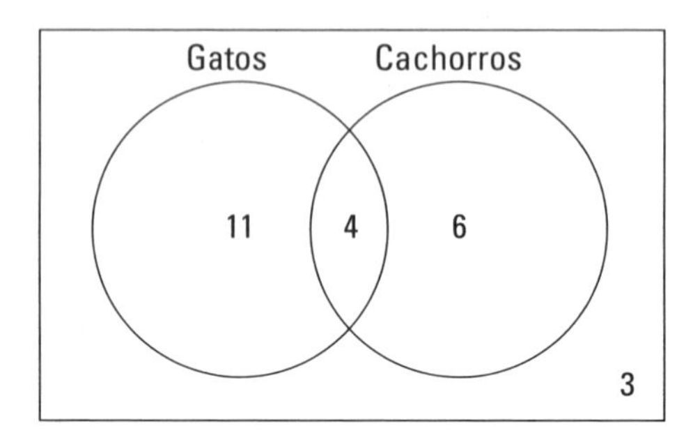

Então, dos 15 alunos que possuem pelo menos um gato, 11 possuem pelo menos um gato, mas nenhum cachorro.

861. 7

Substitua 9 para x e 4 para y e simplifique como a seguir:

$$\begin{aligned}&3x-5y\\&=3(9)-5(4)\\&=27-20\\&=7\end{aligned}$$

862. 51

Substitua 5 para x e –2 para y e simplifique como a seguir:

$$\begin{aligned}&x^2-8y+10\\&=5^2-8(-2)+10\\&=25+16+10\\&=51\end{aligned}$$

863. 83

Substitua –6 para x e –1 para y e simplifique como a seguir:

$$\begin{aligned}&-2x^2y+11\\&=-2(-6)^2(-1)+11\\&=-2(-6)(-6)(-1)+11\\&=72+11\\&=83\end{aligned}$$

864. –65

Substitua –2 para x e 3 para y e simplifique como a seguir:

$$\begin{aligned}&4x^3+5xy-y\\&=4(-2)^3+5(-2)(3)-3\\&=4(-2)(-2)(-2)+5(-2)(3)-3\\&=-32-30-3\\&=-65\end{aligned}$$

865. **–0,75**

Substitua 0,5 para x e –0,5 para y e simplifique como a seguir:

$$\begin{aligned}&3x^2+5xy-0{,}25\\&=3(0{,}5)^2+5(0{,}5)(-0{,}5)-0{,}25\\&=3(0{,}5)(0{,}5)+5(0{,}5)(-0{,}5)-0{,}25\\&=0{,}75-1{,}25-0{,}25\\&=-0{,}75\end{aligned}$$

866. **0,1805**

Substitua 0,1 para x e 3 para y e simplifique como a seguir:

$$\begin{aligned}&5\left(x^2y^2+x\right)^2\\&=5\left[\left(0{,}1^2\right)\left(3^2\right)+0{,}1\right]^2\\&=5\left[(0{,}01)(9)+0{,}1\right]^2\\&=5[0{,}09+0{,}1]^2\\&=5[0{,}19]^2\\&=5[0{,}0361]\\&=0{,}1805\end{aligned}$$

867. **–11,62**

Substitua 7 para x e 9 para y e simplifique como a seguir:

$$\begin{aligned}&0{,}7\left(0{,}1xy+0{,}2x-0{,}3y^2\right)\\&=0{,}7\left[0{,}1(7)(9)+0{,}2(7)-0{,}3(9)^2\right]\\&=0{,}7\left[0{,}1(7)(9)+0{,}2(7)-0{,}3(9)(9)\right]\\&=0{,}7[6{,}3+1{,}4-24{,}3]\\&=0{,}7[-16{,}6]\\&=-11{,}62\end{aligned}$$

868. $-\frac{73}{40}$

Substitua 5 para x e –8 para y e simplifique como a seguir:

$$\frac{x}{y}+\frac{3y}{4x}$$

$$= \frac{5}{-8} + \frac{3(-8)}{4(5)}$$
$$= -\frac{5}{8} - \frac{24}{20}$$
$$= -\frac{25}{40} - \frac{48}{40}$$
$$= -\frac{73}{40}$$

869. **– 1.458**

Substitua –1 para x e 2 para y e simplifique como a seguir:

$$\frac{(10xy + y)^3}{2y}$$
$$= \frac{[10(-1)(2) + 2]^3}{2(2)}$$
$$= \frac{[-20 + 2]^3}{4}$$
$$= \frac{[-18]^3}{4}$$
$$= \frac{-5.832}{4}$$
$$= -1.458$$

870. $\mathbf{\frac{16}{225}}$

Substitua –2 para x e 3 para y e simplifique como a seguir:

$$\left(\frac{x}{y}\right)^4 \left(\frac{2y}{5x}\right)^2$$
$$= \left(\frac{-2}{3}\right)^4 \left(\frac{2(3)}{5(-2)}\right)^2$$
$$= \left(\frac{-2}{3}\right)^4 + \left(\frac{6}{-10}\right)^2$$
$$= \left(\frac{-2}{3}\right)^4 \left(\frac{3}{-5}\right)^2$$
$$= \left(\frac{16}{81}\right)\left(\frac{9}{25}\right)$$
$$= \left(\frac{16}{9}\right)\left(\frac{1}{25}\right)$$
$$= \frac{16}{225}$$

871. $7x + 2y$

Simplifique combinando os dois termos de x e os dois termos de y.

$$\begin{aligned}&2x+3y+5x-y\\&=(2x+5x)+(3y-y)\\&=7x+2y\end{aligned}$$

872. $8x^3 - 7x^2 + 3x - 18$

Simplifique combinando cada par de termos semelhantes:

$$\begin{aligned}&2x^3+3x^2+5x-9+6x^3-10x^2-2x-9\\&=(2x^3+6x^3)+(3x^2-10x^2)+(5x-2x)+(-9-9)\\&=8x^3-7x^2+3x-18\end{aligned}$$

873. $7{,}9x + 5y + 4xy + 4{,}8$

Simplifique combinando os dois termos de x, os três termos constantes e os dois termos de xy.

$$\begin{aligned}&8x+0{,}1+5y+3xy+5-0{,}1x-0{,}3+xy\\&=(8x-0{,}1x)+(5y)+(3xy+xy)+(0{,}1+5-0{,}3)\\&=7{,}9x+5y+4xy+4{,}8\end{aligned}$$

874. $\frac{3}{5}x + \frac{1}{3}x^2 + \frac{3}{8}x^3$

Simplifique combinando os dois termos de x e os dois termos de x^3.

$$\begin{aligned}&x+\frac{1}{3}x^2-\frac{1}{4}x^3-\frac{2}{5}x+\frac{5}{8}x^3\\&=\left(x-\frac{2}{5}x\right)+\frac{1}{3}x^2+\left(-\frac{1}{4}x^3+\frac{5}{8}x^3\right)\\&=\frac{3}{5}x+\frac{1}{3}x^2+\frac{3}{8}x^3\end{aligned}$$

875. $20x^7$

Multiplique os coeficientes ($4 \cdot 5 = 20$); então, multiplique as variáveis x somando os expoentes ($3 + 4 = 7$).

$$\begin{aligned}&(4x^3)(5x^4)\\&=20(x^3)(x^4)\\&=20x^7\end{aligned}$$

876. $\mathbf{12x^3y^6}$

Multiplique os coeficientes $(2 \cdot 6 = 12)$; então, multiplique as variáveis semelhantes somando os expoentes das variáveis x $(2 + 1 = 3)$ e das variáveis y $(2 + 4 = 6)$.

$$\begin{aligned}&(2x^2y^2)(6xy^4)\\&=12(x^2y^2)(xy^4)\\&=12x^3(y^2)(y^4)\\&=12x^3y^6\end{aligned}$$

877. $\mathbf{21x^5y^3z^5}$

Multiplique os coeficientes $(7 \cdot 1 \cdot 3 = 21)$; então, multiplique as variáveis semelhantes somando os expoentes das variáveis x $(2 + 3 = 5)$, das variáveis y $(1 + 1 + 1 = 3)$ e das variáveis z $(1 + 4 = 5)$.

$$\begin{aligned}&(7x^2yz)(x^3y)(3yz^4)\\&=21(x^2yz)(x^3y)(yz^4)\\&=21x^5(yz)(y)(yz^4)\\&=21x^5y^3(z)(z^4)\\&=21x^5y^3z^5\end{aligned}$$

878. $\mathbf{81x^6}$

Aplique a regra para simplificar os expoentes: eleve o coeficiente (9) à potência de 2 e multiplique o expoente de x (3) por 2. Para mostrar o motivo dessa operação, faço isso em dois passos:

$$\begin{aligned}&(9x^3)^2\\&=(9x^3)(9x^3)\\&=81x^6\end{aligned}$$

879. $\mathbf{216x^6y^{12}z^{15}}$

Aplique a regra para simplificar os expoentes: Eleve o coeficiente (6) à potência de 3 e multiplique os expoentes de x, y e z por 3:

$$(6x^2y^4z^5)^3 = 216x^6y^{12}z^{15}$$

880. $\mathbf{768x^7y^{14}}$

Comece expandindo os expoentes.

$$(4xy)^2(6x^2)(2y^4x)^3$$
$$=(16x^2y^2)(4xy)(6x^2)(8y^{12}x^3)$$

Agora, multiplique os coeficientes e, então, some os expoentes das variáveis x e y.

$$=768x^7y^{14}$$

881. $\mathbf{2x^3y}$

Exclua o fator comum dos coeficientes (2) do numerador e do denominador.

$$\frac{8x^4y^3}{4xy^2}$$
$$=\frac{2x^4y^3}{xy^2}$$

Em seguida, simplifique as variáveis subtraindo os expoentes do numerador pelos expoentes correspondentes do denominador.

$$=2x^3y$$

882. $\mathbf{2x^4}$

Comece aplicando a regra da simplificação dos expoentes no numerador e no denominador:

$$\frac{(4x^5)^2}{(2x^2)^3}$$
$$=\frac{16x^{10}}{8x^6}$$

Agora, exclua o fator comum dos coeficientes (8) do numerador e do denominador. Então, simplifique as variáveis subtraindo os expoentes do numerador pelos expoentes do denominador.

$$= \frac{16x^{10}}{8x^6}$$

$$= \frac{2x^{10}}{x^6}$$

$$= 2x^4$$

883. $\boldsymbol{y}$

Comece aplicando a regra da simplificação dos expoentes no numerador e no denominador; então, simplifique:

$$\frac{x(4xy^2)^3}{y^5(8x^2)^2}$$

$$= \frac{x(64x^3y^6)}{y^5(64x^4)}$$

$$= \frac{64x^4y^6}{64x^4y^5}$$

Agora, exclua o fator comum dos coeficientes (64) do numerador e do denominador. Então, simplifique as variáveis subtraindo os expoentes do numerador pelos expoentes correspondentes do denominador.

$$= \frac{x^4y^6}{x^4y^5}$$

$$= \frac{y^6}{y^5}$$

$$= y$$

884. $\boldsymbol{3y + 3}$

Para simplificar, primeiro remova os parênteses; então, combine os termos semelhantes:

$$x + (3y - x - 5) + 8$$

$$= x + 3y - x - 5 + 8$$

$$= (x - x) + 3y + (-5 + 8)$$

$$= 3y + (-5 + 8)$$

$$= 3y + 3$$

885. $-5x - y + 3$

Para simplificar, primeiro negative todos os termos de dentro do primeiro par de parênteses; então, remova os parênteses de ambos os conjuntos e combine os termos semelhantes.

$$\begin{aligned}&3y-(6x+4y-5)+(x-2)\\&=3y-6x-4y+5+x-2\\&=(-6x+x)+(3y-4y)+(5-2)\\&=-5x-y+3\end{aligned}$$

886. $18x^2 - 24x + 3xy + 11$

Para simplificar, primeiro distribua $3x$ entre todos os termos dentro do primeiro conjunto de parênteses e negative todos os termos de dentro do segundo conjunto de parênteses; então, remova ambos os conjuntos de parênteses.

$$\begin{aligned}&3x(6x+4y-8)-(9xy-11)\\&=18x^2+12xy-24x-9xy+11\end{aligned}$$

Agora, combine os termos semelhantes:

$$\begin{aligned}&=18x^2-24x+(12xy-9xy)+11\\&=18x^2-24x+3xy+11\end{aligned}$$

887. $-42xy - 9xyz + 4yz$

Para simplificar, primeiro distribua $-6xy$ entre todos os termos dentro do primeiro conjunto de parênteses e $-yz$ entre todos os termos do segundo conjunto de parênteses; então remova ambos os conjuntos de parênteses.

$$-6xy(7+z)-yz(3x-4)=-42xy-6xyz-3xyz+4yz$$

Agora, combine os termos semelhantes:

$$=-42xy-9xyz+4yz$$

888. $6x^3 - 2x^2 + 6x + 63$

Para simplificar, distribua para remover todos os três conjuntos de parênteses.

$$x^2(6x+4)+3x(x+2)-9(x^2-7)$$
$$=6x^3+4x^2+3x(x+2)-9(x^2-7)$$
$$=6x^3+4x^2+3x^2+6x-9(x^2-7)$$
$$=6x^3+4x^2+3x^2+6x-9x^2+63$$

Simplifique combinando os termos semelhantes:

$$=6x^3-2x^2+6x+63$$

889. x^2-x-12

Multiplique as duas expressões usando o método "PEIU".

$$(x+3)(x-4)=x^2-4x+3x-12$$

Simplifique combinando os termos semelhantes:

$$=x^2-x-12$$

890. $10x^2+11x+3$

Multiplique as duas expressões usando o método "PEIU".

$$(2x+1)(5x+3)=10x^2+6x+5x+3$$

Simplifique combinando os termos semelhantes:

$$=10x^2+11x+3$$

891. $x^3+7x^2-2x-14$

Multiplique as duas expressões usando o método "PEIU".

$$(x^2-2)(x+7)=x^3+7x^2-2x-14$$

892. $4x^3-64x^2+240x$

Comece distribuindo $4x$ para $(x-6)$.

$$4x(x-6)(x-10)=(4x^2-24x)(x-10)$$

Multiplique as duas expressões resultantes usando o método "PEIU".

$$=4x^3-40x^2-24x^2+240x$$

Simplifique combinando os termos semelhantes:

$$= 4x^3 - 64x^2 + 240x$$

893. $\mathbf{x^3 + 3x^2 - 6x - 8}$

Multiplique as duas expressões usando o método "PEIU".

$$(x+1)(x-2)(x+4) = \left(x^2 - 2x + x - 2\right)(x+4)$$

Simplifique a primeira expressão combinando os termos semelhantes.

$$= \left(x^2 - x - 2\right)(x+4)$$

Agora, multiplique cada termo da primeira expressão por todos os termos da segunda.

$$= x^3 + 4x^2 - x^2 - 4x - 2x - 8$$

Simplifique combinando os termos semelhantes.

$$= x^3 + 3x^2 - 6x - 8$$

894. $\mathbf{x(x-3)}$

Você pode fatorar x em ambos os termos.

$$x^2 - 3x = x(x-3)$$

895. $\mathbf{x^2\left(x^3+1\right)}$

Você pode fatorar x^2 em ambos os termos.

$$x^5 + x^2 = x^2\left(x^3+1\right)$$

896. $\mathbf{x^6\left(6x^2 - x - 4\right)}$

Você pode fatorar x^6 nos três termos.

$$6x^8 - x^7 - 4x^6 = x^6\left(6x^2 - x - 4\right)$$

897. $\mathbf{2x^3\left(-6x^6 + 3x^3 + 2\right)}$

O maior denominador comum entre 12, 6 e 4 é 2. E o maior denominador comum das variáveis x possui o menor expoente entre os três termos, 3. Portanto, você pode fatorar $2x^3$ nos três termos.

$$-12x^9 + 6x^6 + 4x^3 = 2x^3\left(-6x^6 + 3x^3 + 2\right)$$

898. $\mathbf{3x^4(8x^6+5x^5+3)}$

O maior denominador comum entre 24, 15 e 9 é 3. E o maior denominador comum das variáveis x possui o menor expoente entre os três termos, 4. Portanto, você pode fatorar $3x^4$ nos três termos.

$$24x^{10}+15x^9+9x^4=3x^4\left(8x^6+5x^5+3\right)$$

899. $\mathbf{x^2y(y^2+x^5y^6+x^2)}$

O maior denominador comum das variáveis x possui o menor expoente entre três termos, 2. E o maior denominador comum das variáveis y possui um expoente 1. Portanto, você pode fatorar x^2y nos três termos.

$$x^2y^3+x^7y^7+x^4y=x^2y\left(y^2+x^5y^6+x^2\right)$$

900. $\mathbf{4x^6y^8(2x^5y^6+5x^3-10y^2)}$

O maior denominador comum entre 8, 20 e 40 é 4. E o maior denominador comum das variáveis x possui o menor expoente entre os três termos, 6. E o maior denominador comum das variáveis y possui o menor expoente dos três termos, 8. Portanto, você pode fatorar $4x^6y^8$ nos três termos.

$$8x^{11}y^{14}+20x^9y^8-40x^6y^{10}=4x^6y^8\left(2x^5y^6+5x^3-10y^2\right)$$

901. $\mathbf{6xyz^3(6z^2-4y^7z+15x^5y^3)}$

O maior denominador comum entre 36, 24 e 90 é 6. E o maior denominador comum para x, y e z possui, respectivamente, os expoentes 1, 1 e 3. Portanto, você pode fatorar $6xyz^3$ nos três termos.

$$36xyz^5-24xy^8z^4+90x^6y^4z^3=6xyz^3\left(6z^2-4y^7z+15x^5y^3\right)$$

902. $\mathbf{(x+8)(x-8)}$

Ambos os termos são quadrados perfeitos, então você pode usar a regra da fatoração da diferença de dois quadrados.

$$x^2-64=(x+8)(x-8)$$

903. $\mathbf{(3x+2)(3x-2)}$

Ambos os termos são quadrados perfeitos, então você pode usar a regra da fatoração da diferença de dois quadrados.

$$9x^2-4=(3x+2)(3x-2)$$

904. $(7x+10y)(7x-10y)$

Ambos os termos são quadrados perfeitos, então você pode usar a regra da fatoração da diferença de dois quadrados.

$$49x^2-100y^2=(7x+10y)(7x-10y)$$

905. $(x^2+4y^5)(x^2-4y^5)$

Ambos os termos são quadrados perfeitos, então você pode usar a regra da fatoração da diferença de dois quadrados.

$$x^4-16y^{10}=(x^2+4y^5)(x^2-4y^5)$$

906. $(x+2)(x+7)$

Comece criando uma lista de todos os pares possíveis de fatores dos números inteiros (negativos e positivos) que multiplicam para resultar em 14 (a constante).

$$(1)(14)=14$$
$$(-1)(-14)=14$$
$$(2)(7)=14$$
$$(-2)(-7)=14$$

Identifique o par de fatores cuja soma é 9 (o coeficiente do termo x).

$$1+14=15$$
$$-1+(-14)=-15$$
$$2+7=9$$
$$-2+(-7)=-9$$

Então, fatore usando os números 2 e 7, como a seguir:

$$x^2+9x+14=(x+2)(x+7)$$

907. $(x-2)(x-9)$

Comece criando uma lista de todos os pares possíveis de fatores dos números inteiros (negativos e positivos) que multiplicam para resultar em 18 (a constante).

$$(1)(18) = 18$$
$$(-1)(-18) = 18$$
$$(2)(9) = 18$$
$$(-2)(-9) = 18$$
$$(3)(6) = 18$$
$$(-3)(-6) = 18$$

Identifique o par de fatores cuja soma é –11 (o coeficiente do termo x).

$$1 + 18 = 19$$
$$-1 + (-18) = -19$$
$$2 + 9 = 11$$
$$-2 + (-9) = -11$$
$$3 + 6 = 9$$
$$-3 + (-6) = -9$$

Então, fatore usando os números –2 e –9, como a seguir:

$$x^2 - 11x + 18 = (x-2)(x-9)$$

908. $(x-4)(x+5)$

Comece criando uma lista de todos os pares possíveis de fatores dos números inteiros (negativos e positivos) que multiplicam para resultar em –20 (a constante).

$$(1)(-20) = -20$$
$$(-1)(20) = -20$$
$$(2)(-10) = -20$$
$$(-2)(10) = -20$$
$$(4)(-5) = -20$$
$$(-4)(5) = -20$$

Identifique o par de fatores cuja soma é 1 (o coeficiente do termo x).

$$1 + (-20) = -19$$
$$-1 + 20 = 19$$
$$2 + (-10) = -8$$
$$-2 + 10 = 8$$
$$4 + (-5) = -1$$
$$-4 + 5 = 1$$

Então, fatore usando os números –4 e 5, como a seguir:

$$x^2+x-20=(x-4)(x+5)$$

909. $(x+2)(x-12)$

Comece criando uma lista de todos os pares possíveis de fatores dos números inteiros (negativos e positivos) que multiplicam para resultar em –24 (a constante).

$$(1)(-24)=-24$$
$$(-1)(24)=-24$$
$$(2)(-12)=-24$$
$$(-2)(12)=-24$$
$$(3)(-8)=-24$$
$$(-3)(8)=-24$$
$$(4)(-6)=-24$$
$$(-4)(6)=-24$$

Identifique o par de fatores cuja soma é –10 (o coeficiente do termo x).

$$1+(-24)=-23$$
$$-1+24=23$$
$$2+(-12)=-10$$
$$-2+12=10$$
$$3+(-8)=-5$$
$$-3+8=5$$
$$4+(-6)=-2$$
$$-4+6=2$$

Então, fatore usando os números 2 e –12, como a seguir:

$$x^2-10x-24=(x+2)(x-12)$$

910. $\frac{1}{x+1}$

Comece fatorando x do denominador.

$$\frac{x}{x^2+x}=\frac{x}{x(x+1)}$$

Agora, exclua um fator de x do numerador e do denominador.

$$=\frac{1}{x+1}$$

911. x

Comece fatorando x do numerador.

$$\frac{x^2-x}{x-1}=\frac{x(x-1)}{x-1}$$

Agora, exclua um fator de $x-1$ do numerador e do denominador.

$$=x$$

912. $\frac{x^2}{3}$

Comece fatorando x^2 do numerador e 3 do denominador.

$$\frac{x^2+x^4}{3+3x^2}=\frac{x^2\left(1+x^2\right)}{3\left(1+x^2\right)}$$

Agora, exclua um fator de $1+x^2$ do numerador e do denominador.

$$=\frac{x^2}{3}$$

913. $\frac{4}{5x^2}$

Comece fatorando $4x^2$ do numerador e $5x^4$ do denominador.

$$\frac{8x^5+4x^2}{10x^7+5x^4}=\frac{4x^2\left(2x^3+1\right)}{5x^4\left(2x^3+1\right)}$$

Agora, exclua um fator de $2x^3+1$ do numerador e do denominador.

$$=\frac{4x^2}{5x^4}$$

Complementarmente, você pode excluir um fator de x^2 do numerador e do denominador.

$$=\frac{4}{5x^2}$$

914. $\frac{2x}{5}$

Comece fatorando $2x$ do numerador e 5 do denominador.

$$\frac{2x^3+6x^2+8x}{5x^2+15x+20}=\frac{2x\left(x^2+3x+4\right)}{5\left(x^2+3x+4\right)}$$

Agora, exclua um fator de x^2+3x+4 do numerador e do denominador.

$$=\frac{2x}{5}$$

915. $\mathbf{x-2}$

Comece fatorando o numerador como a diferença entre quadrados.

$$\frac{x^2-4}{x+2}=\frac{(x+2)(x-2)}{x+2}$$

Agora, exclua um fator de $x+2$ do numerador e do denominador.

$$=x-2$$

916. $\mathbf{\frac{x-y}{2}}$

Comece fatorando o numerador como a diferença entre quadrados.

$$\frac{x^2-y^2}{2x+2y}=\frac{(x+y)(x-y)}{2x+2y}$$

Em seguida, fatore o MDC, 2, no denominador.

$$=\frac{(x+y)(x-y)}{2(x+y)}$$

Agora, exclua um fator de $x+y$ do numerador e do denominador.

$$=\frac{x-y}{2}$$

917. $\mathbf{\frac{2x-5}{4}}$

Comece fatorando o numerador como a diferença entre quadrados.

$$\frac{4x^2-25}{8x+20}=\frac{(2x+5)(2x-5)}{8x+20}$$

Agora, fatore o MDC, 4, no denominador.

$$=\frac{(2x+5)(2x-5)}{4(2x+5)}$$

Finalmente, exclua um fator de $2x+5$ do numerador e do denominador.

$$=\frac{2x-5}{4}$$

918. $\mathbf{\frac{1}{16x(x+2)}}$

Para começar, fatore o MDC, $16x$, do denominador.

$$\frac{x-2}{16x^3-64x}=\frac{x-2}{16x(x^2-4)}$$

Em seguida, fatore $x^2 - 4$ no denominador como a diferença entre quadrados.

$$= \frac{x-2}{16x(x+2)(x-2)}$$

Agora, exclua um fator de $x - 2$ do numerador e do denominador.

$$= \frac{1}{16x(x+2)}$$

919. $\mathbf{\frac{x+6}{x-1}}$

Para começar, fatore o numerador como a diferença entre quadrados.

$$\frac{x^2-36}{x^2-7x+6} = \frac{(x+6)(x-6)}{x^2-7x+6}$$

Em seguida, fatore a expressão quadrática no denominador.

$$\frac{(x+6)(x-6)}{(x-1)(x-6)}$$

Agora, exclua um fator de $x - 6$ do numerador e do denominador.

$$= \frac{x+6}{x-1}$$

920. $\mathbf{\frac{x+10}{x-3}}$

Para começar, fatore a expressão quadrática no numerador.

$$\frac{x^2+12x+20}{x^2-x-6} = \frac{(x+2)(x+10)}{x^2-x-6}$$

Em seguida, fatore a expressão quadrática no denominador.

$$= \frac{(x+2)(x+10)}{(x+2)(x-3)}$$

Agora, exclua um fator de $x + 2$ do numerador e do denominador.

$$= \frac{x+10}{x-3}$$

921. **i. 8, ii. 12, iii. 9, iv. 14, v. 11**

i. $6 + 8 = 14$

ii. $21 - 12 = 9$

iii. $7(9) = 63$

iv. $14 \div 1 = 14$

v. $99 \div 11 = 9$

922. **i. 49, ii. 112, iii. 45, iv. 76, v. 247**

i. $117 - 68 = 49$

ii. $29 + 83 = 112$

iii. $585 \div 13 = 45$

iv. $3.116 \div 41 = 76$

v. $19 \times 13 = 247$

923. **12**

Comece testando $x = 10$.

$$9x + 14$$
$$= 9(10) + 14$$
$$= 90 + 14 = 104$$

Como $104 < 122$, você sabe que $x = 10$ é um pouco baixo, então tente utilizar $x = 11$.

$$9(11) + 14$$
$$= 99 + 14 = 113$$

A resposta ainda é um pouco baixa, assim, utilize $x = 12$.

$$9(12) + 14$$
$$= 108 + 14 = 122$$

924. **29**

Comece testando $x = 25$.

$$30x + 115$$
$$= 30(25) + 115$$
$$= 750 + 115 = 865$$

A resposta é baixa, então tente $x = 30$.

$$30(30) + 115$$
$$= 900 + 115 = 1.015$$

A resposta é apenas um pouco maior, então tente $x = 29$.

$$30(29) + 115$$
$$= 870 + 115 = 985$$

Portanto, $x = 29$.

925. **5**

Comece somando 3 em cada lado da equação.

$$6x - 3 = 27$$
$$+3 \quad +3$$
$$6x = 30$$

Agora, divida os dois lados por 6.

$$\frac{6x}{6} = \frac{30}{6}$$
$$x = 5$$

Portanto, $x = 5$.

926. **7**

Comece subtraindo $9n$ de cada lado da equação.

$$9n + 14 = 11n$$
$$-9n \quad -9n$$
$$14 = 2n$$

Agora, divida os dois lados por 2.

$$\frac{14}{2} = \frac{2n}{2}$$
$$7 = n$$

Portanto, $n = 7$.

927. –3

Comece subtraindo v de cada lado da equação.

$$v + 18 = -5v$$

$$-v \quad -v$$

$$18 = -6v$$

Agora, divida os dois lados por –6.

$$\frac{18}{-6} = \frac{-6v}{-6}$$

$$-3 = v$$

Portanto, $v = -3$.

928. $\frac{1}{3}$

Comece subtraindo $3k$ de cada lado da equação.

$$9k = 3k + 2$$

$$-3k \; -3k$$

$$6k = 2$$

Agora, divida os dois lados por 6.

$$\frac{6k}{6} = \frac{2}{6}$$

$$k = \frac{1}{3}$$

929. 9

Comece subtraindo $2y$ de cada lado da equação.

$$2y + 7 = 3y - 2$$

$$-2y \quad -2y$$

$$7 = y - 2$$

Agora, some 2 aos dois lados.

$$7 = y - 2$$

$$+2 \quad +2$$

$9 = y$

Portanto, $y = 9$.

930. 16

Comece subtraindo m de cada lado da equação.

$$m + 24 = 3m - 8$$

$$-m \qquad -m$$

$$24 = 2m - 8$$

Agora, some 8 de cada lado.

$$24 = 2m - 8$$

$$+8 \qquad +8$$

$$32 = 2m$$

Finalmente, divida ambos os lados por 2.

$$\frac{32}{2} = \frac{2m}{2}$$
$$16 = m$$

Portanto, $m = 16$.

931. $-3\frac{1}{3}$

Comece subtraindo $-7a$ de cada lado da equação.

$$7a + 7 = 13a + 27$$
$$7 = 6a + 27$$

Agora, subtraia 27 de cada lado; então, divida por 6.

$$-20 = 6a$$
$$\frac{-20}{6} = \frac{6a}{6}$$
$$-\frac{10}{3} = a$$
$$-3\frac{1}{3} = a$$

932. –5

Comece simplificando a equação combinando os termos semelhantes:

$$3h - 2h + 15 = 5h - 7h$$
$$h + 15 = -2h$$

Agora, isole *horas* e resolva.

$$15 = -3h$$
$$\frac{15}{-3} = \frac{-3h}{-3}$$
$$-5 = h$$

933. 11

Comece simplificando a equação combinando os termos semelhantes:

$$6x + 4 + 2x = 3 + 9x - 10$$
$$8x + 4 = 9x - 7$$

Agora, isole x e resolva.

$$4 = x - 7$$
$$11 = x$$

934. 5

Comece subtraindo 2,3w dos dois lados da equação.

$$2{,}3w + 7 = 3{,}7w$$
$$7 = 1{,}4w$$

Agora, divida os dois lados por 1,4.

$$\frac{7}{1{,}4} = \frac{1{,}4w}{1{,}4}$$
$$5 = w$$

935. 3,5

Comece somando 1,9p dos dois lados da equação.

$$-1{,}9p + 7 = 2{,}1p - 7$$
$$7 = 4p - 7$$

Agora, some 7 nos dois lados e então divida por 4.

$$14 = 4p$$
$$\frac{14}{4} = \frac{4p}{4}$$
$$3{,}5 = p$$

936. $\mathbf{0{,}0\overline{27}}$

Comece simplificando a equação combinando os termos semelhantes.

$$0{,}8j - 2{,}4j + 1 = 9{,}4j + 0{,}7$$
$$-1{,}6j + 1 = 9{,}4j + 0{,}7$$

Agora, some 1,6j nos dois lados e então subtraia 0,7 de ambos os lados.

$$1 = 11j + 0{,}7$$
$$0{,}3 = 11j$$

Finalmente, divida ambos os lados por 11.

$$0{,}0\overline{27} = j$$

937. $-\frac{9}{4}$

Para começar, simplifique cada lado da equação, removendo os parênteses distribuindo.

$$3 + (x - 1) = 2x - (5x + 7)$$
$$3 + x - 1 = 2x - 5x - 7$$

Depois, combine os termos semelhantes em cada lado da equação; então, isole e resolva o x.

$$2 + x = -3x - 7$$
$$2 + 4x = -7$$
$$4x = -9$$
$$x = -\frac{9}{4}$$

938. **–6**

Para começar, simplifique cada lado da equação, removendo os parênteses distribuindo.

$$7u - (10 - 3u) = 5(3u + 4)$$
$$7u - 10 + 3u = 15u + 20$$

Depois, combine os termos semelhantes em cada lado da equação; então, isole e resolva o u.

$$10u - 10 = 15u + 20$$
$$-10 = 5u + 20$$
$$-30 = 5u$$
$$-6 = u$$

939. $-\frac{2}{21}$

Para começar, simplifique cada lado da equação, removendo os parênteses distribuindo.

$$-(2k-6)=5(1+8k)+5$$
$$-2k+6=5+40k+5$$

Depois, combine os termos semelhantes em cada lado da equação; então, isole e resolva o k.

$$-2k+6=10+40k$$
$$6=10+42k$$
$$-4=42k$$
$$-\frac{4}{42}=k$$
$$-\frac{2}{21}=k$$

940. $\frac{1}{2}$

Para começar, simplifique cada lado da equação, removendo os parênteses distribuindo.

$$6x(3+3x)+39=9x(11+2x)-3x$$
$$18x+18x^2+39=99x+18x^2-3x$$

Depois, subtraia $18x^2$ de cada lado; então, combine os termos semelhantes.

$$18x+39=99x-3x$$
$$18x+39=96x$$

Isole x.

$$39=78x$$
$$\frac{39}{78}=x$$
$$\frac{1}{2}=x$$

941. 2

Para começar, distribua no lado esquerdo da equação.

$$1{,}3(5v)=v+11$$
$$6{,}5v=v+11$$

Simplifique e resolva v:

$$6{,}5v = v + 11$$
$$5{,}5v = 11$$
$$v = 2$$

942. **1,9**

Para começar, simplifique cada lado da equação, removendo os parênteses distribuindo.

$$0{,}2(15y + 2) = 0{,}5(8y - 3)$$
$$3y + 0{,}4 = 4y - 1{,}5$$

Isole y.

$$0{,}4 = y - 1{,}5$$
$$1{,}9 = y$$

943. **–15,75**

Para começar, simplifique o lado esquerdo da equação, removendo os parênteses distribuindo.

$$1{,}75(44m + 36) = 73m$$
$$77m + 63 = 73m$$

Simplifique e resolva m.

$$63 = -4m$$
$$\frac{63}{-4} = m$$
$$-15{,}75 = m$$

944. **–3,2**

Para começar, simplifique cada lado da equação, removendo os parênteses distribuindo.

$$1{,}8(3n - 5) = 3(4{,}3n + 5)$$
$$5{,}4n - 9 = 12{,}9n + 15$$

Isole n.

$$-9 = 7{,}5n + 15$$
$$-24 = 7{,}5n$$
$$-3{,}2 = n$$

945. –2

Para começar, simplifique cada lado da equação, removendo os parênteses distribuindo.

$$4{,}4(3s+7)=4s+4(s-0{,}2)-13{,}5s-5{,}8$$
$$13{,}2s+30{,}8=4s+4s-0{,}8-13{,}5s-5{,}8$$

Simplifique e resolva *s*.

$$13{,}2s+30{,}8=-5{,}5s-6{,}6$$
$$18{,}7s+30{,}8=-6{,}6$$
$$18{,}7s=-37{,}4$$
$$s=-2$$

946. 42

Multiplique ambos os lados da equação por 6.

$$\frac{1}{6}n=7$$
$$6\left(\frac{1}{6}n\right)=6(7)$$
$$n=42$$

947. 44

Multiplique ambos os lados da equação por $\frac{11}{2}$.

$$\frac{2}{11}w=8$$
$$\frac{11}{2}\left(\frac{2}{11}w\right)=\frac{11}{2}(8)$$
$$w=\frac{88}{2}$$
$$w=44$$

948. $\frac{20}{27}$

Multiplique ambos os lados da equação por $\frac{4}{3}$.

$$\frac{3}{4}y=\frac{5}{9}$$
$$\frac{4}{3}\left(\frac{3}{4}y\right)=\frac{4}{3}\left(\frac{5}{9}\right)$$
$$y=\frac{20}{27}$$

949. $-\frac{7}{2}$

Para começar, multiplique em cruz e remova as frações.

$$\frac{q}{7}=\frac{q-1}{9}$$
$$9q=7(q-1)$$

Simplifique e resolva q.

$$9q=7q-7$$
$$2q=-7$$
$$q=-\frac{7}{2}$$

950. $-\frac{1}{3}$

Para começar, multiplique em cruz e remova as frações.

$$\frac{c+2}{5}=\frac{1-3c}{6}$$
$$6(c+2)=5(1-3c)$$

Simplifique e resolva c.

$$6c+12=5-15c$$
$$21c+12=5$$
$$21c=-7$$
$$c=-\frac{1}{3}$$

951. $-\frac{5}{2}$

Para começar, multiplique em cruz e remova as frações.

$$\frac{t-10}{3t}=\frac{t}{3t+6}$$
$$(t-10)(3t+6)=3t^2$$

Use o método "PEIU" do lado esquerdo da equação; então, subtraia $3t^2$ dos dois lados.

$$3t^2+6t-30t-60=3t^2$$
$$6t-30t-60=0$$

Combine os termos semelhantes e isole t:

$$-24t-60=0$$
$$-24t=60$$
$$t=\frac{60}{-24}$$
$$t=-\frac{5}{2}$$

952. $-\frac{1}{7}$

Para começar, multiplique em cruz e remova as frações.

$$\frac{z+1}{z-2}=\frac{z-1}{z+3}$$
$$(z+1)(z+3)=(z-1)(z-2)$$

Use o método "PEIU" nos dois lados da equação; então, subtraia z^2 de ambos os lados.

$$z^2+3z+z+3=z^2-z-2z+2$$
$$3z+z+3=-z-2z+2$$

Simplifique e isole z.

$$4z+3=-3z+2$$
$$7z+3=2$$
$$7z=-1$$
$$z=-\frac{1}{7}$$

953. $\frac{4}{17}$

Para começar, multiplique em cruz e remova as frações.

$$\frac{3b-4}{6b}=\frac{2b-5}{4b+1}$$
$$(3b-4)(4b+1)=6b(2b-5)$$

Use o método "PEIU" do lado esquerdo da equação e distribua do lado direito; então, subtraia $12b^2$ dos dois lados.

$$(3b-4)(4b+1)=6b(2b-5)$$
$$12b^2+3b-16b-4=12b^2-30b$$
$$3b-16b-4=-30b$$

Simplifique e isole b.

$$-13b-4=-30b$$
$$-4=-17b$$
$$\frac{-4}{-17}=\frac{-17b}{-17}$$
$$\frac{4}{17}=b$$

954. **18**

Para começar, some os dois termos do lado esquerdo da equação.

$$p+\frac{p}{9}=20$$
$$\frac{9p}{9}+\frac{p}{9}=20$$
$$\frac{10p}{9}=20$$

Multiplique ambos os lados por 9 e resolva p.

$$10p=180$$
$$p=18$$

955. **6**

Para começar, use a técnica da multiplicação em cruz para somar as frações do lado esquerdo da equação.

$$\frac{d}{2}+\frac{d}{3}=5$$
$$\frac{3d+2d}{6}=5$$
$$\frac{5d}{6}=5$$

Multiplique ambos os lados por 6 e isole d.

$$6\left(\frac{5d}{6}\right)=6(5)$$
$$5d=30$$
$$d=6$$

956. $\mathbf{\frac{8}{5}}$

Para começar, use a técnica da multiplicação em cruz para somar as frações do lado esquerdo da equação.

$$\frac{3s}{2}+\frac{3s}{4}=s+2$$
$$\frac{12s+6s}{8}=s+2$$

Multiplique ambos os lados por 8, simplifique e isole s.

$$
\begin{aligned}
12s + 6s &= 8(s+2) \\
18s &= 8s + 16 \\
10s &= 16 \\
s &= \frac{16}{10} \\
s &= \frac{8}{5}
\end{aligned}
$$

957. $\frac{35}{13}$

Para começar, use a técnica da multiplicação em cruz para somar as frações do lado esquerdo da equação.

$$
\begin{aligned}
\frac{2r}{5} + \frac{r+1}{6} &= r - 1 \\
\frac{12r + 5(r+1)}{30} &= r - 1
\end{aligned}
$$

Multiplique ambos os lados da equação por 30 e, então, simplifique.

$$
\begin{aligned}
\frac{12r + 5(r+1)}{30} &= r - 1 \\
12r + 5(r+1) &= 30(r-1) \\
12r + 5r + 5 &= 30r - 30 \\
17r + 5 &= 30r - 30
\end{aligned}
$$

Isole r.

$$
\begin{aligned}
5 &= 13r - 30 \\
35 &= 13r \\
\frac{35}{13} &= r
\end{aligned}
$$

958. 3

Para começar, aumente os termos das primeiras frações por 2 (de modo que o denominador comum seja 4); então, multiplique ambos os lados da equação por 4 para eliminar as frações.

$$
\begin{aligned}
\frac{j}{2} + \frac{3}{4} &= \frac{3j}{4} \\
\frac{2j}{4} + \frac{3}{4} &= \frac{3j}{4} \\
2j + 3 &= 3j
\end{aligned}
$$

Isole j para resolver.

$$3 = j$$

959. $-\frac{4}{3}$

Para começar, altere todas as três frações para que possuam 8 nos denominadores; então, multiplique ambos os lados da equação por 8 para eliminar as frações.

$$\frac{1}{2}+\frac{5k}{8}=\frac{k}{4}$$
$$\frac{4}{8}+\frac{5k}{8}=\frac{2k}{8}$$
$$4+5k=2k$$

Isole k para resolver.

$$4=-3k$$
$$-\frac{4}{3}=k$$

960. $-\frac{1}{10}$

Para começar, aumente os termos das três frações para converter todos dos denominadores em 12. Então, multiplique ambos os lados da equação por 12 para eliminar as frações.

$$\frac{8a}{3}+\frac{1}{4}=\frac{a}{6}$$
$$\frac{32a}{12}+\frac{3}{12}=\frac{2a}{12}$$
$$32a+3=2a$$

Isole a para resolver.

$$3=-30a$$
$$\frac{3}{-30}=\frac{-30a}{-30}$$
$$-\frac{1}{10}=a$$

961. 6

Para começar, aumente os termos das três frações para converter todos os denominadores em 60; então, multiplique ambos os lados da equação por 60 para eliminar as frações.

$$\frac{h}{30}+\frac{3h}{20}=\frac{11}{10}$$
$$\frac{2h}{60}+\frac{9h}{60}=\frac{66}{60}$$
$$2h+9h=66$$

Isole h para resolver.

$$11h = 66$$
$$h = 6$$

962. **–11**

Comece mudando todos os termos para um denominador de 9; então, multiplique ambos os lados da equação por 9 para eliminar as frações.

$$\frac{2}{3}k + 5 = \frac{1}{9}(2k + 1)$$
$$\frac{6k}{9} + \frac{45}{9} = \frac{2k + 1}{9}$$
$$6k + 45 = 2k + 1$$

Isole k.

$$4k + 45 = 1$$
$$4k = -44$$
$$k = -11$$

963. $\mathbf{\frac{4}{3}}$

Comece convertendo todos os termos para um denominador de 8; então, multiplique ambos os lados da equação por 8 para eliminar as frações.

$$\frac{1}{2}(3 - y) + \frac{1}{4} = \frac{1}{8}(2y + 6)$$
$$\frac{4}{8}(3 - y) + \frac{2}{8} = \frac{1}{8}(2y + 6)$$
$$4(3 - y) + 2 = 1(2y + 6)$$

Distribua para remover os parênteses.

$$12 - 4y + 2 = 2y + 6$$

Isole y.

$$14 - 4y = 2y + 6$$
$$8 - 4y = 2y$$
$$8 = 6y$$
$$\frac{8}{6} = y$$
$$\frac{4}{3} = y$$

964. 7

Divida ambos os lados da equação por x^3.

$$5x^4 = 35x^3$$
$$\frac{5x^4}{x^3} = \frac{35x^3}{x^3}$$
$$5x = 35$$

Depois, divida os dois lados por 5.

$$x = 7$$

965. $\pm\frac{\sqrt{5}}{5}$

Divida ambos os lados da equação por x^4.

$$45x^6 = 9x^4$$
$$\frac{45x^6}{x^4} = \frac{9x^4}{x^4}$$
$$45x^2 = 9$$

Depois, divida os dois lados por 45.

$$\frac{45x^2}{45} = \frac{9}{45}$$
$$x^2 = \frac{1}{5}$$

Agora, calcule a raiz quadrada de ambos os lados.

$$\sqrt{x^2} = \pm\sqrt{\frac{1}{5}}$$
$$x = \pm\frac{\sqrt{1}}{\sqrt{5}}$$
$$x = \pm\frac{1}{\sqrt{5}} = \pm\frac{\sqrt{5}}{5}$$

966. 5 e –5

Isole x e resolva.

$$x^2 - 25 = 0$$
$$x^2 = 25$$
$$x = 5, -5$$

Respostas 901–1001

967. **7 e –9**

Comece fatorando o lado esquerdo da equação.

$$x^2 + 2x - 63 = 0$$
$$(x+9)(x-7) = 0$$

Agora, divida essa equação em duas equações separadas e as resolva.

$$x + 9 = 0 \qquad x - 7 = 0$$
$$x = -9 \qquad x = 7$$

968. **1 e –8**

Comece movendo todos os termos para um lado da equação.

$$8x^2 + 7x = 7x^2 + 8$$
$$x^2 + 7x = 8$$
$$x^2 + 7x - 8 = 0$$

Agora, fatore o lado esquerdo da equação.

$$(x + 8)(x - 1) = 0$$

Depois, divida essa equação em duas equações separadas e as resolva.

$$x + 8 = 0 \qquad x - 1 = 0$$
$$x = -8 \qquad x = 1$$

969. **6 e 7**

Comece distribuindo ambos os lados da equação para remover os parênteses; então, mova todos os termos para um lado.

$$7\left(x^2 - x + 3\right) = 3\left(2x^2 + 2x - 7\right)$$
$$7x^2 - 7x + 21 = 6x^2 + 6x - 21$$
$$x^2 - 13x + 42 = 0$$

Fatore o lado esquerdo da equação.

$$(x - 6)(x - 7) = 0$$

Depois, divida essa equação em duas equações separadas e as resolva.

$$x - 6 = 0 \qquad x - 7 = 0$$
$$x = 6 \qquad x = 7$$

970. **–3 e –5**

Comece multiplicando em cruz e remova as frações.

$$\frac{2x+1}{15} = \frac{x^2-1}{8x}$$
$$8x(2x+1) = 15(x^2-1)$$

Agora, distribua os dois lados da equação para remover os parênteses; então mova todos os termos para um lado.

$$16x^2 + 8x = 15x^2 - 15$$
$$16x^2 + 8x + 15 = 15x^2$$
$$x^2 + 8x + 15 = 0$$

Depois, fatore o lado esquerdo da equação.

$$(x + 3)(x + 5) = 0$$

Então, divida essa equação em duas equações separadas e as resolva.

$$x + 3 = 0 \qquad x + 5 = 0$$
$$x = -3 \qquad x = -5$$

971. **$2d$ + 1,000**

A quantia d dobra para $2d$ e, então, aumenta em 1.000 para $2d$ + 1,000.

972. **$3c - 60$**

O dia começa com c cadeiras. Então, 20 cadeiras são removidas, levando o número para $c - 20$. Depois, esse número é triplicado, o que leva o número a

$$3(c - 20) = 3c - 60$$

973. **$p - 234$**

Penny começou com p moedas. Ela, então, retira 300 moedas, o que significa um total de $p - 300$ moedas. No dia seguinte, ela adiciona 66 moedas, assim, o total se torna

$$p - 300 + 66$$

Você pode simplificar essa quantia como a seguir:

$$= p - 234$$

974. $t - 2$

A temperatura começa com t graus e, então, muda como a seguir:

$$t + 5 + 2 - 3 - 6 = t - 2$$

975. $6w + 12$

O peso do filhote começa em p. Ele triplica em $3p$ e, então, aumenta 6 libras para $3p + 6$ e finalmente, dobra para

$$2(3w + 6) = 6w + 12$$

976. $2k + 57$

Kyle tem k cartões de beisebol. Randy tem a metade, então, Randy tem $\frac{k}{2}$ cartões. E Jacob tem 57 cartões a mais que Randy, assim, Jacob tem $\frac{k}{2} + 57$ cartões. Some como a seguir:

$$k + \left(\frac{k}{2}\right) + \left(\frac{k}{2} + 57\right)$$

Você pode simplificar mais esta equação combinando os três termos k.

$$= 2k + 57$$

977. $0{,}72a + 425$

A escola atualmente possui a alunos. O número de alunos se formando é 0,28a. Quando esses alunos se formarem, o número restante de alunos será

$$a - 0{,}28a = 0{,}72a$$

Complementarmente, 425 novos alunos estarão na escola, então, esse número aumentará para $0{,}72a + 425$.

978. $5m + 10$

Millie caminhou m milhas no primeiro dia, $m + 1$ no segundo dia, $m + 2$ no terceiro dia, $m + 3$ no quarto dia e $m + 4$ no quinto dia. A soma desses números é

$$m + m + 1 + m + 2 + m + 3 + m + 4$$

Combine os termos semelhantes e simplifique.

$$= 5m + 10$$

979. $4n + 12$

Cada número consecutivo ímpar é exatamente duas unidades maior que seu anterior. Então, você pode representar os quatro números por n, $n + 2$, $n + 4$ e $n + 6$. Assim, a soma desses números é:

$$n + n + 2 + n + 4 + n + 6$$

Simplifique como a seguir:

$$= 4n + 12$$

980. 4

Iguale x ao número. Então, organize e resolva a equação a seguir:

$$\begin{aligned} 6x - 1 &= 23 \\ 6x &= 24 \\ x &= 4 \end{aligned}$$

981. 4

Iguale x ao número. Então, organize e resolva a equação a seguir:

$$\begin{aligned} 3x &= x + 8 \\ 2x &= 8 \\ x &= 4 \end{aligned}$$

982. 8

Iguale x ao número. Então, organize e resolva a equação a seguir:

$$\begin{aligned} 5x &= 3x + 16 \\ 2x &= 16 \\ x &= 8 \end{aligned}$$

983. –2

Iguale x ao número. Então, organize e resolva a equação a seguir:

$$\begin{aligned} 2x + 7 &= 3x + 9 \\ 7 &= x + 9 \\ -2 &= x \end{aligned}$$

984. **7**

Iguale x ao número. Então, organize e resolva a equação a seguir:

$$\begin{aligned} 2(x+6) &= 5x-9 \\ 2x+12 &= 5x-9 \\ 12 &= 3x-9 \\ 21 &= 3x \\ 7 &= x \end{aligned}$$

985. **17**

Iguale x ao número. Então, organize e resolva a equação a seguir:

$$\begin{aligned} 2(x+3) &= 4(x-7) \\ 2x+6 &= 4x-28 \\ 6 &= 2x-28 \\ 34 &= 2x \\ 17 &= x \end{aligned}$$

986. **23**

Iguale x ao número. Então, organize e resolva a equação a seguir:

$$\begin{aligned} \frac{x+1}{3} &= \frac{x-7}{2} \\ 3(x-7) &= 2(x+1) \\ 3x-21 &= 2x+2 \\ x-21 &= 2 \\ x &= 23 \end{aligned}$$

987. **3**

Iguale x ao número. Então, organize e resolva a equação a seguir:

$$\begin{aligned} \frac{2x-1}{5} &= \frac{x}{3} \\ 3(2x-1) &= 5x \\ 6x-3 &= 5x \\ x-3 &= 0 \\ x &= 3 \end{aligned}$$

988. **7,25**

Iguale x ao número. Então, organize e resolva a equação a seguir:

$$\begin{aligned} 4(x-6{,}5)) &= x-4{,}25 \\ 4x-26 &= x-4{,}25 \\ 3x-26 &= -4{,}25 \\ 3x &= 21{,}75 \\ x &= 7{,}25 \end{aligned}$$

989. **–11**

Iguale x ao número. Então, organize e resolva a equação a seguir:

$$\begin{aligned} \frac{x+13}{4} &= x+11{,}5 \\ x+13 &= 4(x+11{,}5) \\ x+13 &= 4x+46 \\ 13 &= 3x+46 \\ -33 &= 3x \\ -11 &= x \end{aligned}$$

990. **3,6**

Iguale x ao número. Então, organize e resolva a equação a seguir:

$$\begin{aligned} \frac{x+1{,}5}{3} &= 2x-5{,}5 \\ x+1{,}5 &= 3(2x-5{,}5) \\ x+1{,}5 &= 6x-16{,}5 \\ 1{,}5 &= 5x-16{,}5 \\ 18 &= 5x \\ 3{,}6 &= x \end{aligned}$$

991. **4**

Iguale x ao número. Então, organize e resolva a equação a seguir:

$$\frac{x^2-12}{4}=\left(\frac{x}{2}-1\right)^2$$
$$\frac{x^2-12}{4}=\left(\frac{x-2}{2}\right)^2$$
$$\frac{x^2-12}{4}=\frac{(x-2)(x-2)}{4}$$
$$x^2-12=(x-2)(x-2)$$
$$x^2-12=x^2-4x+4$$
$$-12=-4x+4$$
$$-16=-4x$$
$$4=x$$

992. **16**

Iguale x ao número. Então, organize e resolva a equação a seguir:

$$\frac{3}{4}x-2=\frac{2}{5}(x+9)$$
$$\frac{3x}{4}-2=\frac{2x+18}{5}$$
$$\frac{3x}{4}-\frac{8}{4}=\frac{2x+18}{5}$$
$$\frac{3x-8}{4}=\frac{2x+18}{5}$$
$$5(3x-8)=4(2x+18)$$
$$15x-40=8x+72$$
$$7x-40=72$$
$$7x=112$$
$$x=16$$

993. **R$11**

Faça p = número de reais que Peter tem. Então, Lucy tem $p + 5$ reais. Juntos, eles têm R$27, assim

$$p+p+5=27$$

Resolva p.

$$2p+5=27$$
$$2p=22$$
$$p=11$$

994. **R$170**

Faça m = custo do MP3 player em reais. Então, $2m$ é o custo do celular e $4m$ o custo do laptop. Assim, você pode organizar a equação a seguir:

$$m + 2m + 4m = 1.190$$

Simplifique e resolva m.

$$\begin{aligned} 7m &= 1.190 \\ m &= 170 \end{aligned}$$

Portanto, o MP3 player custa R$170.

995. **5 anos**

Faça j = a idade de Jane. Então, a idade de Cody é $j + 8$ e a idade de Brent é $2j$. Cody é 3 anos mais velha que Brent, assim, você pode organizar a fração a seguir:

$$\text{Brent} + 3 = \text{Cody}$$

$$2j + 3 = j + 8$$

Simplifique e resolva j.

$$\begin{aligned} 2j &= j + 5 \\ j &= 5 \end{aligned}$$

Portanto, Jane tem 5 anos.

996. **2 horas e 20 minutos**

Faça x = número de minutos que a aula tem. Então, a professora passa $\frac{x}{2}$A minutos explicando os problemas da lição de casa e $\frac{x}{5}$ minutos revisando para a prova. Assim, você pode organizar a equação a seguir:

$$\frac{x}{2} + \frac{x}{5} + 42 = x$$

Aumente os termos de cada termo da equação para resultar em um denominador de 10, então, exclua os denominadores.

$$\begin{aligned} \frac{5x}{10} + \frac{2x}{10} + \frac{420}{10} &= \frac{10x}{10} \\ 5x + 2x + 420 &= 10x \end{aligned}$$

Simplifique e resolva x.

$$7x + 420 = 10x$$
$$420 = 3x$$
$$140 = x$$

Portanto, a aula tem 140 minutos que equivalem a 2 horas e 20 minutos.

997. 35

Faça x ser o primeiro número. Então, os outros quatro números são $x + 1$, $x + 2$, $x + 3$ e $x + 4$. Assim, você pode organizar a equação a seguir:

$$x + x + 1 + x + 2 + x + 3 + x + 4 = 165$$

Simplifique e resolva x.

$$5x + 10 = 165$$
$$5x = 155$$
$$x = 31$$

Portanto, os cinco números são: 31, 32, 33, 34 e 35. Dessa forma, o maior é 35.

998. 78

Faça y ser número de bolinhas amarelas no vaso. Então, o vaso contém $3y$ bolinhas alaranjadas, $y + 6$ bolinhas azuis e $2(y + 6)$ bolinhas vermelhas. Assim, você pode organizar a equação a seguir:

$$y + 3y + (y + 6) + 2(y + 6) = 172$$

Simplifique e resolva y.

$$y + 3y + y + 6 + 2y + 12 = 172$$
$$7y + 18 = 172$$
$$7y = 154$$
$$y = 22$$

Portanto, o vaso contém 22 bolinhas amarelas, então, contém 28 azuis e 56 vermelhas. Dessa forma, ele contém 22 + 56 = 78 bolinhas amarelas e vermelhas.

999. 50 mph

Faça s ser a velocidade do trem em direção ao sul. Então, $2s$ é a velocidade do trem em direção ao norte e $2s - 10$ é a velocidade do trem em direção a leste.

$$\begin{aligned} s+40 &= 2s-10 \\ 40 &= s-10 \\ 50 &= s \end{aligned}$$

Portanto, o trem em direção ao sul viaja a 50 milhas por hora.

1.000. R$300

Faça k ser igual ao valor em reais que Ken possui. Então, Walter possui $k - 100$. Assim, você pode organizar a equação a seguir:

$$3k + \frac{k-100}{2} = 2(k + k - 100)$$

Simplifique o lado direito e aumente os termos em cada termo para denominador de 2; então, exclua os denominadores.

$$\begin{aligned} 3k + \frac{k-100}{2} &= 4k - 200 \\ \frac{6k}{2} + \frac{k-100}{2} &= \frac{8k-400}{2} \\ 6k + k - 100 &= 8k - 400 \end{aligned}$$

Simplifique e resolva k.

$$\begin{aligned} 7k - 100 &= 8k - 400 \\ -100 &= k - 400 \\ 300 &= k \end{aligned}$$

Portanto, Ken possui R$300.

1.001. 12

Faça d ser a idade de Damar atualmente. Então, a idade atual de Jéssica é $2d$. Há três anos, a idade de Damar era $d - 3$ e a de Jéssica $2d - 3$. E, naquela época, Jéssica era 3 anos mais velha que Damar, então

$$2d - 3 = 3(d - 3)$$

Resolva d.

$$\begin{aligned} 2d - 3 &= 3d - 9 \\ -3 &= d - 9 \\ 6 &= d \end{aligned}$$

Portanto, Damar tem 6 anos hoje. Jéssica é duas vezes mais velha, então hoje ela tem 12 anos.